世赛成果转化系列教材

零件的车铣复合加工
——ESPRIT 实战编程

主　编　潘焯成　彭旭辉

副主编　王沿斌　胡文玲

参　编　陈伟群　劳伟赞

　　　　黄晓呈　陈智民

机械工业出版社

车铣复合加工技术是高端数控加工技术的发展趋势，本书结合车铣复合加工项目实际工作中的问题，以典型加工案例的ESPRIT软件编程为主要内容，系统介绍了车铣复合加工所涉及的相关知识和实践方法。本书共五个模块，模块一为普通数控车削编程，主要介绍了螺纹轴的车削编程和液压阀套的车削编程。模块二为普通数控铣削编程，主要介绍了支架的铣削编程和轧辊的铣削编程。模块三为动力刀座车铣复合编程，主要介绍了夹具分度轴套的车铣复合编程和转接头的车铣复合编程。模块四为B轴车铣复合编程，主要介绍了U钻刀柄的车削编程和锥齿轮的车削编程。模块五为DMG CLX350车削中心的基本操作，主要介绍了车削中心机床和车削中心加工示例。本书通过工程实践案例进行讲解，对解决ESPRIT编程中常见的动力刀座加工、双主轴加工、多通道同步加工、B轴车铣复合加工等问题具有较好的借鉴作用，本书内容系统全面，有很强的实用性和指导性。

本书可供技工院校和职业院校数控加工、智能制造等相关专业的学生学习和教师教学使用，也可供从事ESPRIT车铣复合加工编程的企业工程技术人员参考。

图书在版编目（CIP）数据

零件的车铣复合加工：ESPRIT 实战编程 / 潘焯成，彭旭辉主编 .—北京：机械工业出版社，2022.12（2024.7 重印）
世赛成果转化系列教材
ISBN 978-7-111-72062-1

Ⅰ . ①零… Ⅱ . ①潘… ②彭… Ⅲ . ①数控机床 – 车床 – 复合加工 – 职业教育 – 教材②数控机床 – 铣床 – 复合加工 – 职业教育 – 教材 Ⅳ . ① TG519.1 ② TG547

中国版本图书馆 CIP 数据核字（2022）第 217326 号

机械工业出版社（北京市百万庄大街 22 号 邮政编码 100037）
策划编辑：侯宪国　　　　责任编辑：侯宪国
责任校对：贾海霞　王　延　　封面设计：马精明
责任印制：郜　敏
北京富资园科技发展有限公司印刷
2024 年 7 月第 1 版第 2 次印刷
184mm×260mm · 13.5 印张 · 344 千字
标准书号：ISBN 978-7-111-72062-1
定价：49.00 元

电话服务　　　　网络服务
客服电话：010-88361066　机　工　官　网：www.cmpbook.com
010-88379833　机　工　官　博：weibo.com/cmp1952
010-68326294　金　　书　　网：www.golden-book.com
封底无防伪标均为盗版　机工教育服务网：www.cmpedu.com

前言 FOREWORD

随着中国制造 2025 规划的推进，高端数控制造业迅猛发展。在高端数控制造业中，车铣复合加工是不可或缺的环节，学会使用 CAM 软件编程是必备的工作技能。ESPRIT 软件是目前车铣复合加工技术业内公认的优秀 CAM 软件，具备在同一操作界面进行车、铣、线切割以及车铣复合编程加工的能力，可以为任何一种 CNC 机床提供 2 ~ 5 轴铣削、2 ~ 22 轴车削、多任务车铣复合加工以及带 B 轴的机床编程，其功能强大且智能，在高端数控机床的编程中占据很大的市场份额，不但广受企业好评，而且在职业院校教学和技能大赛中也被规范使用。但目前关于 ESPRIT 车铣复合加工技术的书籍资料比较零散，而且大多是单一命令功能的操作培训手册，少有完整案例的操作讲解教材。

本书结合 ESPRIT 软件在车铣复合加工编程方面的优秀性能，将车铣复合加工中常见的工艺应用方法汇编成书，可方便快速掌握 ESPRIT 车铣复合加工技术和编程应用方法。

本书是作者多年从事车铣复合加工实践经验的总结，实用性和指导性较强，可供技工院校和职业院校数控加工、智能制造等相关专业的学生学习和教师教学使用，也可供从事 ESPRIT 车铣复合加工编程的企业工程技术人员参考。本书同样适合车工、铣工和五轴数控竞赛人员参考。

本书出版之际，我们衷心感谢在编写过程中给予我们大力支持和帮助的迪培软件科技（上海）有限公司王庆梅、冯建文、姚頔等工程师。

由于编者水平有限，书中难免有疏漏和不妥之处，敬请读者批评指正。

编　者

目录
CONTENTS

模块一
普通数控车削编程

数控车削加工主要包含端面车削、外圆车削、内圆车削、切槽和螺纹车削，ESPRIT 能方便快速地完成数控车削编程。通过本模块的学习，学生可掌握 ESPRIT 车削操作的基本步骤和常用功能。

项目一

螺纹轴的车削编程

螺纹轴零件的车削包含外圆和外螺纹的车削，是数控车工职业技能等级认证考试的重要考核项目之一，也是生产中常见的零件类型。

【任务描述】

校办工厂接单，要求加工完成如图 1-1 所示的螺纹轴 50 件。该零件的材料为 45 钢，毛坯为 ϕ40×103 的棒料，可以在普通数控车床上通过两次装夹车削完成该零件的加工，要求在一周内交付使用。

【任务目标】

通过本任务的学习，学生应掌握以下目标：

1）完成简单外圆轮廓的绘制。

2）完成外圆车削及外螺纹车削的编程。

【任务实施】

任务 1.1　车削编程准备

任务 1.2　端面车削

任务 1.3　外圆车削

任务 1.4　翻转调头车削外圆

任务 1.5　螺纹车削

任务 1.1　车削编程准备

1. 工艺分析

螺纹轴零件图如图 1-1 所示，完成该零件加工提供的刀具及切削参数见表 1-1。

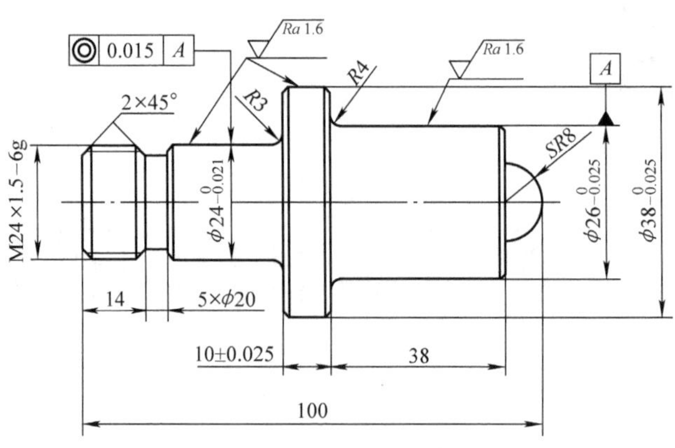

图 1-1 螺纹轴零件图

表 1-1 螺纹轴加工的刀具及切削参数

编号	刀具名称	刀片型号	刀杆型号	切削速度	进给量
1	外圆车刀 1	VCMG160404	SVJCR-R2020K11	260 ~ 350m/min	0.15mm/r

2. 车削机床设置

（1）新建 ESPRIT

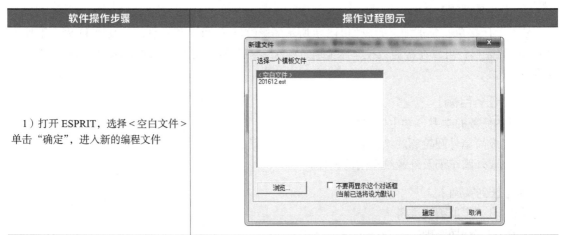

软件操作步骤	操作过程图示
1）打开 ESPRIT，选择 <空白文件> 单击“确定”，进入新的编程文件	新建文件 选择一个模板文件 <空白文件> 201612.est 浏览... 不要再显示这个对话框 (当前已选择设为默认) 确定 取消
2）ESPRIT 通常包含铣削、车削和线切割三种加工模式，如果默认进入的不是“车削模式”，可以在“Smart Toolbar”智能工具条中选择切换，如右图所示 小贴士：单击菜单栏中的“视图”—“工具栏”即可找到“Smart Toolbar”智能工具条	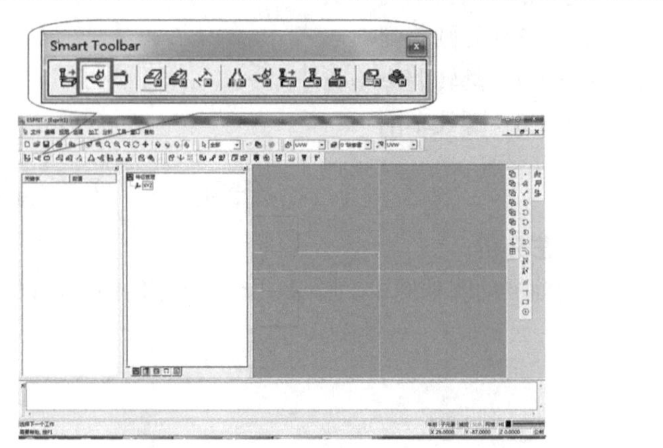

（2）机床设置

软件操作步骤	操作过程图示
1）单击“Smart Toolbar”智能工具条中的“加工设置”/“机床设置” 在弹出的“车削机床设定”对话框中，设置机床起始位置 Z“0.5”，棒料直径“40”和棒料总长“103”，如右图所示，完成毛坯设置	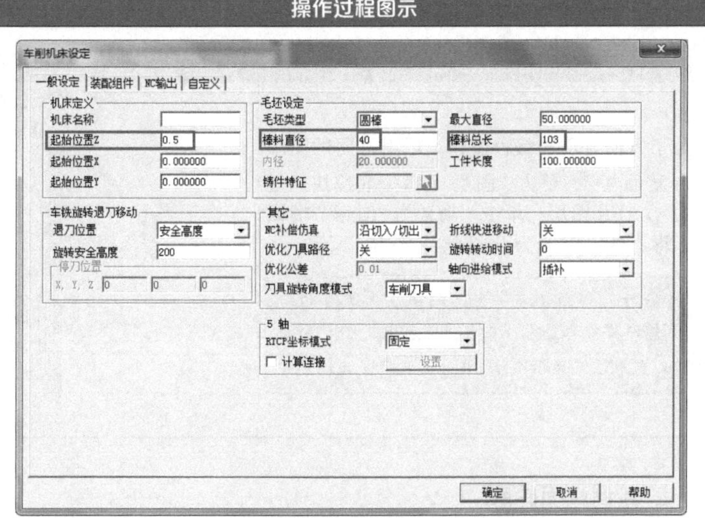
2）单击车削机床设定的“装配组件”，单击“主轴刀塔-1”，修改“XYZ 起始位置”为“300,0,400”，如右图所示，完成机床刀架设定，单击“确定”关闭对话框 **小贴士**：“装配组件”可以用于自定义机床模型，在对话框任意空白处单击右键即可保存或打开机床模板文件	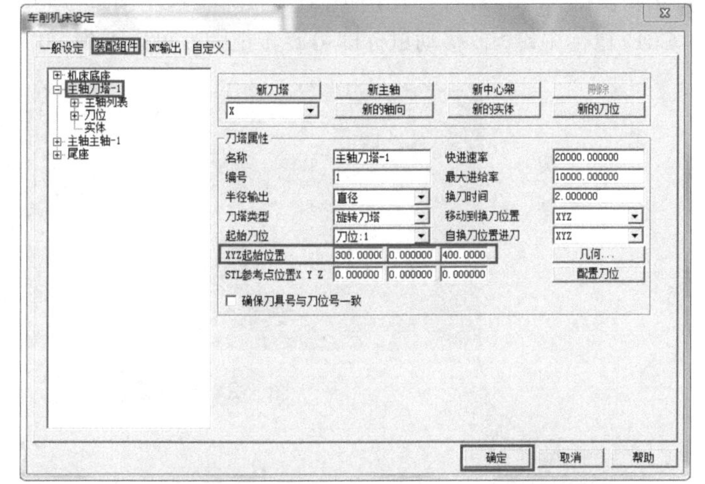
3）单击“模拟”和“单步仿真”，即可显示当前机床的刀架、卡盘和工件，如右图所示 此时机床中没有其他零件结构模型和车刀，且没有任何刀路程序，因此只能显示卡盘和数控刀架。按住 <Ctrl+ 鼠标中键 > 移动鼠标可以旋转视图，观察机床仿真，单击“停止■”，退出仿真	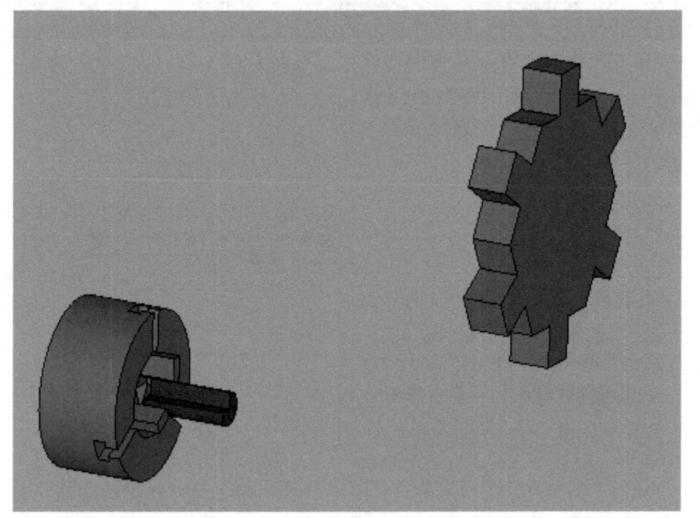

任务 1.2　端面车削

1.创建图层

软件操作步骤	操作过程图示
为了方便显示和编程操作，可用不同的图层控制显示内容，单击“图层 ”（或按快捷键<F11>）打开图层。单击“新建”，创建“端面1”，将“端面 1”设为当前图层，如右图所示 **小贴士：**当前图层即激活的图层，所有的绘图和编程操作都会存放在当前图层中；图层前面的☑代表图层显示可见，☐代表隐藏此图层	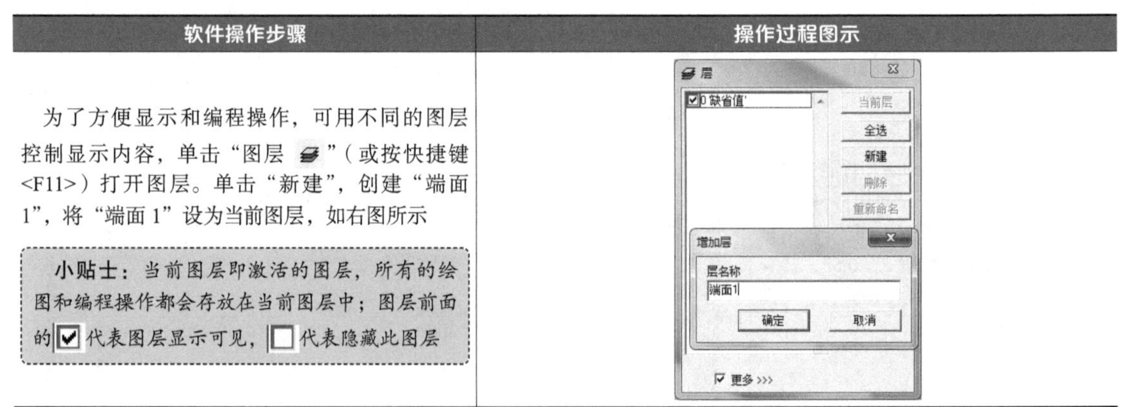

2. 绘制端面轮廓

按快捷键 <Ctrl+M>，调出屏蔽对话框，勾选“图素号码”，软件将显示已有的图素编号，按住 <Ctrl+ 鼠标中键 >，移动鼠标即可旋转视图，可以看到 P0 即为坐标原点，如图 1-2 所示。

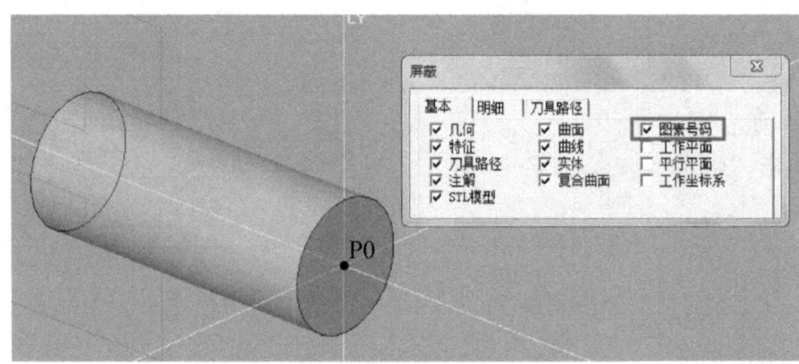

图 1-2　显示图素号码

（1）绘制起点

软件操作步骤	操作过程图示
1）在软件界面上方工具条中找到 XYZ 1 '端面1'，将当前工作平面设置为“XYZ”，当前图层设置为“端面 1”	
2）在智能工具条中单击“无边界几何体”，单击 ·，在“相对点 / 圆心点”XYZ 中输入“0,22,0”，单击“应用”，绘制端面的起点 P1，如右图所示	

（2）手动创建链特征

软件操作步骤	操作过程图示
关闭“点”对话框，单击“创建特征 ”，单击“手动成链 ”，在视图中用鼠标左键依次选择点 P1 和点 P0，产生“1 链特征”，单击“中止操作”，完成端面特征的绘制，如右图所示	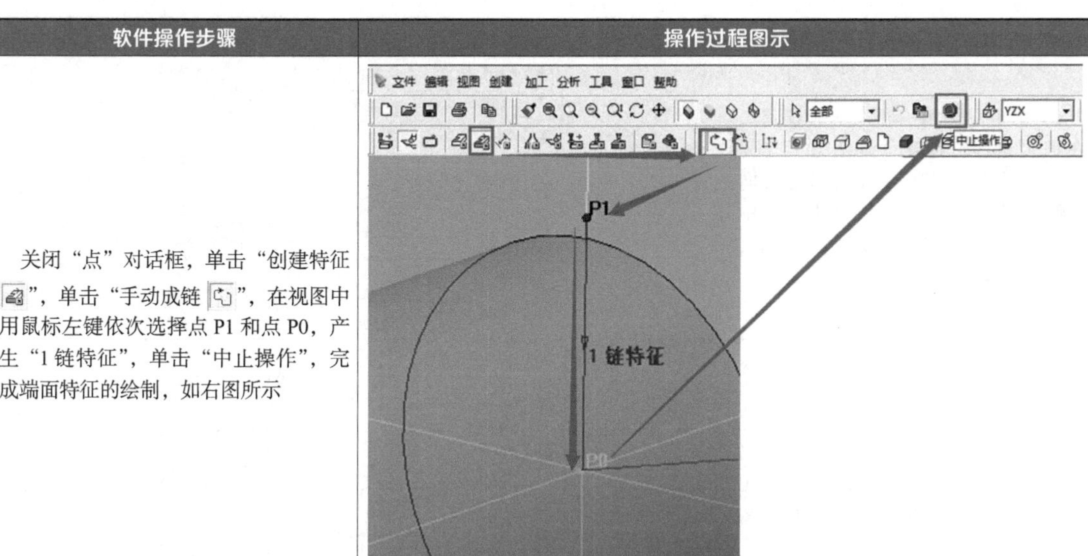

3. 创建车刀

（1）新建车刀片

软件操作步骤	操作过程图示
单击软件左侧界面的“项目管理器”底部的第二项“刀具管理 ”，单击“车刀片”右侧的小三角箭头，选择“车削刀具”/“车刀片”，新建车刀片，如右图所示 **小贴士：** 项目管理器中有多个分项，单击下部的图标即可切换显示。第一项是“特征管理”，用于显示链特征、型腔特征等，是 ESPRIT 的编程对象；第二项是“刀具”；第三项是“操作”，可以显示和调整加工步骤顺序。如果项目管理器不见了，可以按快捷键 <F2>	

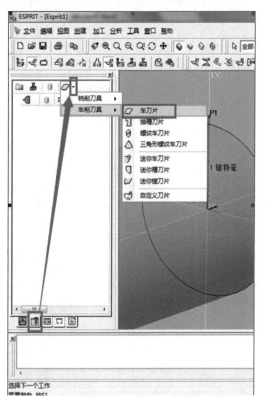

（2）设置刀具参数

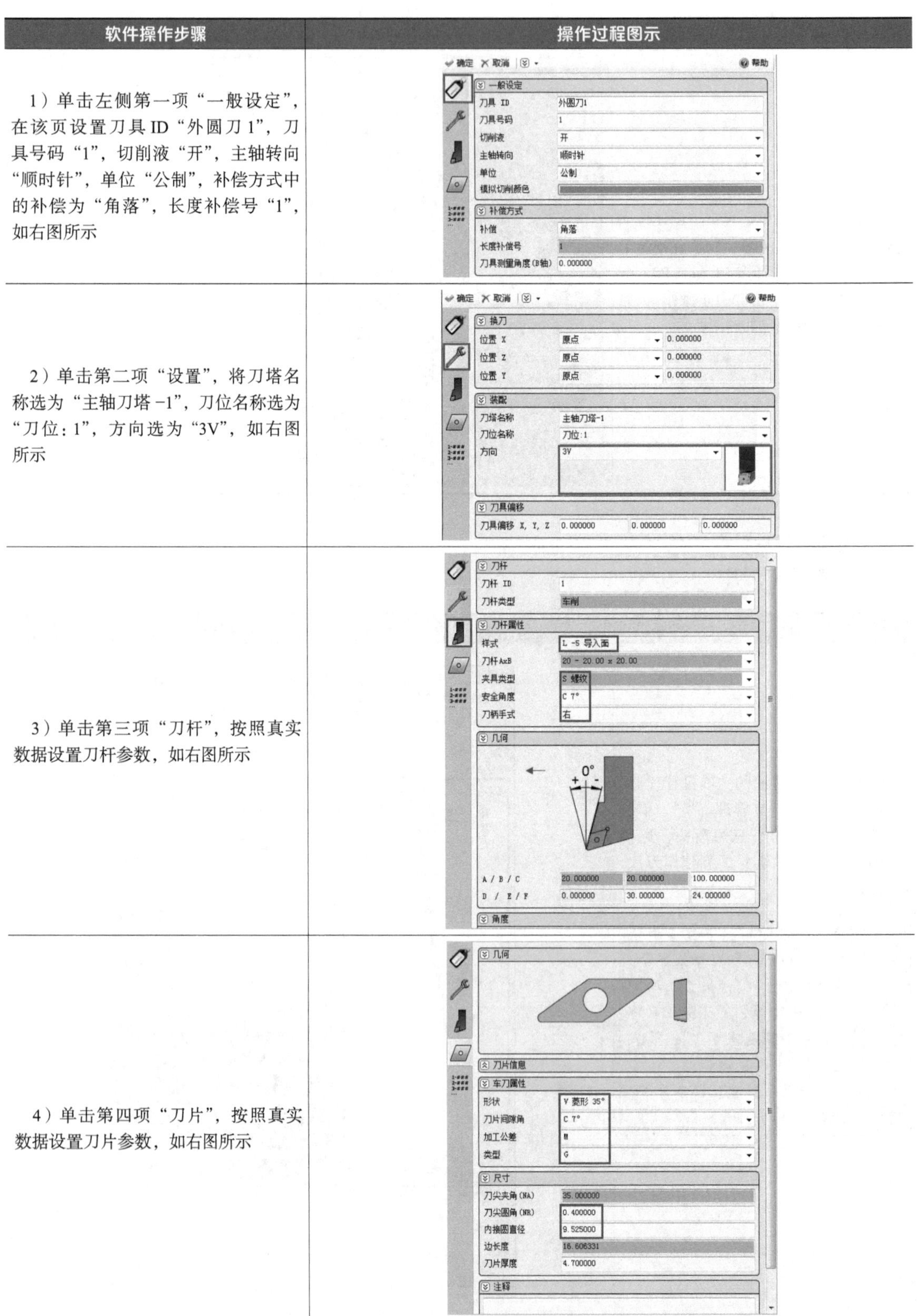

软件操作步骤	操作过程图示
1）单击左侧第一项“一般设定”，在该页设置刀具ID“外圆刀1”，刀具号码“1”，切削液“开”，主轴转向“顺时针”，单位“公制”，补偿方式中的补偿为“角落”，长度补偿号“1”，如右图所示	
2）单击第二项“设置”，将刀塔名称选为“主轴刀塔-1”，刀位名称选为“刀位：1”，方向选为“3V”，如右图所示	
3）单击第三项“刀杆”，按照真实数据设置刀杆参数，如右图所示	
4）单击第四项“刀片”，按照真实数据设置刀片参数，如右图所示	

4. 端面粗车编程

软件操作步骤	操作过程图示
1）单击“车铣复合—车削加工”，在界面左侧的特征管理栏中单击刚创建的“1 链特征”，再单击“粗加工”，如右图所示	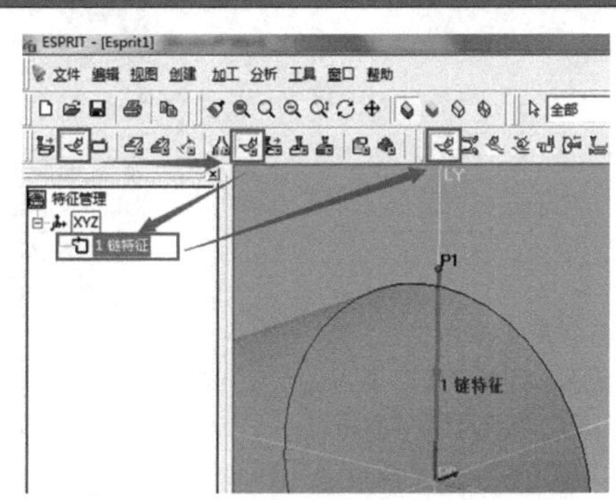
2）软件界面左侧出现编程操作对话框，如右图所示，在第一页“一般设定”中选择“刀具 外圆刀1”，设置转速和进给率	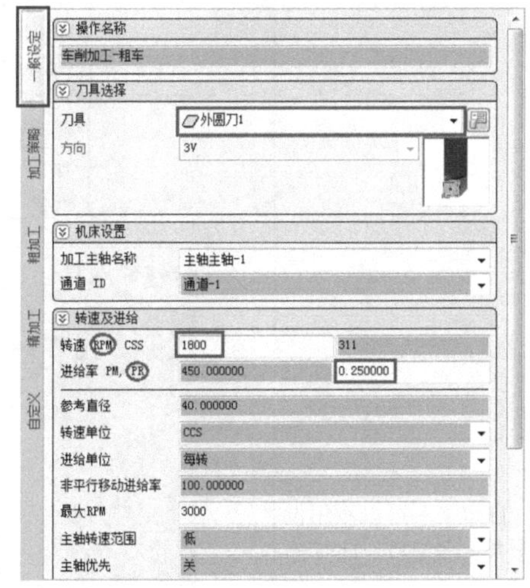
3）单击左侧第二页“加工策略”，加工类型选为“端面”，“结束点延伸距离”设为“2”，可将刀具刀尖车过棒料中心 2mm，其他详细设置如右图所示 **小贴士**：将工作平面切换至“XYZ”，先单击“进刀点 Z,X”旁的 ，即可在屏幕上直接点选一个点做为进刀点；“退刀点 Z,X”的操作与“进刀点 Z,X”相同	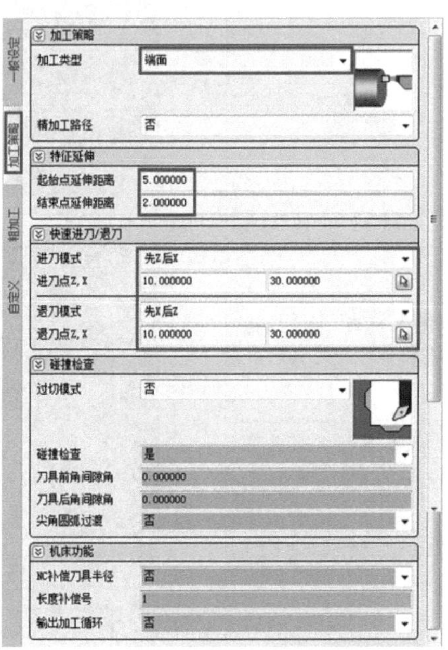

（续）

软件操作步骤	操作过程图示
4）单击左侧第三页“粗加工”，毛坯类型选为“自动”，粗加工策略设为“与轴向平行”，其他详细设置如右图所示	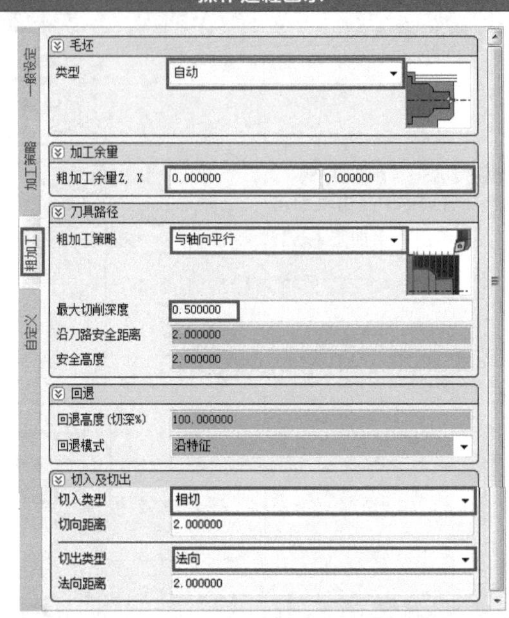
5）最后一页“自定义”可以不用设置，单击左上角“确定”，计算出刀路，如右图所示	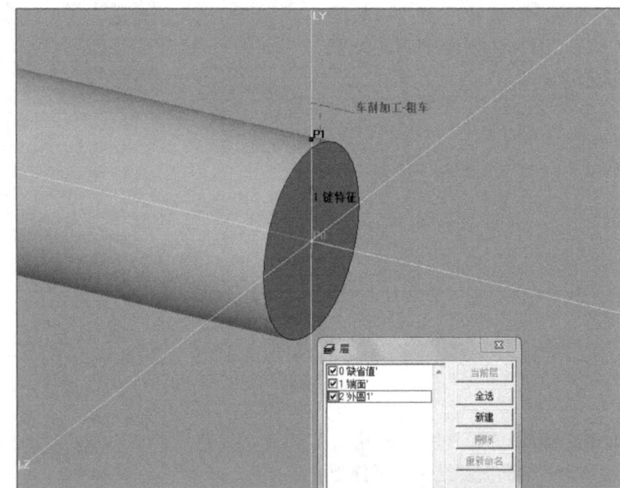
6）单击仿真 ，调整视角，可以观看端面车削的仿真模拟，如右图所示 **小贴士：**仿真状态下可以选择显示工件的剖面样式，以便于观察内孔加工情况	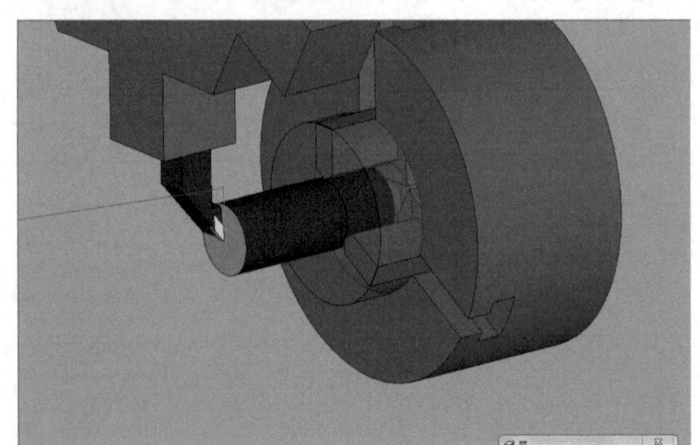

任务 1.3　外圆车削

1. 绘制右端面轮廓特征

参考图样，使用几何功能绘制轮廓。因为本次案例的机床刀架在右上方，故应绘制零件的上半部分，如图 1-3 所示。

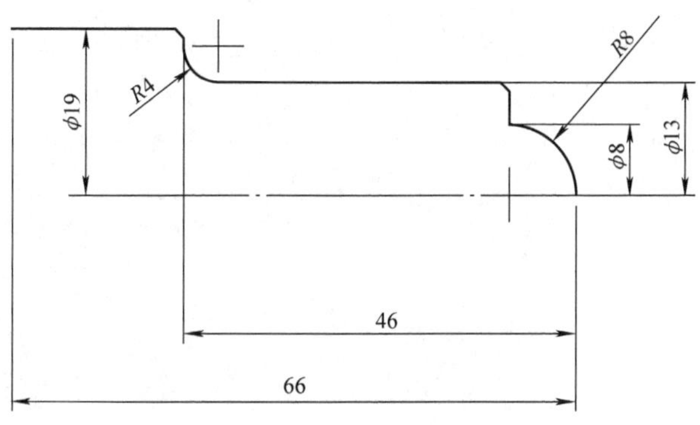

图 1-3　右端面轮廓

软件操作步骤	操作过程图示
1）单击“图层 ”（或按快捷键 <F11>）打开图层，新建“外圆 1”图层，设为当前图层，并将图层“端面 1”关闭，如右图所示	
2）按快捷键 <Ctrl+M>，调出屏蔽对话框，单击“明细”，不勾选“车削毛坯”，隐藏毛坯	

（续）

软件操作步骤	操作过程图示
3）按<F7>，将视图摆正，在智能工具条中单击“无边界几何体 ”，单击 ，在“相对点 / 圆心点”XYZ中输入“-8,8,0”，单击“应用”得到P2点，继续输入数据“-8,13,0”，“-46,13,0”，“-46,19,0”，“-66,19,0”，得到右图所示的轮廓关键点	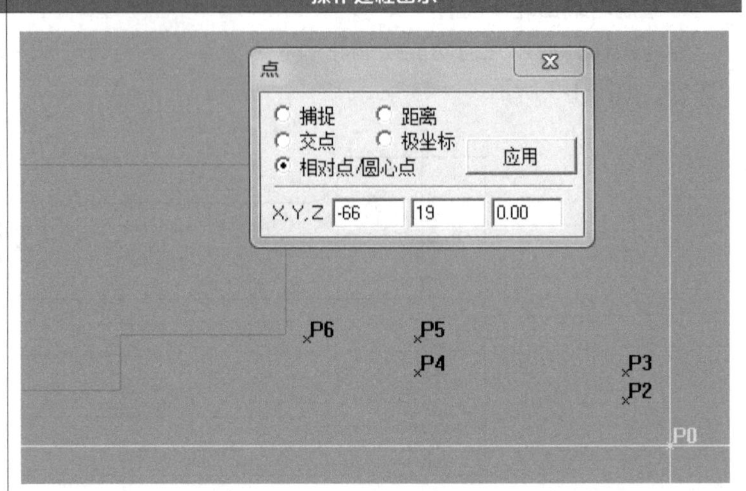
4）单击“两点圆”，选择P0和P2，直接输入半径8mm，按<Enter>键，绘制圆弧，如右图所示	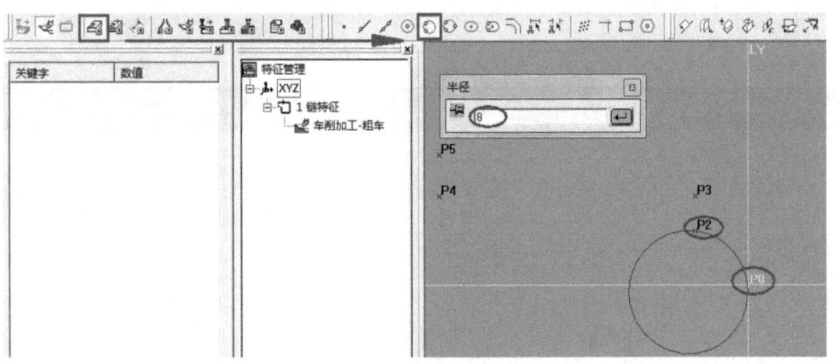
5）用“两点线”将其余点连接起来，如右图所示	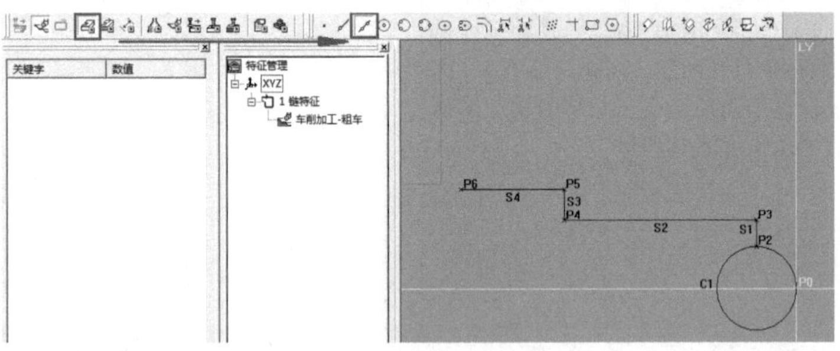
6）使用“裁剪”修剪圆弧，使用“倒角”绘制 $C1$ 倒角和 $R4$ 圆角，如右图所示	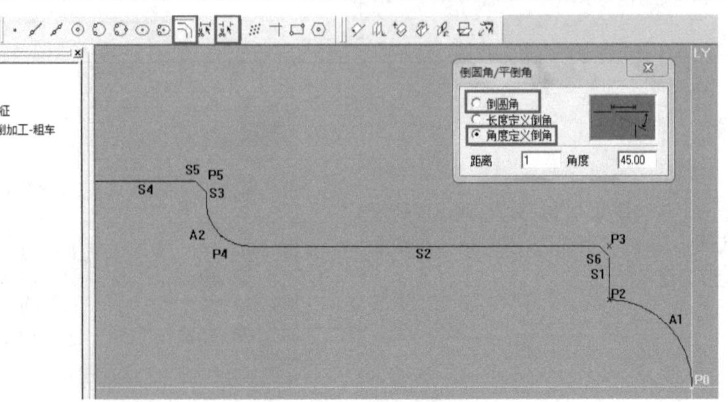

（续）

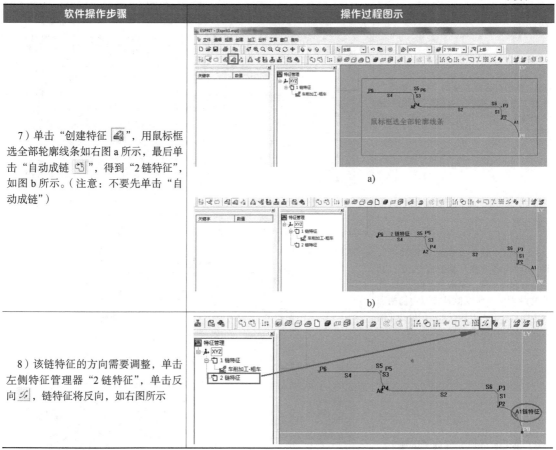

软件操作步骤	操作过程图示
7）单击“创建特征 ”，用鼠标框选全部轮廓线条如右图 a 所示，最后单击“自动成链 ”，得到“2 链特征”，如图 b 所示。（注意：不要先单击“自动成链”）	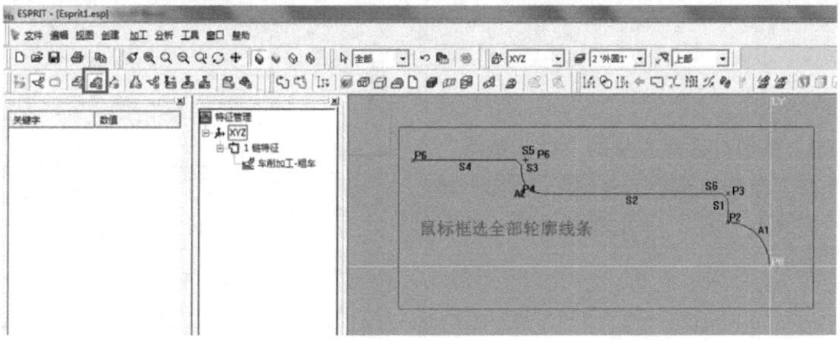 鼠标框选全部轮廓线条 a) 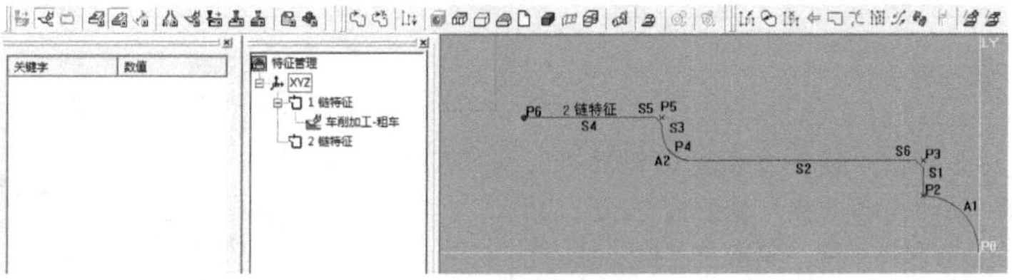 b)
8）该链特征的方向需要调整，单击左侧特征管理器“2 链特征”，单击反向 ，链特征将反向，如右图所示	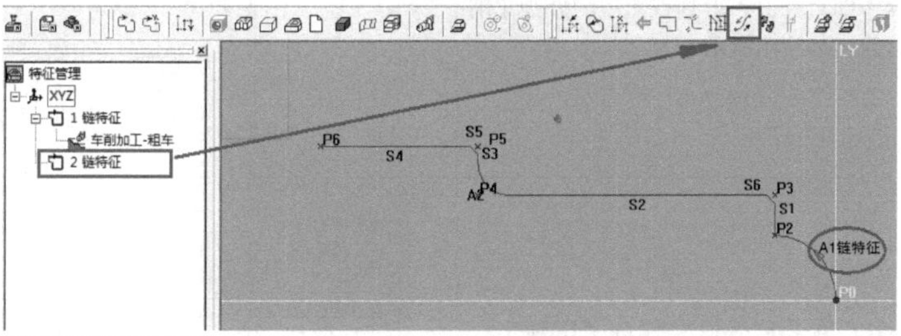 A1链特征

2. 外圆车削编程

外圆车削编程端与面车削编程相似，也是选用“粗加工 ”，ESPRIT 会继承上一次使用的切削参数，只需修改部分参数即可完成编程。本次粗车需要留余量做精车，其中 X 方向留 0.8mm、Z 方向留 0.1mm，精车暂时不换车刀。

软件操作步骤	操作过程图示
1）单击左侧“特征管理”中的“2 链特征”，单击“粗加工 ”，弹出外圆车削编程对话框，如右图所示	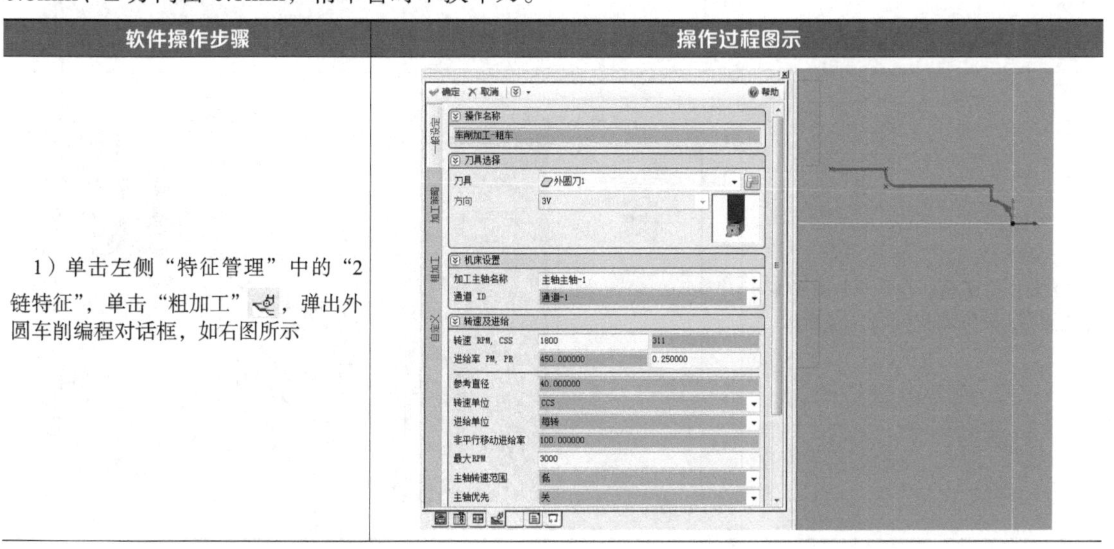

（续）

软件操作步骤	操作过程图示
2）单击对话框左侧的“加工策略”，将加工类型切换至“外圆”，精加工路径切换至“是”，其他保持不变，如右图所示	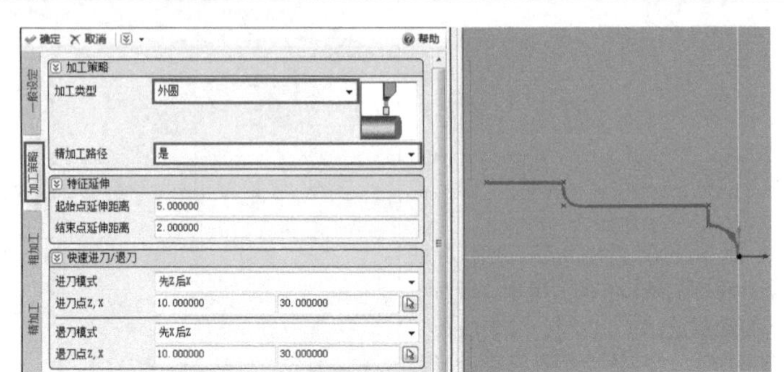
3）单击对话框左侧的“粗加工”，将“最大切削深度”修改为“2.0”，其他参数保持不变，单击左上角确定。此处的最大切削深度值是指双边切削深度，即直径值，得到视图中的外圆车削刀路，如右图所示	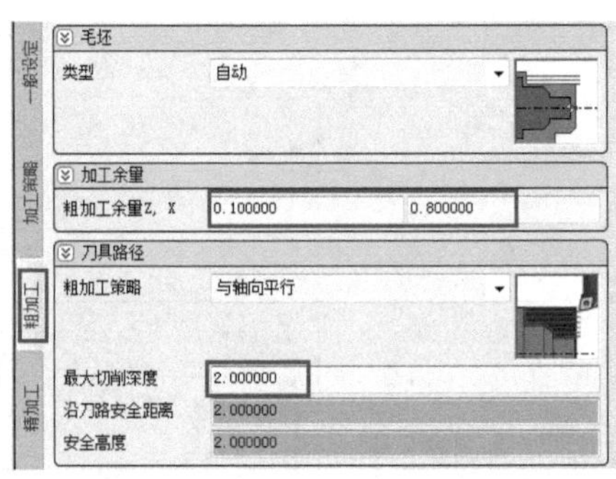
4）单击对话框左侧的“精加工”，将切出与切入类型设为“法向”，距离均为“1”，其余默认，最后单击确定，得到不更换刀具的精加工外圆刀路，如右图所示	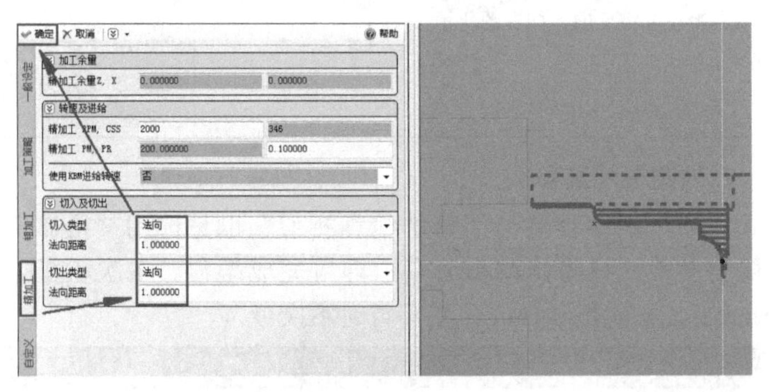
5）单击仿真，单击开始仿真 ▶，单击观察刀路仿真结果，如右图所示	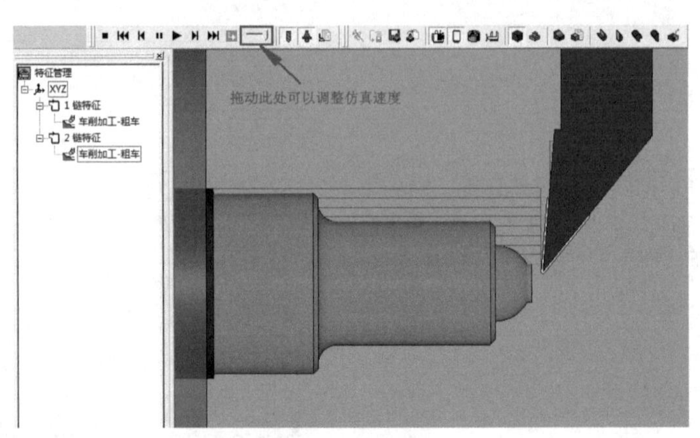

任务 1.4　翻转调头车削外圆

1. 零件调头

第一头车完成后即可调，本次任务使用的机床不具备双主轴自动调头功能，需要换软爪，手工二次装夹调头，通常用一个新建文件来编制调头后的程序，而 ESPRIT 则可以通过一个插件，方便地实现在同一个文件中完成调头及后续程序的编制。

软件操作步骤	操作过程图示
1）按 <F11>，隐藏“外圆 1”，新建一个图层“调头”，用于绘制调头后的零件轮廓，如右图所示	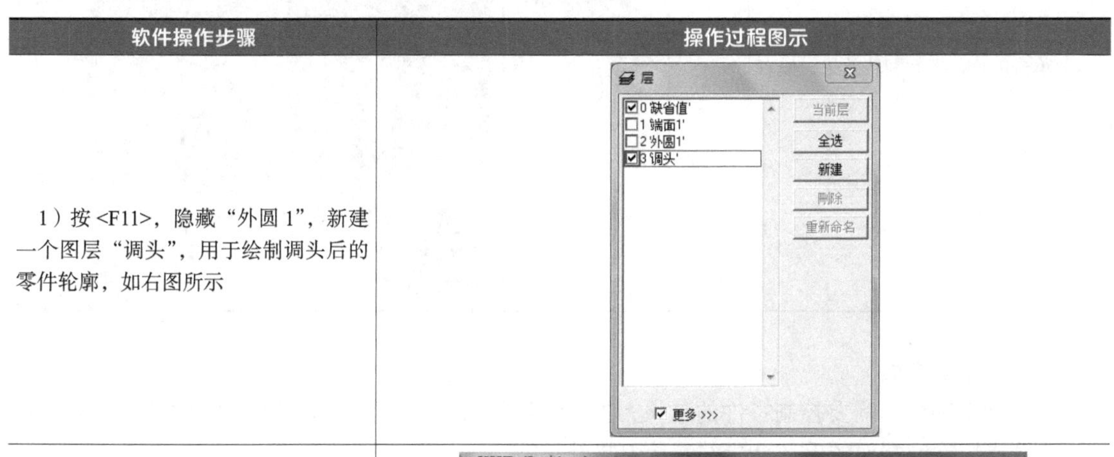
2）单击菜单栏“加工”，选择“加工插件”，选择“翻转车削实体”，如右图所示	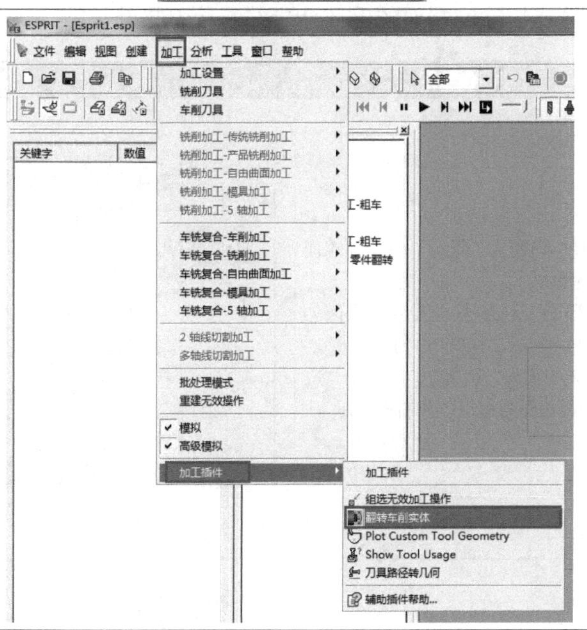
3）在左侧弹出的对话框中单击“工件翻转”，在工件长度中输入“100”，如右图所示 **小贴士：** 工件翻转中的“工件长度”表示调头后工件的总长，也就是零件的长度；重新拾取位置是指相对上次装夹时的坐标原点的偏移值，可以用于控制工件调头后伸出卡盘的距离	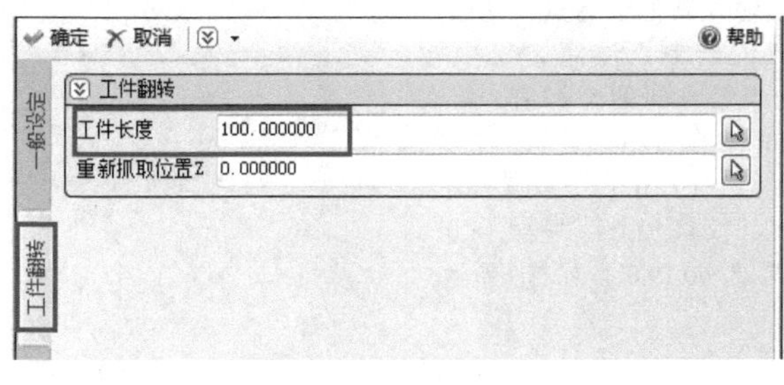

（续）

软件操作步骤	操作过程图示
4）单击仿真，观看翻转效果，如右图所示	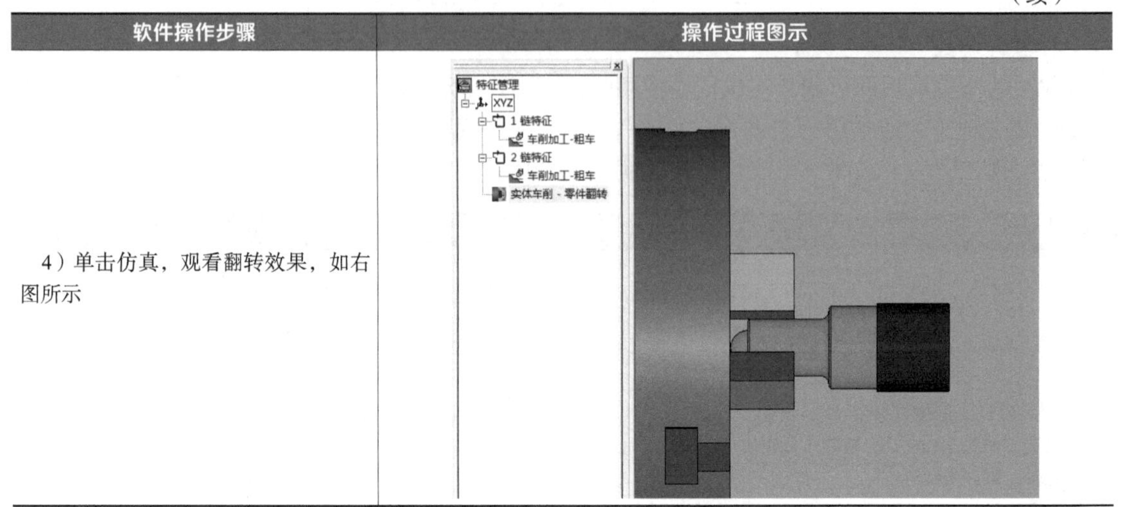

2. 调头车削端面

调头后车削端面需要控制零件的总长，先手动试切端面，用游标卡尺测量零件长度方向的尺寸，计算要切除的端面的毛坯余量并测量刀具补偿。

软件操作步骤	操作过程图示
1）继续在图层“调头”中绘制端面及外圆轮廓。 单击智能工具条中“无边界几何体”，单击，在“相对点/圆心点”XYZ中输入“0,22,0”，单击“应用”，绘制端面的起点，如右图所示	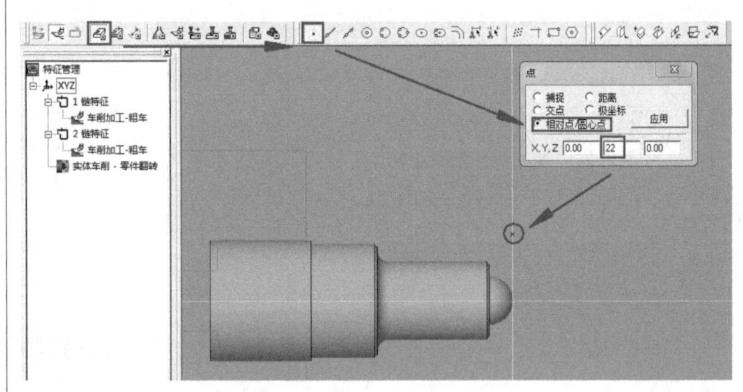
2）继续输入其他坐标点，完成外圆轮廓点的绘制，注意XYZ中输入的均为半径方向的坐标值，依次为“0,10,0”、“-2,12,0”、“-12,12,0”、“-14,10,0”、“-19,10,0”、“-19,11,0”、“-20,12,0”、“-44,12,0”、“-44,18,0”、“-45,19,0”、“-60,19,0”。如右图所示	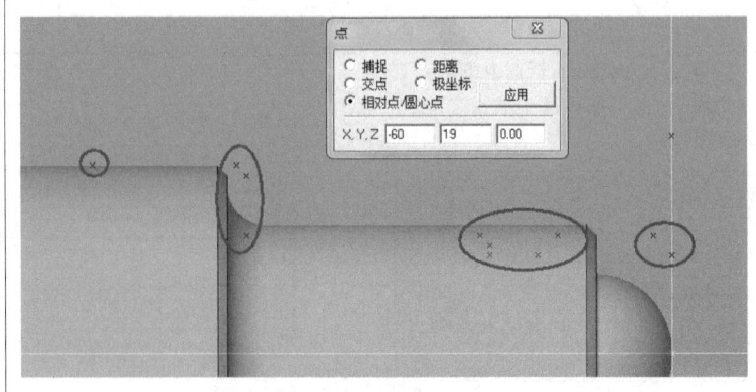

（续）

软件操作步骤	操作过程图示
3）同时按快捷键 <Ctrl+M>，调出屏蔽对话框，不勾选“车削毛坯”，隐藏车削毛坯，单击“无边界几何体 ”，单击“两点直线 ”，依次将各点连接，绘制直线轮廓，如右图所示	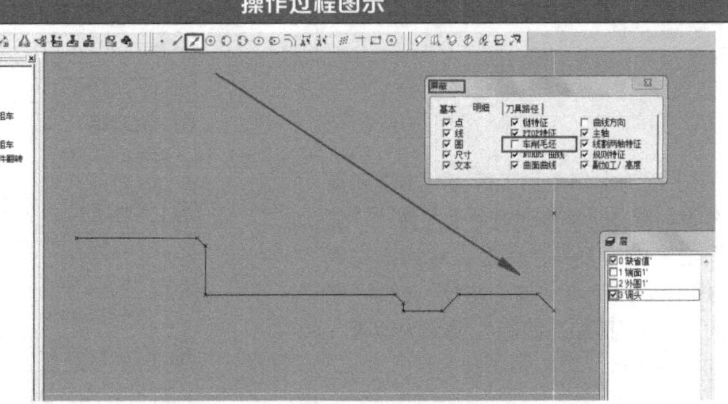
4）单击倒角，选择圆弧，半径为 3，依次单击圆角两头直线，绘制圆弧倒角，如右图所示	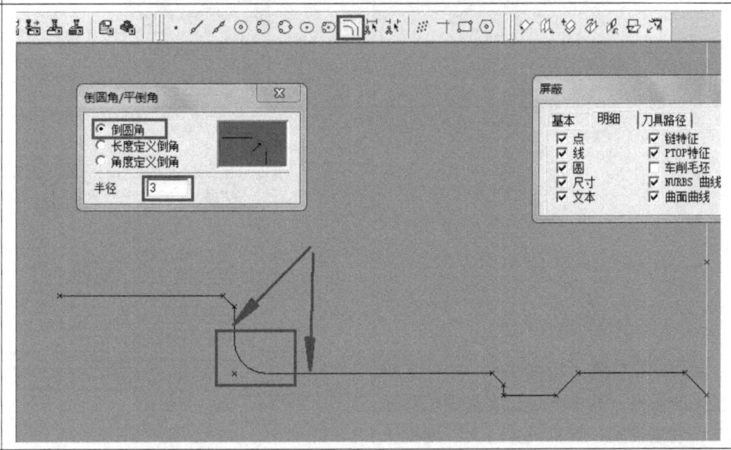
5）先新建图层“端面 2”，再单击“创建特征 ”，单击“手动成链 ”，在视图中用鼠标左键依次点选端面起点和原点，单击“中止操作 ”，产生“3 链特征”，完成端面链特征的创建，如右图所示	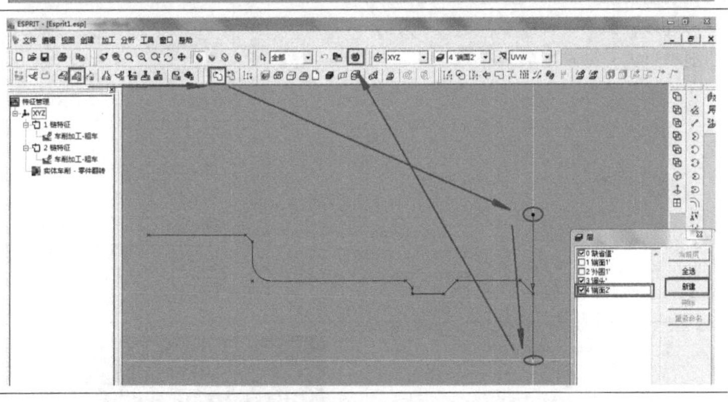
6）单击“3 链特征”，单击“车铣复合—车削加工 ”，再单击“粗加工 ”，如右图所示	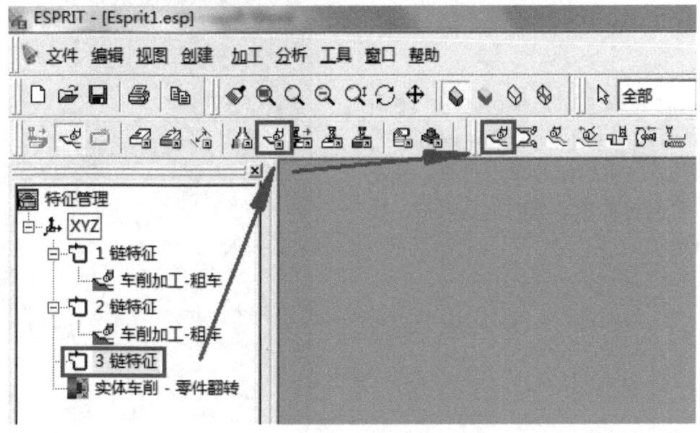

（续）

软件操作步骤	操作过程图示
7）因为本例中加工端面时不需要换车刀，所有无须修改对话框左侧“一般设定”中的刀具，单击在对话框左侧“加工策略”，将“加工类型”改为“端面”，将“精加工路径”设置为“否”，如右图所示	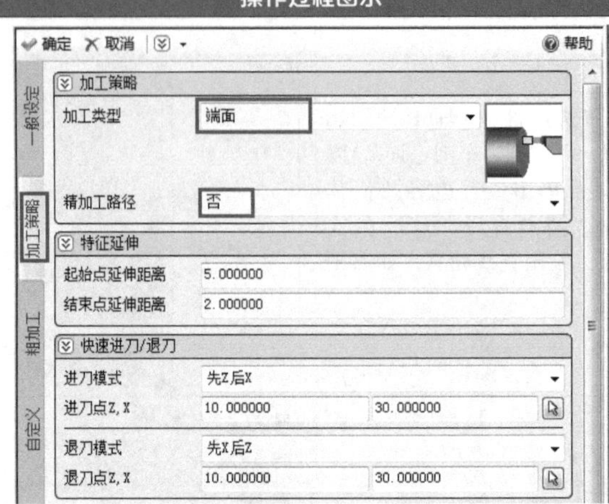
8）单击左侧“粗加工”，按右图所示修改参数，其中毛坯长度必须按实际毛坯余量设置，如果设置过大，则机床空刀过多；如果设置过小，则第一刀的切削量过大，易发生事故	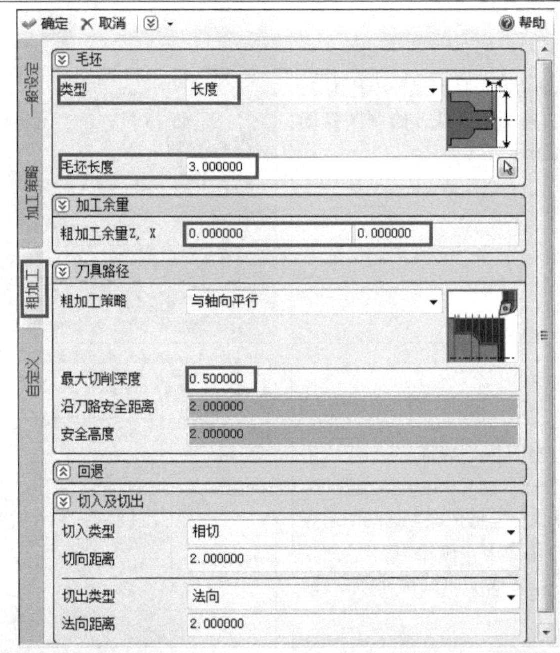
9）检查参数无误，单击确定，单击“仿真 ”，第一刀仿真结束后继续单击仿真，调整视角，可以观看端面车削仿真模拟，如右图所示	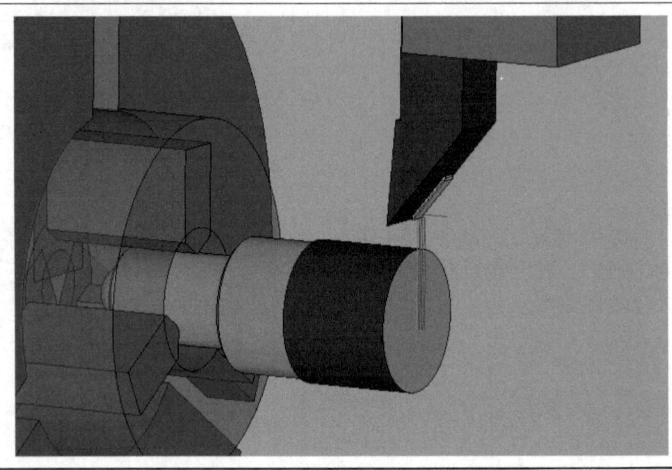

3. 调头车削外圆

仿真完毕后单击仿真结束，准备编制调头后的外圆车削刀路，首先新建图层“外圆 2”，并隐藏图层“端面 2”，以便观察和操作，如图 1-4 所示。

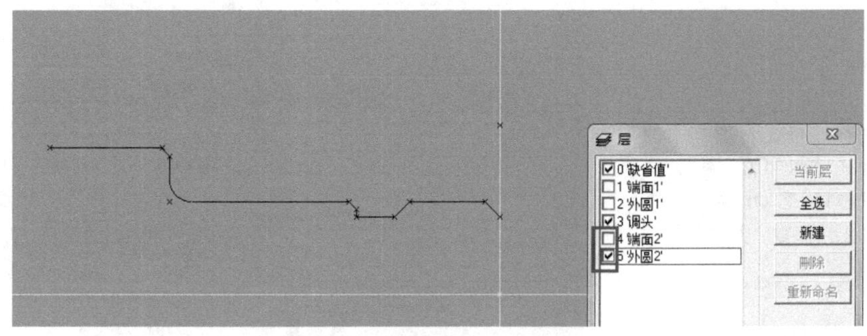

图 1-4　新建图层“外圆 2”

软件操作步骤	操作过程图示
1）单击“创建特征”，在视图中鼠标左键框选全部外圆轮廓，再单击“自动成链”，自动产生链特征，如右图所示	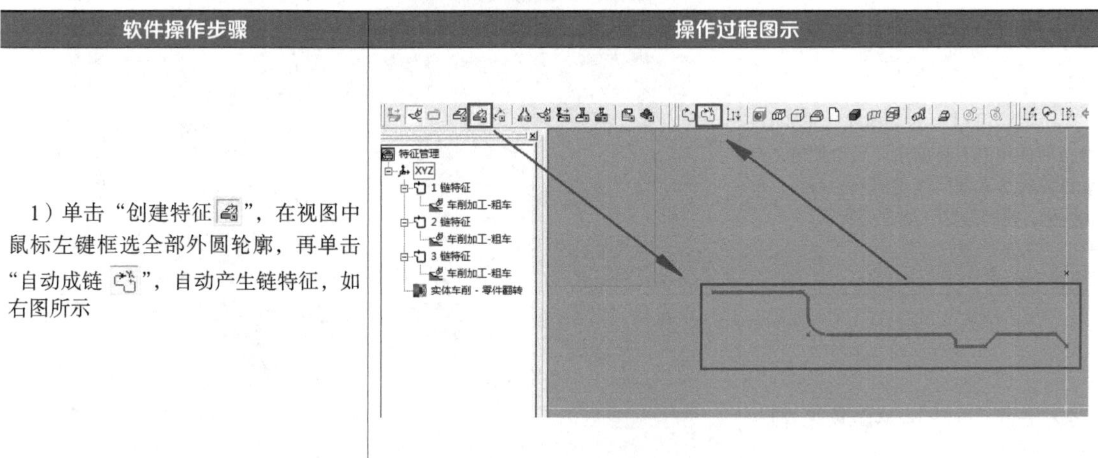
2）观察链特征，如发现特征的箭头方向与车削进给方向相反，可先选择特征，再单击“特征反向”，将特征方向反转，如右图所示	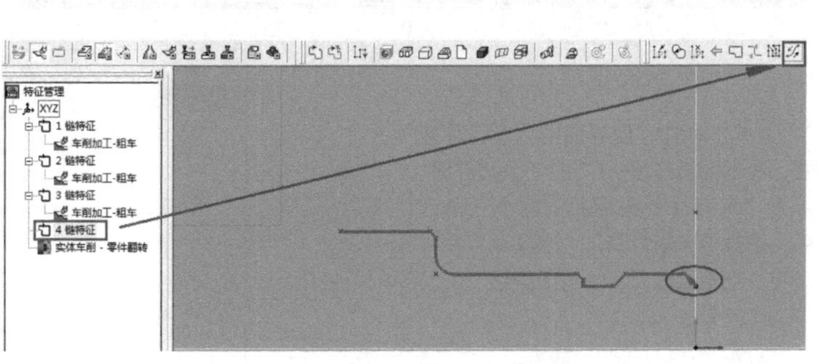

（续）

软件操作步骤	操作过程图示
3）先单击左侧“特征管理”中的“4链特征”，单击“粗加工 ”，弹出外圆车削编程对话框，设置“加工策略”和“粗加工”参数，其余参数不变，如右图所示	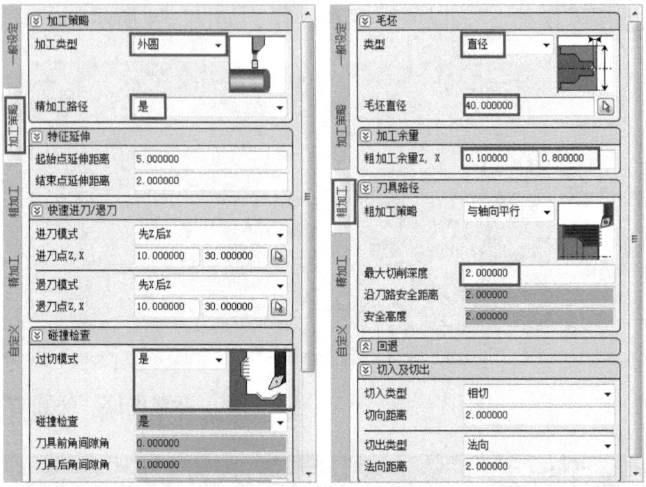
4）因为打开了“过切模式”，ESPRIT会按照使用的刀具前角及后角数值，自动计算轮廓有凹凸变化部分的刀路，单击确定，得到刀路，如右图所示	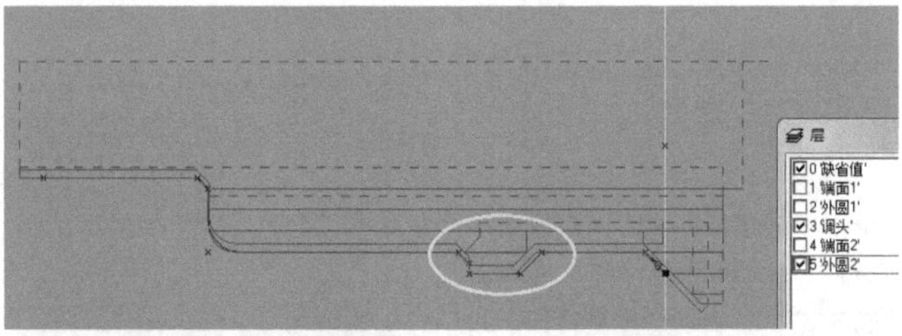
5）单击“仿真”，观察仿真过程，如右图所示	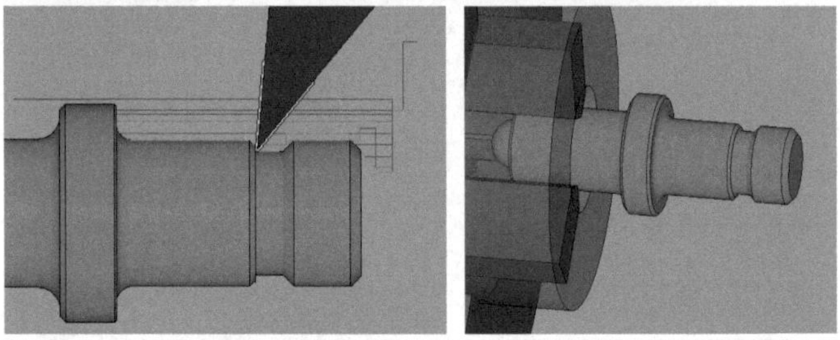

任务 1.5　螺纹车削

1.创建外螺纹车刀

软件操作步骤	操作过程图示
1）单击软件左侧界面的“项目管理器”底部的第二项—“刀具”管理界面，单击“车刀片”图标右侧的小三角箭头，选择“车削刀具”/“螺纹车刀片”，新建一把螺纹车刀，如右图所示	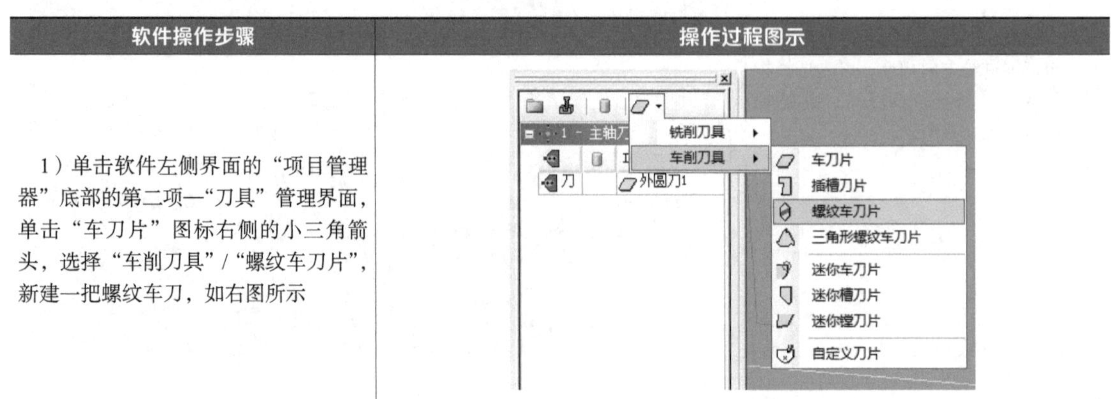

（续）

软件操作步骤	操作过程图示
2）按右图所示设置刀具参数	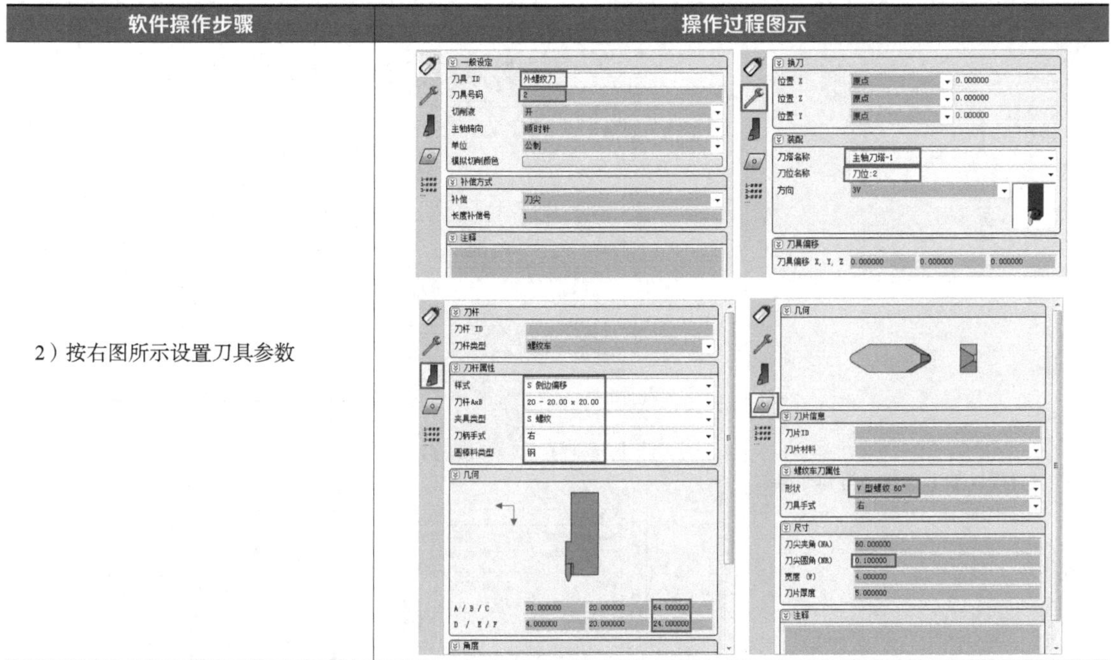

2. 创建外螺纹的链特征

软件操作步骤	操作过程图示
1）新建图层“外螺纹”，打开图层“调头”，隐藏其他图层，如右图所示	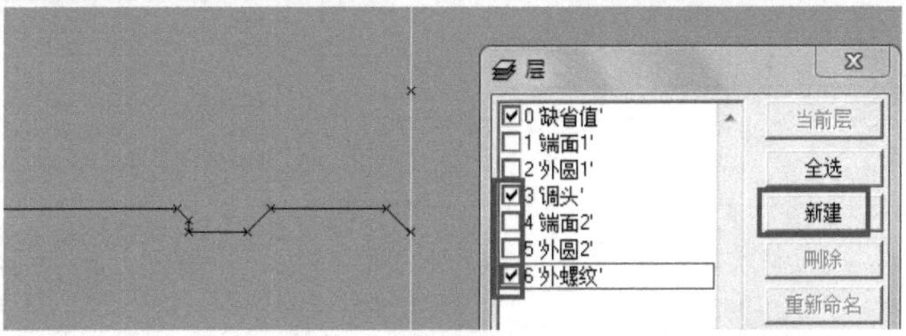
2）单击“创建特征 ”，选择螺纹外径轮廓，单击“自动链特征 ”，产生的链特征如右图所示	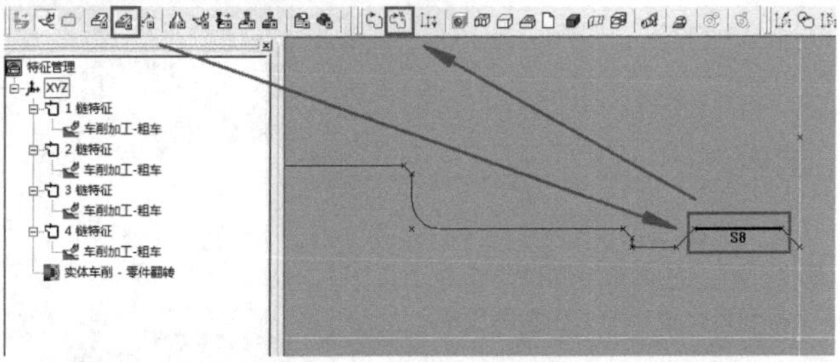
3）单击“5 链特征”/“车削加工”/“螺纹车削”，创建螺纹车削程序，如右图所示	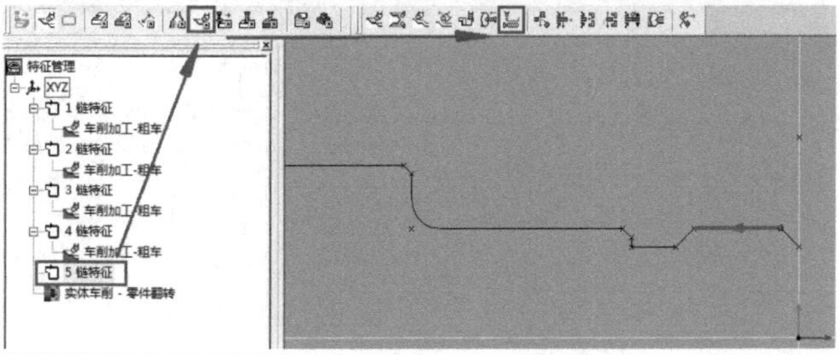

（续）

<table>
<tr><th>软件操作步骤</th><th>操作过程图示</th></tr>
<tr><td>4）设置螺纹加工参数，得到外螺纹刀路，如右图所示</td><td>

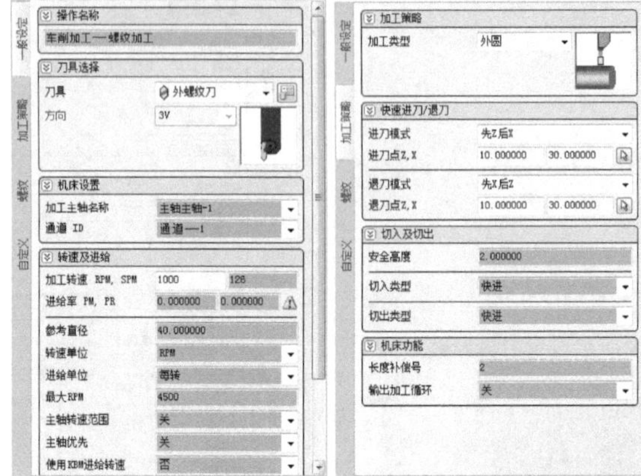

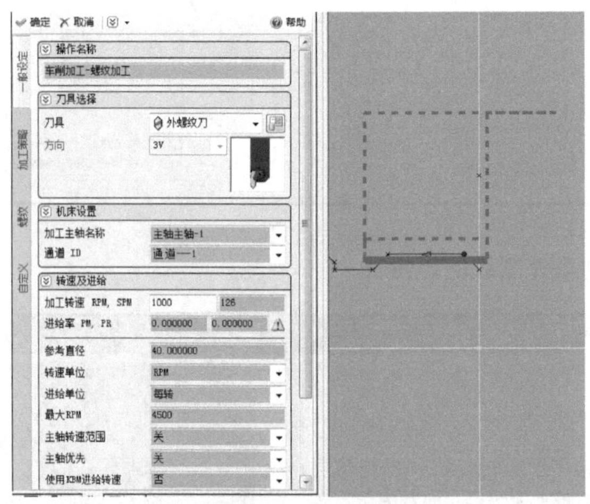

</td></tr>
<tr><td>5）单击[确定]，完成零件编程，单击“仿真”，得到最终效果图，如右图所示</td><td>

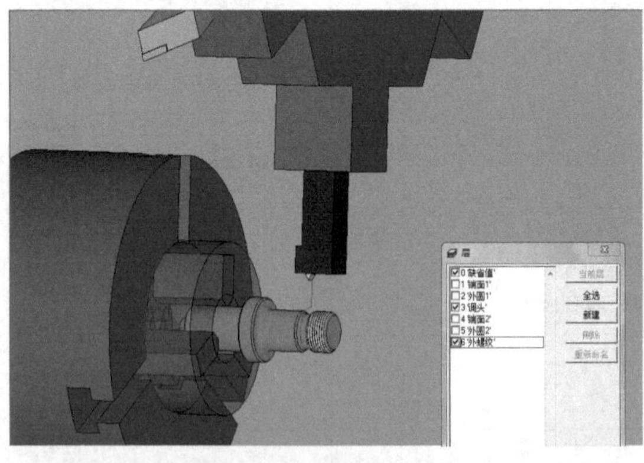

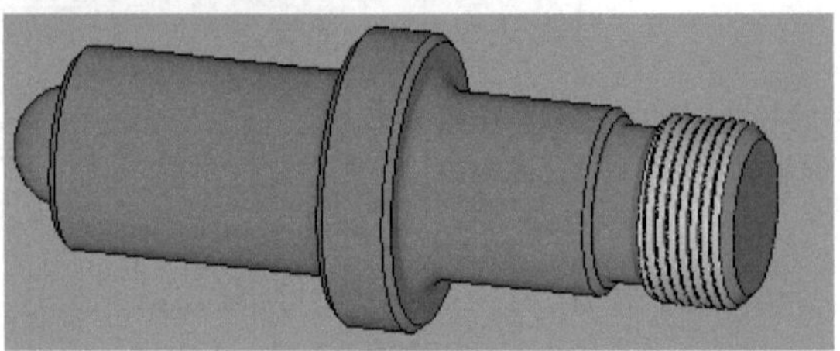

</td></tr>
</table>

【任务拓展】

请利用 ESPRIT 软件，完成下图所示的螺纹轴的编程与仿真加工。

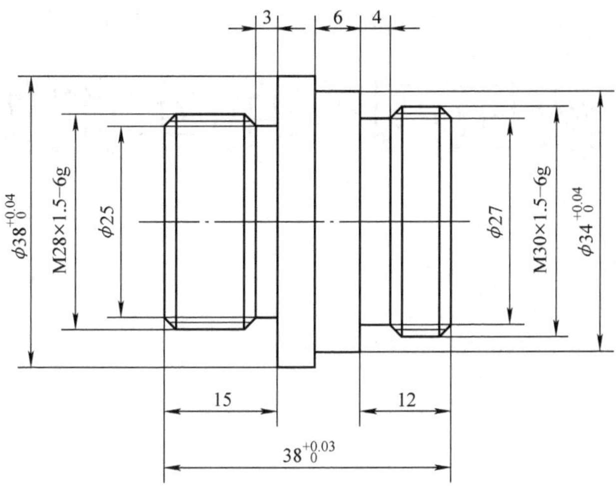

项目二

液压阀套的车削编程

项目二（液压阀套的车削编程）是在项目一（螺纹轴的车削编程）的基础上，增加了孔加工、槽车削、内螺纹车削和切断等内容，基本涵盖了企业生产中的全部车削工艺，是较复杂的车削零件类型。

【任务描述】

校办工厂接单，要求完成如图 2-1 所示的液压阀套，50 件。该零件材料为 45 钢，毛坯为 $\phi60\times110$ 的棒料，可以在车削中心上通过两次装夹车削完成液压阀套的加工，要求在一周内交付使用。

本项目建议理论学时：4 学时　实操学时：14 学时。

【任务目标】

通过本任务的学习，学生应掌握以下目标：

1）自动获取零件的内外圆轮廓并生成相应的链特征。

2）使用刀架固定钻头加工底孔。

3）使用切槽刀加工内孔槽、外圆槽及端面槽。

4）使用内螺纹刀车削内螺纹。

5）使用切断刀完成零件切断。

【任务实施】

任务 2.1　车削编程准备

任务 2.2　端面及外圆车削

任务 2.3　钻孔及镗孔

任务 2.4　端面、外圆及内孔槽车削

任务 2.5　内螺纹车削和切断

液压阀套零件图如图 2-1 所示，完成该零件加工提供的刀具及切削参数见表 2-1。

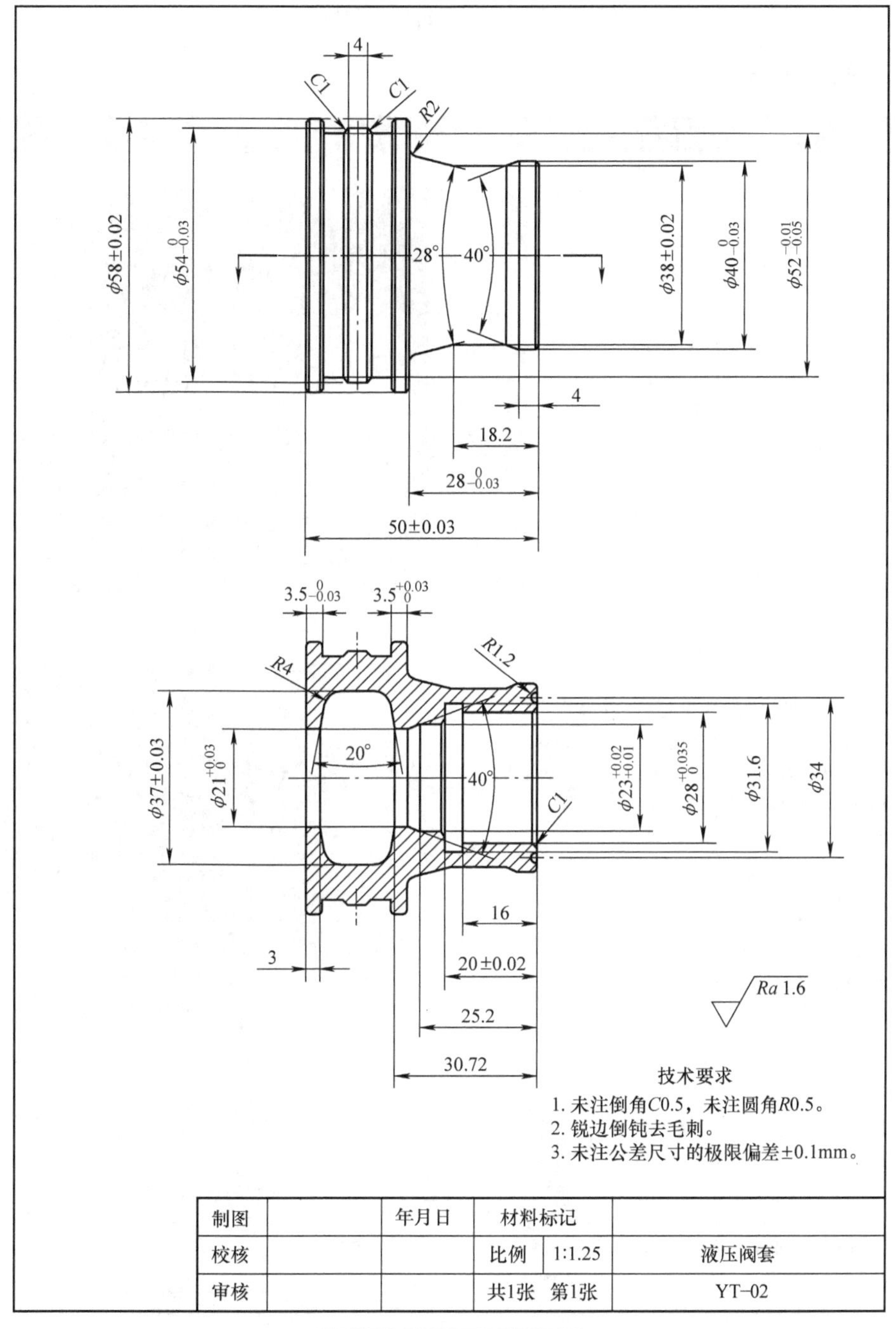

技术要求
1. 未注倒角C0.5，未注圆角R0.5。
2. 锐边倒钝去毛刺。
3. 未注公差尺寸的极限偏差±0.1mm。
制图
年月日
材料标记
校核
比例
1:1.25
液压阀套
审核
共1张　第1张
YT-02

图 2-1　液压阀套零件图

表 2-1　液压阀套加工的刀具及切削参数

编号	刀具名称	刀片型号	刀杆型号	切削速度	进给量
1	外圆车刀 1	VCMG160404	SVJCR-R2020K11	350-260m/min	0.15mm/r

任务 2.1　车削编程准备

1. 导入模型及机床

<table>
<tr><th>软件操作步骤</th><th>操作过程图示</th></tr>
<tr><td>1）液压阀套零件图如右图所示，零件材料为 45 钢，毛坯为 $\phi60\times110$ 的实心棒料。单击“打开”，找到模型文件“液压阀套 .STP”并导入</td><td>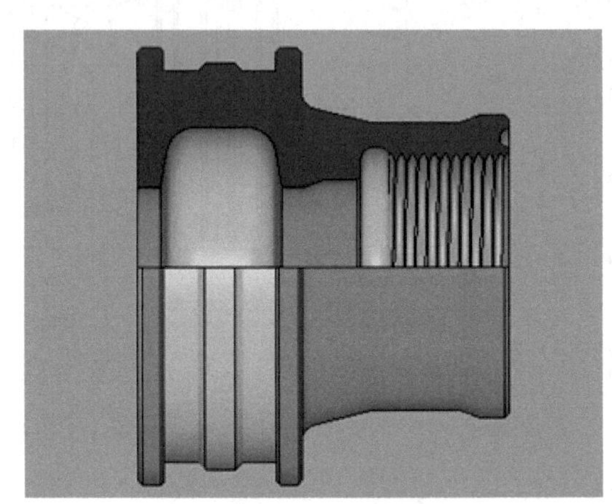</td></tr>
<tr><td>2）按快捷键 F11，调出图层工具栏，新建图层“模型”。再按组合快捷键 <Alt+Enter>，调出属性工具栏，单击鼠标左键并切换选中该模型的实体，在属性栏中修改其“层”为“模型”，如右图所示

小贴士：养成习惯将模型、轮廓和各个刀路分别设置在对应的图层中，以方便后期观察和操作</td><td>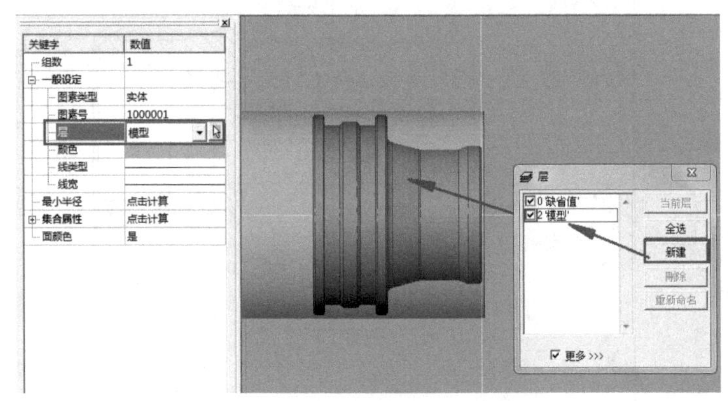
</td></tr>
<tr><td>3）单击“Smart Toolbar”智能工具条中的“加工设置 ”/“机床设置 ”，在弹出“车削机床设定”对话框中的空白处单击鼠标右键，选择“打开”，找到并选择机床文件“CTX310.EMS”，设置毛坯及机床参数，如右图所示</td><td>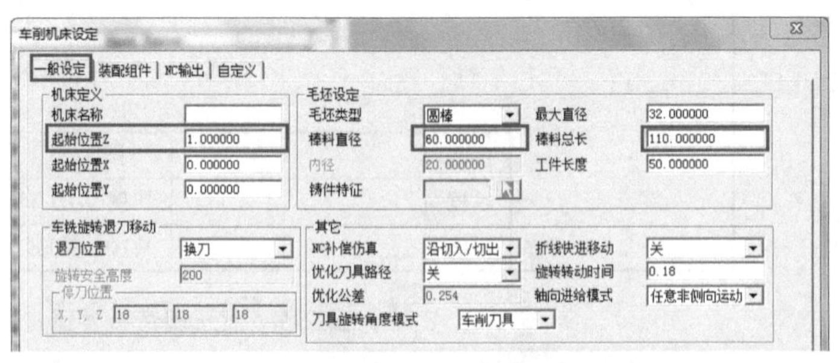

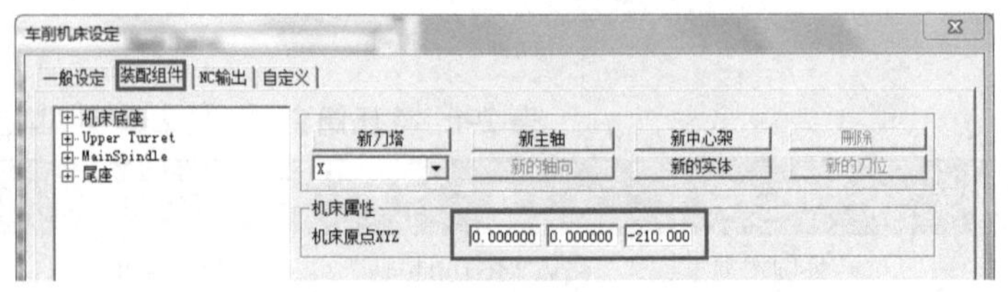
</td></tr>
</table>

2. 获取模型几何线框

软件操作步骤	操作过程图示
1）ESPRIT 除了可以手工绘制零件轮廓线，还可以使用“车削轮廓”命令，自动生成零件的内外圆轮廓线段，该功能位于“创建特征”工具条中，如右图所示	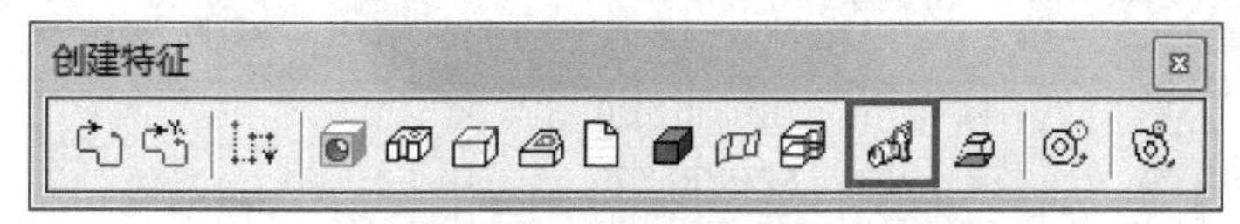
2）单击“车削轮廓”命令，在弹出的“车削轮廓”对话框中，单击模型并切换至选中整个实体，设置需要获得线段的参数，单击“确定”，产生模型的车削轮廓线段，如右图 a 所示。关闭图层“模型”，可以看到在毛坯内已产生的模型线段，如右图 b 所示	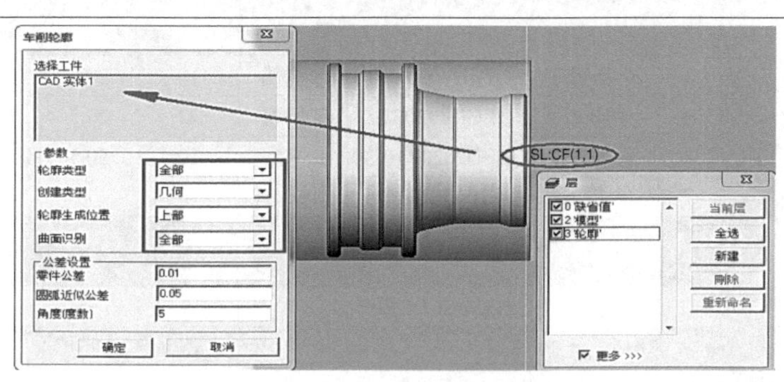 a) 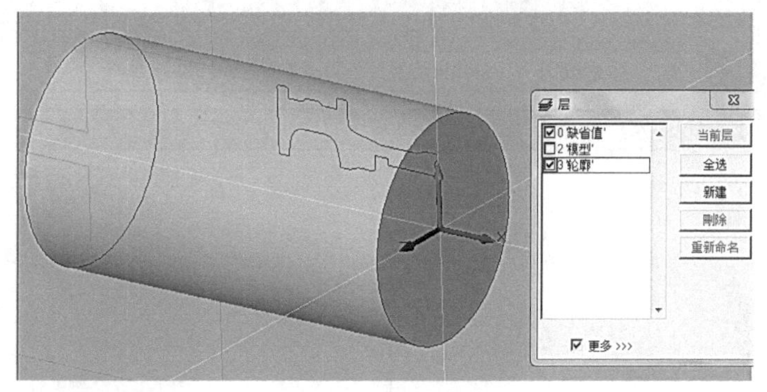 b)
3）车削轮廓命令是计算绕当前工作平面的 Z 轴及原点旋转产生的轮廓线段，如果产生的线段是在其他平面内，请注意修改工作平面至“XYZ”，并再重复生成正确的轮廓线段，如右图所示	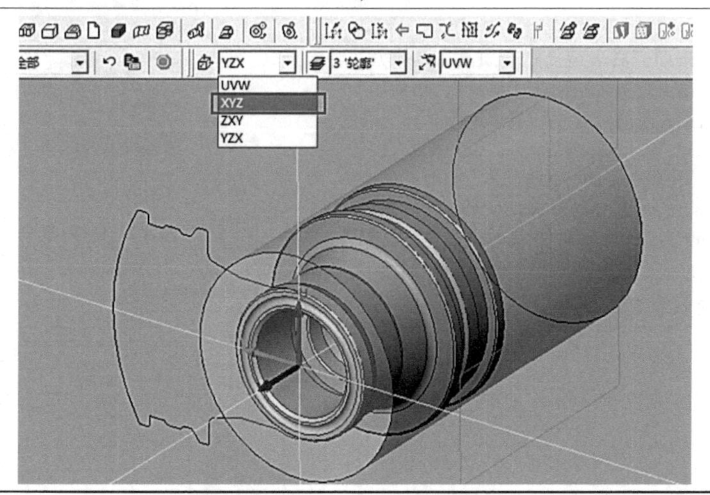

3. 设置车削刀具

本次加工需要使用多种刀具，CTX310 机床的数控回转刀架一共有 12 个工位，本次使用其中的 9 个刀位，刀具名称、型号及参数见表 2-2。

表 2-2　刀具名称、型号及参数

外圆车刀	刀位	刀具名称	刀杆型号	头长 E/mm	头宽 F/mm	余偏角 /（°）	刀片型号	圆角 /（°）	边长度 /mm	刀片厚度 /mm
	1	外圆车刀 1	DDJNR-2020	30	25	−3	DNMG110408	0.8	11	4.76
	2	外圆车刀 2	MVJNR-2020	41	25	−3	VNMG160404	0.4	16	4.76
切槽刀	刀位	刀具名称	刀杆型号	样式	切深 D/mm	头宽 F/mm	刀片型号	圆角 /（°）	宽度 /mm	E
	3	外圆槽刀	QEFD2020R10	S 侧偏	10	20.5	ZTFD0302-MG	0.2	3	10
	12	切断刀	QEGD2020R22	S 侧偏	22	20.5	ZPGD0302-MG	0.4	3	22
	4	端面槽刀	QEED2020R10-30	E 末端	10	20.5	ZRED020-MG	1	2	10
	7	内槽刀	C10-QEDR09	圆杆 GT	10	/	ZRED020-MG	1	2	10
内孔刀	刀位	刀具名称	刀杆型号	/	头宽 F/mm	余偏角 /（°）	刀片型号	圆角 /（°）	边长度 /mm	刀片厚度 /mm
	11	镗刀	S12M-SCLCR09	/	8	−5	CCMT090204	0.4	9	2.38
钻头	刀位	刀具名称	直径 /mm				最短安装长度 /mm			
	5	钻头	$\phi 18$				70			
螺纹刀	刀位	刀具名称	刀杆型号	样式	切深 D/mm	/	刀片型号	圆角 /（°）	角度 /（°）	宽度 /mm
	9	内螺纹刀	SNR0012K11	TT	9	/	AG60	0.1	60	4

软件操作步骤	操作过程图示
按照刀具表建立全套刀具，具体方法参考任务 1.2 中的创建车刀，结果如右图 a 所示 **小贴士：**在“机床设置”中的“装配组件”，可以自由设计机床及刀架的模型，可以根据自己的真实机床或刀架绘制成 STL 模型导入，如图 b 所示	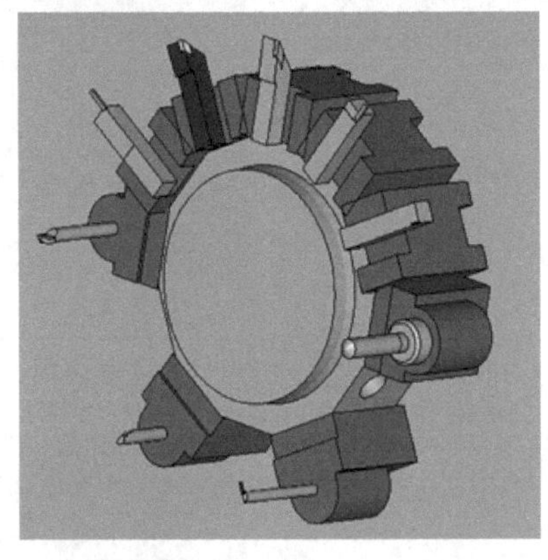 a) 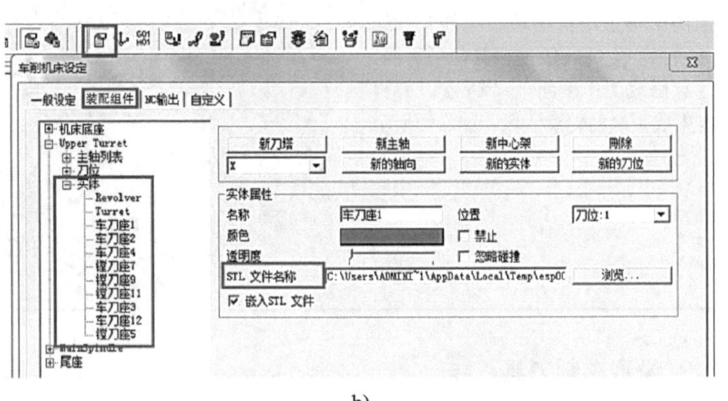 b)

任务 2.2　端面及外圆车削

1.端面车削

软件操作步骤	操作过程图示
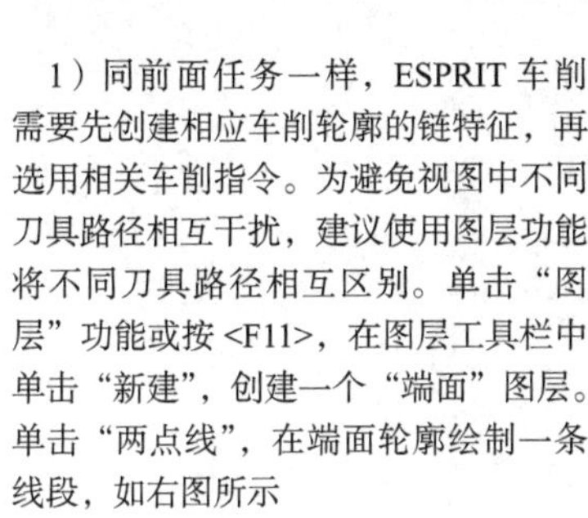 1）同前面任务一样，ESPRIT 车削需要先创建相应车削轮廓的链特征，再选用相关车削指令。为避免视图中不同刀具路径相互干扰，建议使用图层功能将不同刀具路径相互区别。单击“图层”功能或按 <F11>，在图层工具栏中单击“新建”，创建一个“端面”图层。单击“两点线”，在端面轮廓绘制一条线段，如右图所示	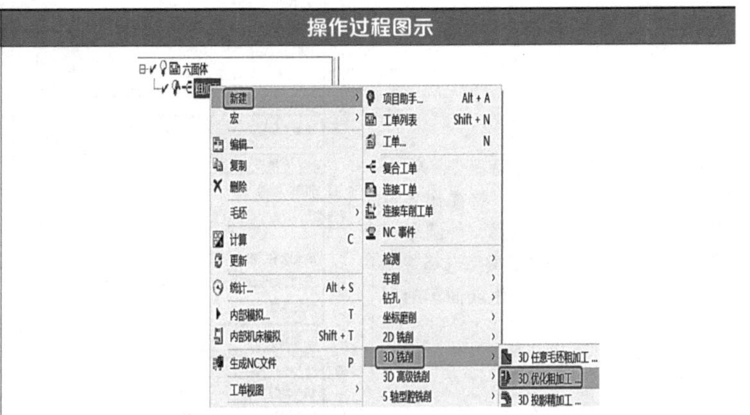
2）单击“创建特征”，选中绘制好的线段，单击“自动链特征”，产生端面轮廓链特征，注意链特征方向应指向原点，如右图所示	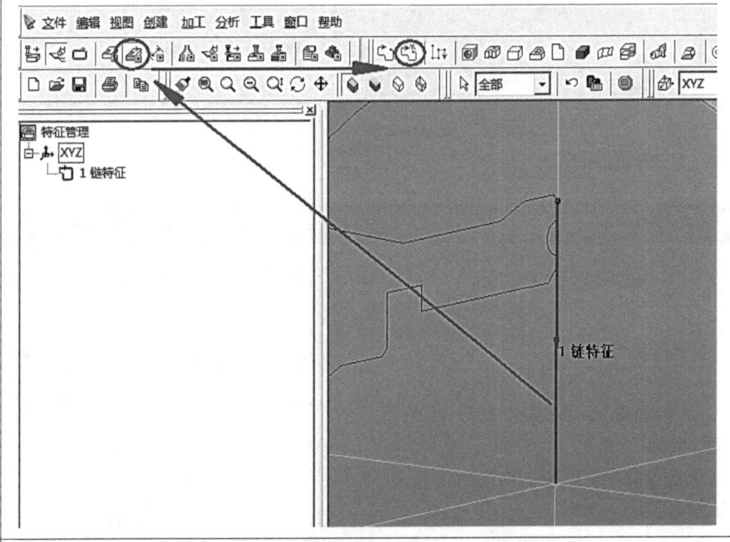
3）选中产生的“链特征”，单击“车削加工”/“粗加工”，将操作名称改为“车端面”，刀具选择“外圆车刀1”，在加工策略中的加工类型选择“端面”，设置其余参数，产生端面车削刀路，如右图所示	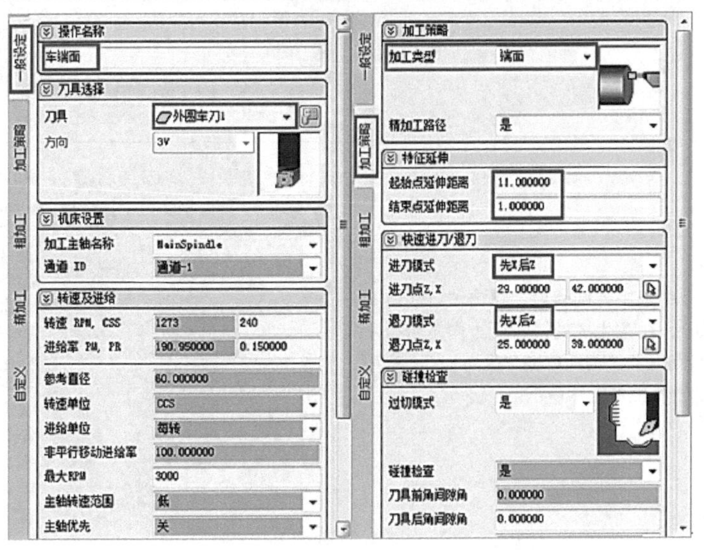

（续）

软件操作步骤	操作过程图示
3）选中产生的“链特征”，单击“车削加工”/“粗加工”，将操作名称改为“车端面”，刀具选择“外圆车刀1”，在加工策略中的加工类型选择“端面”，设置其余参数，产生端面车削刀路，如右图所示	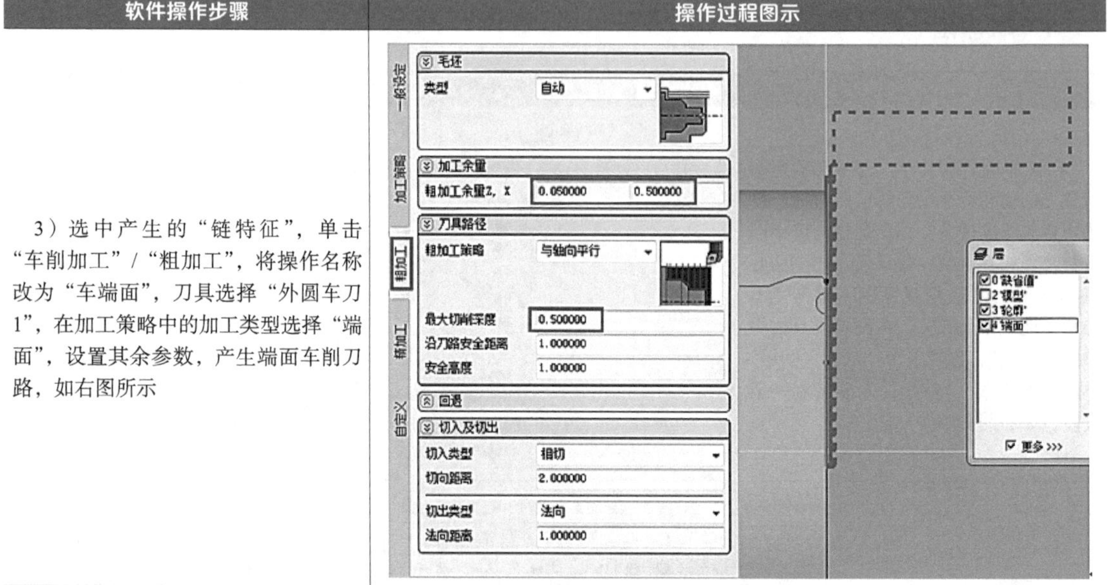

2. 外圆粗车

软件操作步骤	操作过程图示
1）新建图层“外圆粗车”，关闭图层“端面”，单击“两点线”，绘制两点直线将轮廓中外圆槽的两端封闭起来，如右图所示	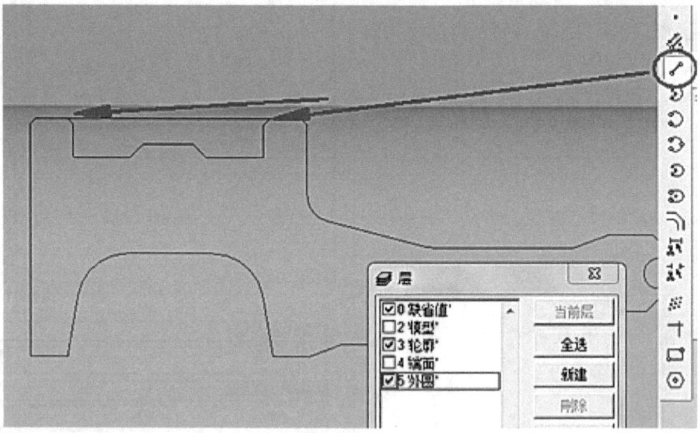
2）选中外圆线段，单击“自动链特征”，注意生成的链特征方向是否是从原点出发，否则单击“反向”，产生的链特征如右图所示	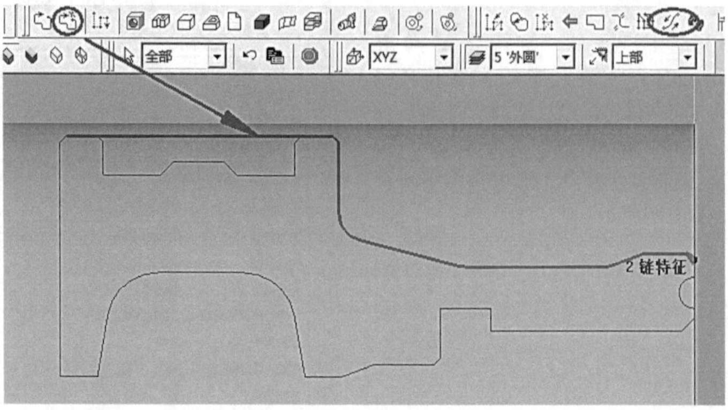

（续）

软件操作步骤	操作过程图示
3）选中产生的链特征，单击“车削加工”/“粗加工”，将操作名称改为“粗车外圆”，仍选中“外圆车刀 1”，在加工策略中的加工类型选择“外圆”，修改特征延伸和最大切削深度，注意关闭精加工，并留余量，其余参数不变，产生外圆粗车刀路，如右图所示	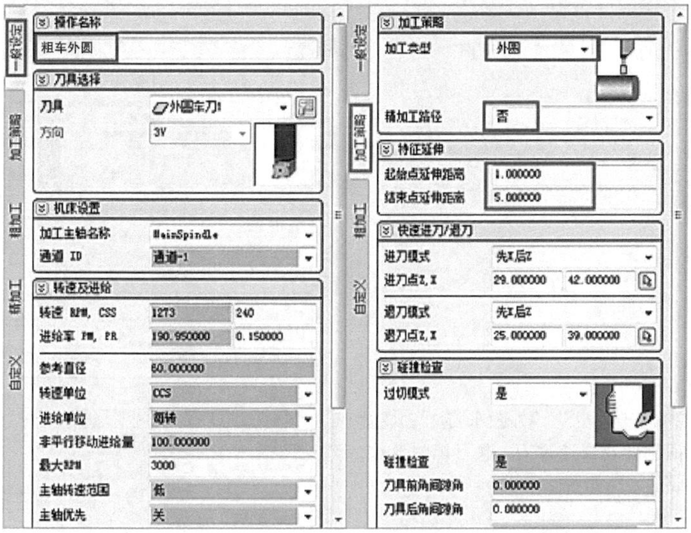 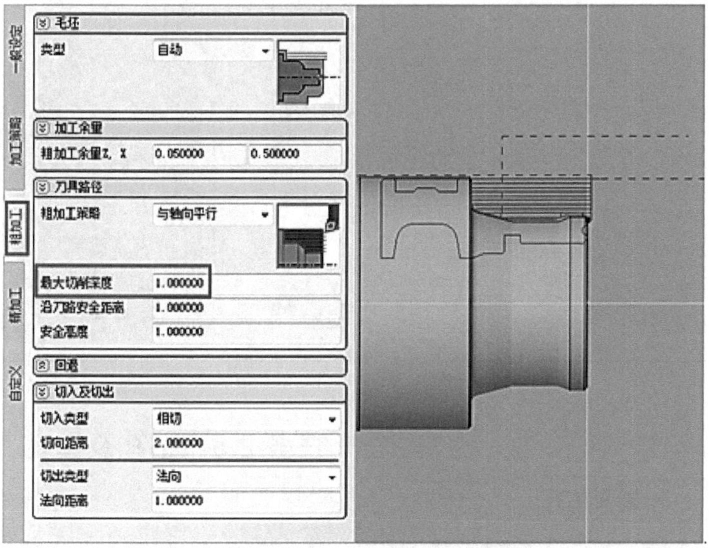

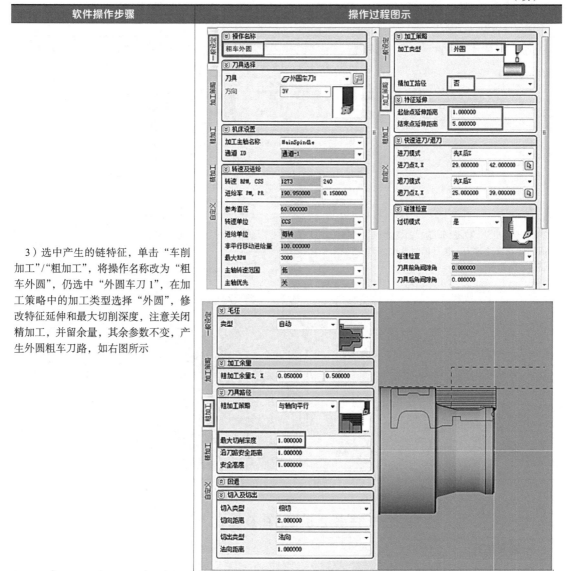

3. 外圆精车

软件操作步骤	操作过程图示
1）新建图层“外圆精车”，单击选中外圆链特征，单击“车削加工”/“轮廓加工”，如右图所示	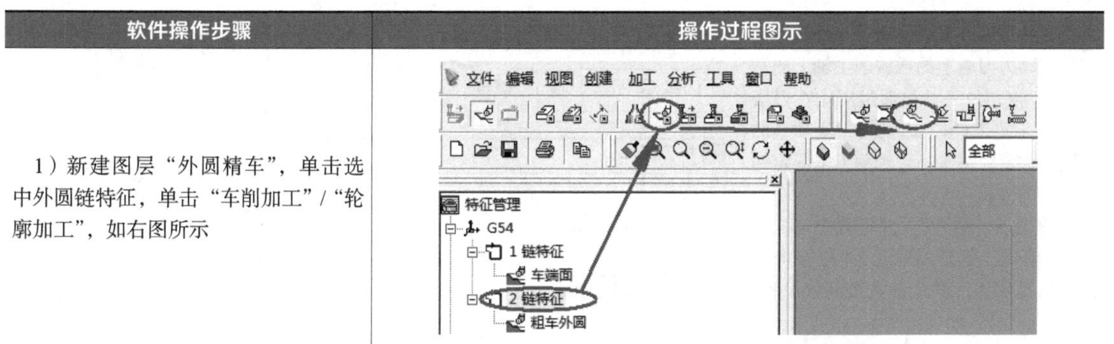

（续）

软件操作步骤	操作过程图示
2）修改刀具为“外圆车刀 2”，设置特征延伸及快速进刀 / 退刀相关参数，生成的刀路如右图所示	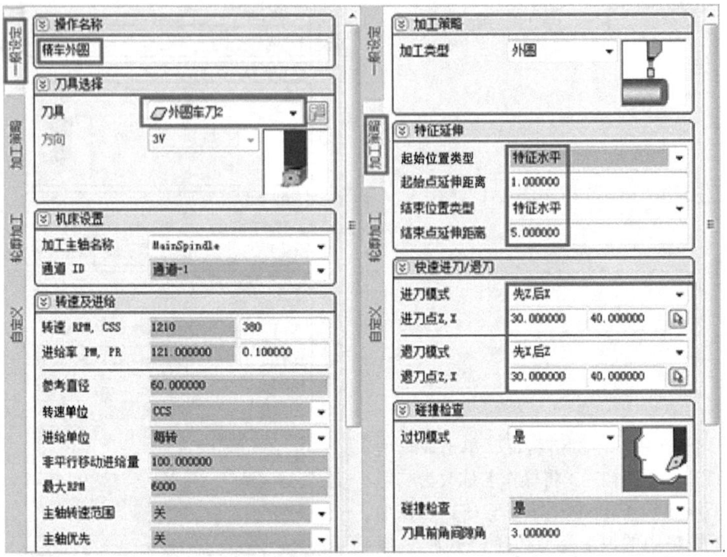 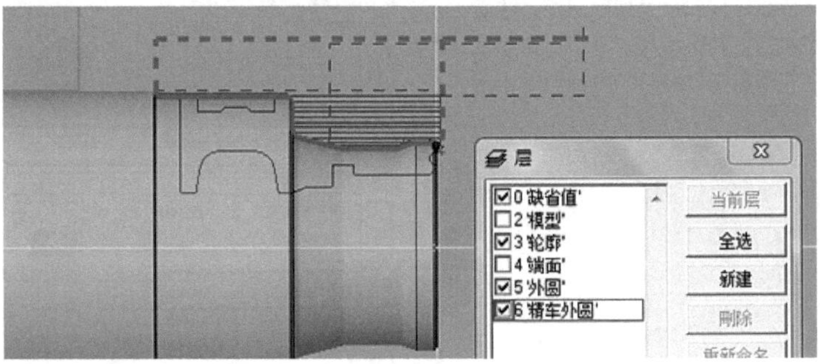

任务 2.3　钻孔及镗孔

1. 端面钻孔

软件操作步骤	操作过程图示
1）对于有动力刀座的车铣复合机床，端面钻孔有两种方式。ESPRIT 提供了 2 种可以选择的命令，一种是通过安装在动力刀座上的或铣削主轴上的钻头钻孔，另一种是通过固定在刀塔上的钻头钻孔。因动力刀座功率的限制，大直径钻头一般选用刀塔固定钻头钻孔的方式。 新建图层“钻孔”，并打开图层“模型”，单击“创建特征”/“孔特征”，选中模型实体，其余参数按默认设置，单击“确定”，如右图所示	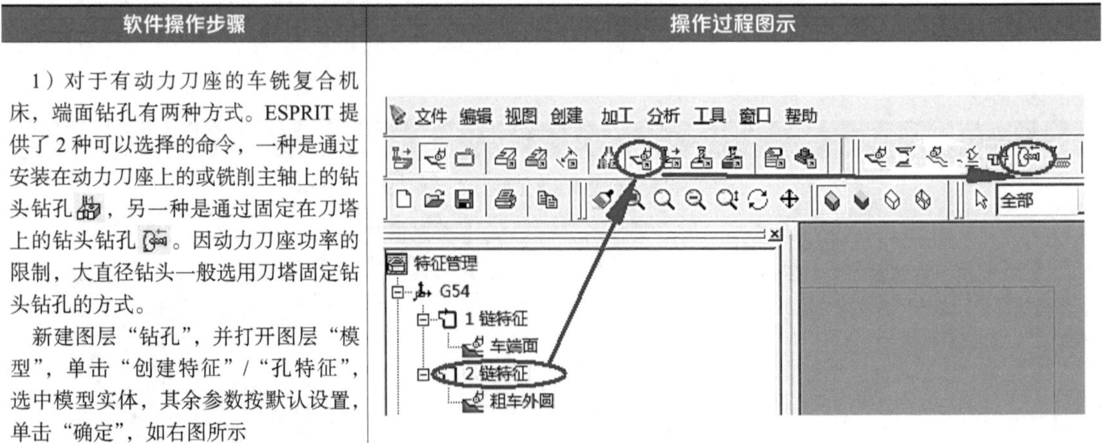

（续）

软件操作步骤	操作过程图示
2）关闭图层“模型”，可以看见创建好的孔特征，如右图所示	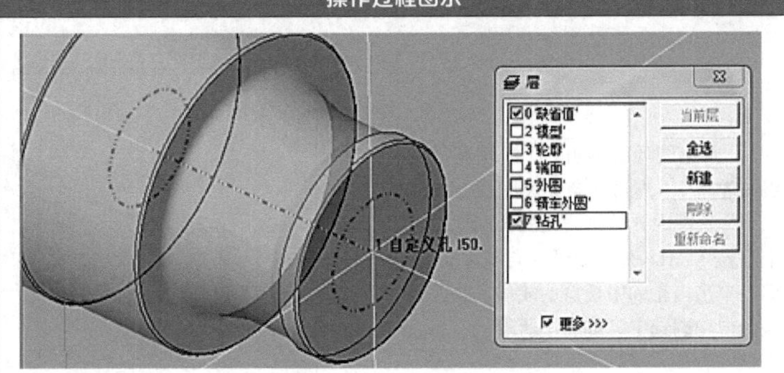
3）选中孔特征，单击“车削模式”/“车削加工”/“钻孔加工”，弹出操作对话框，刀具选择中选择“钻头D18”。如右图a所示。设置钻孔参数，生成钻孔刀路，如右图b所示	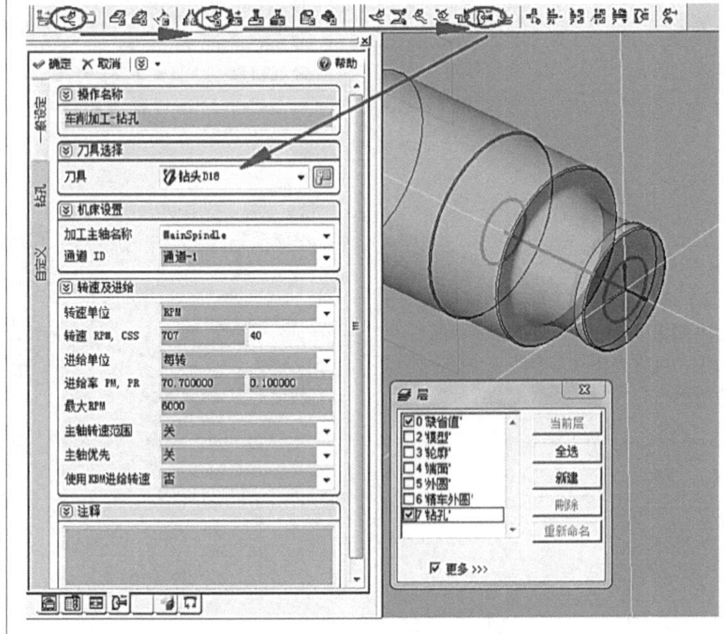 a) 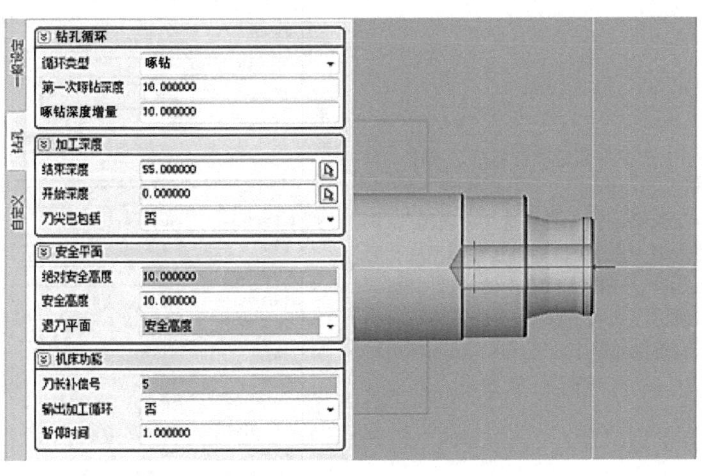 b)

2. 粗镗孔

<table>
<tr><th>软件操作步骤</th><th>操作过程图示</th></tr>
<tr><td>1）新建图层“镗孔”，打开显示图层“轮廓”，关闭其余无关图层，按住 <Ctrl> 选中内孔轮廓线段的头和尾，选中后按 <Ctrl> 键不放开，再按 <Shift> 键，单击内轮廓中任意的线段，软件将整个内轮廓选中，如右图所示</td><td>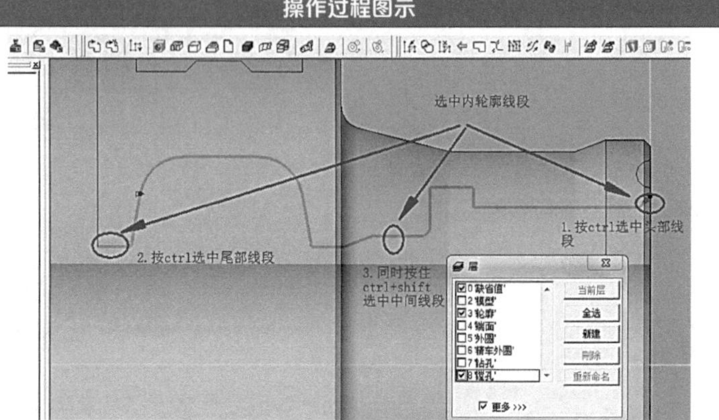
</td></tr>
<tr><td>2）选中后单击“自动链特征”，产生内部轮廓链特征，如果有多条链特征产生，可直接删除多余的链特征，如右图所示</td><td>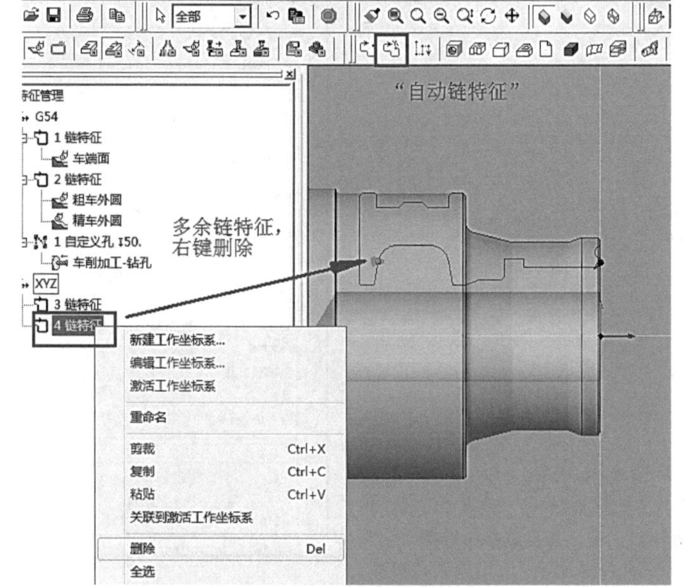
</td></tr>
<tr><td>3）选中内部轮廓链特征，单击“车削加工”/“粗加工”，刀具选用“镗刀”，加工策略的加工类型选用“内圆”，快速进刀 / 退刀用鼠标直接在模型底孔附近选择，将碰撞检查中的“过切模式”设置为“否”，则镗刀车削内轮廓时将不会镗削轮廓中凹陷部分，如右图所示</td><td>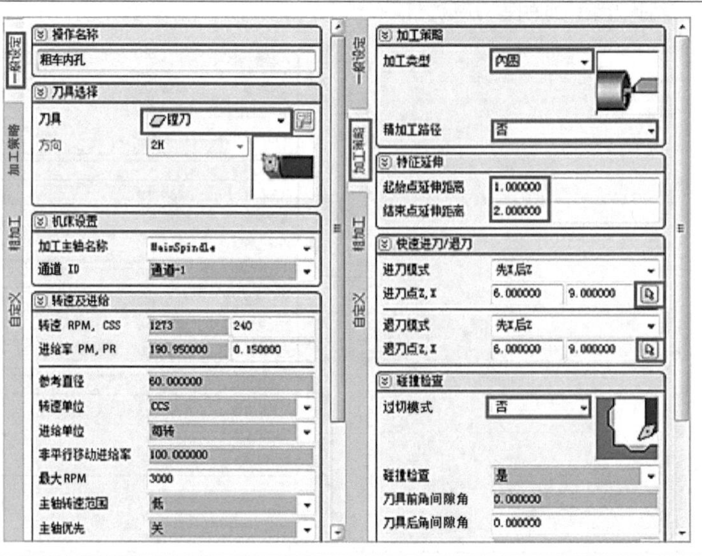
</td></tr>
</table>

（续）

软件操作步骤	操作过程图示
4）其余参数设置如右图所示	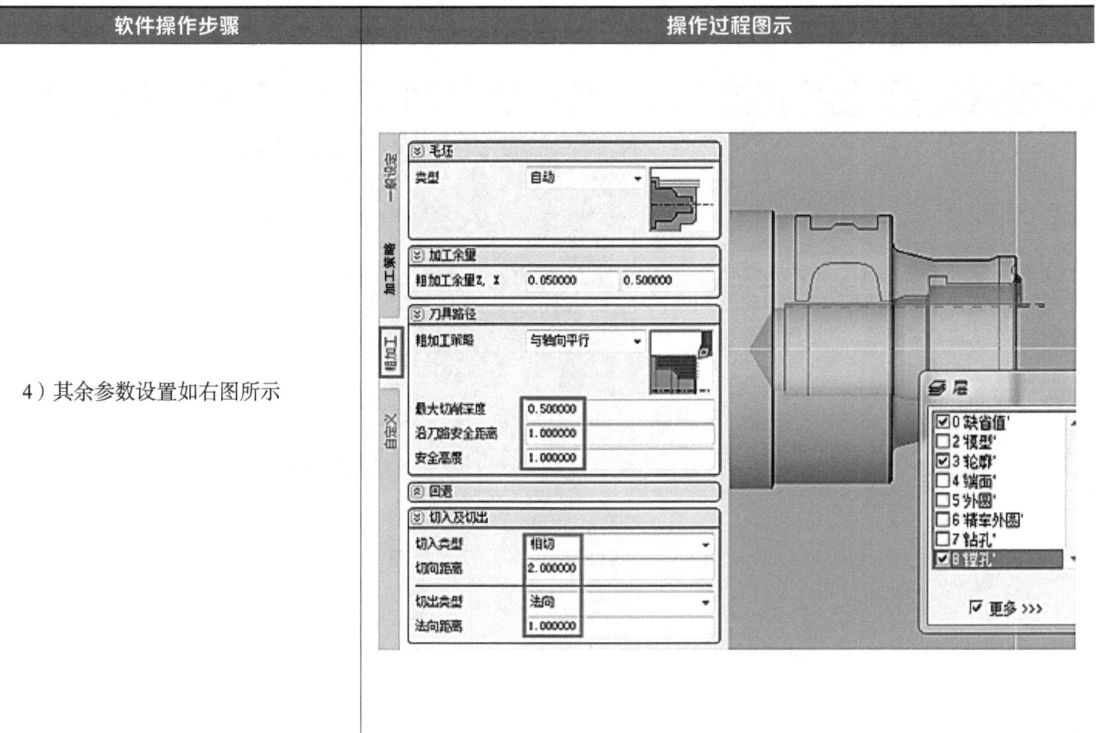

3. 精镗孔

软件操作步骤	操作过程图示
为了便于控制内孔尺寸，一般将粗、精车分开，以便于调整镗刀刀补。再次选中该内轮廓链特征，单击“车削加工”/“轮廓加工”，刀具不变，其余参数设置如右图所示	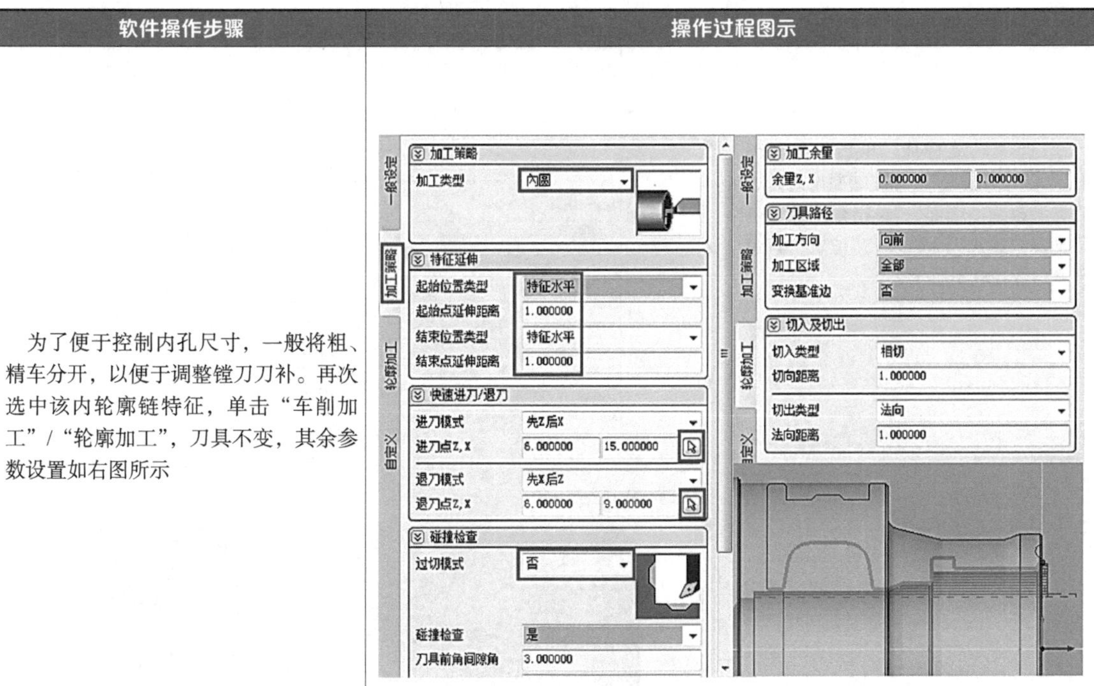

任务 2.4　端面、外圆及内孔槽车削

1. 端面槽车削

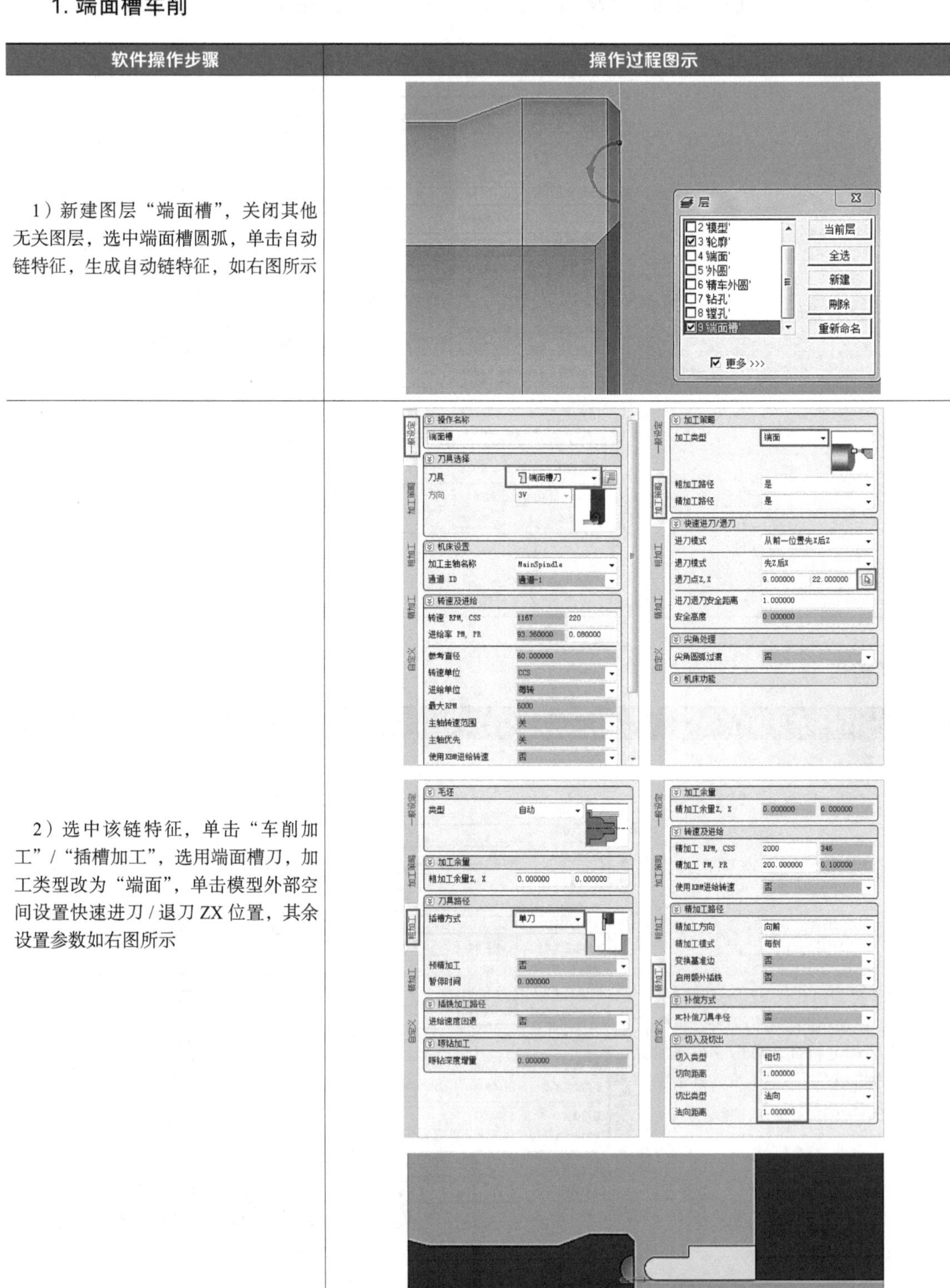

软件操作步骤	操作过程图示
1）新建图层“端面槽”，关闭其他无关图层，选中端面槽圆弧，单击自动链特征，生成自动链特征，如右图所示	
2）选中该链特征，单击“车削加工”/“插槽加工”，选用端面槽刀，加工类型改为“端面”，单击模型外部空间设置快速进刀/退刀ZX位置，其余设置参数如右图所示	

2. 外圆槽车削

软件操作步骤	操作过程图示
新建图层“外圆槽”，选中外圆端面轮廓，产生端面轮廓的链特征，与端面槽加工方法类似，使用“插槽加工”生成外圆槽车削刀路，其参数设置如右图所示	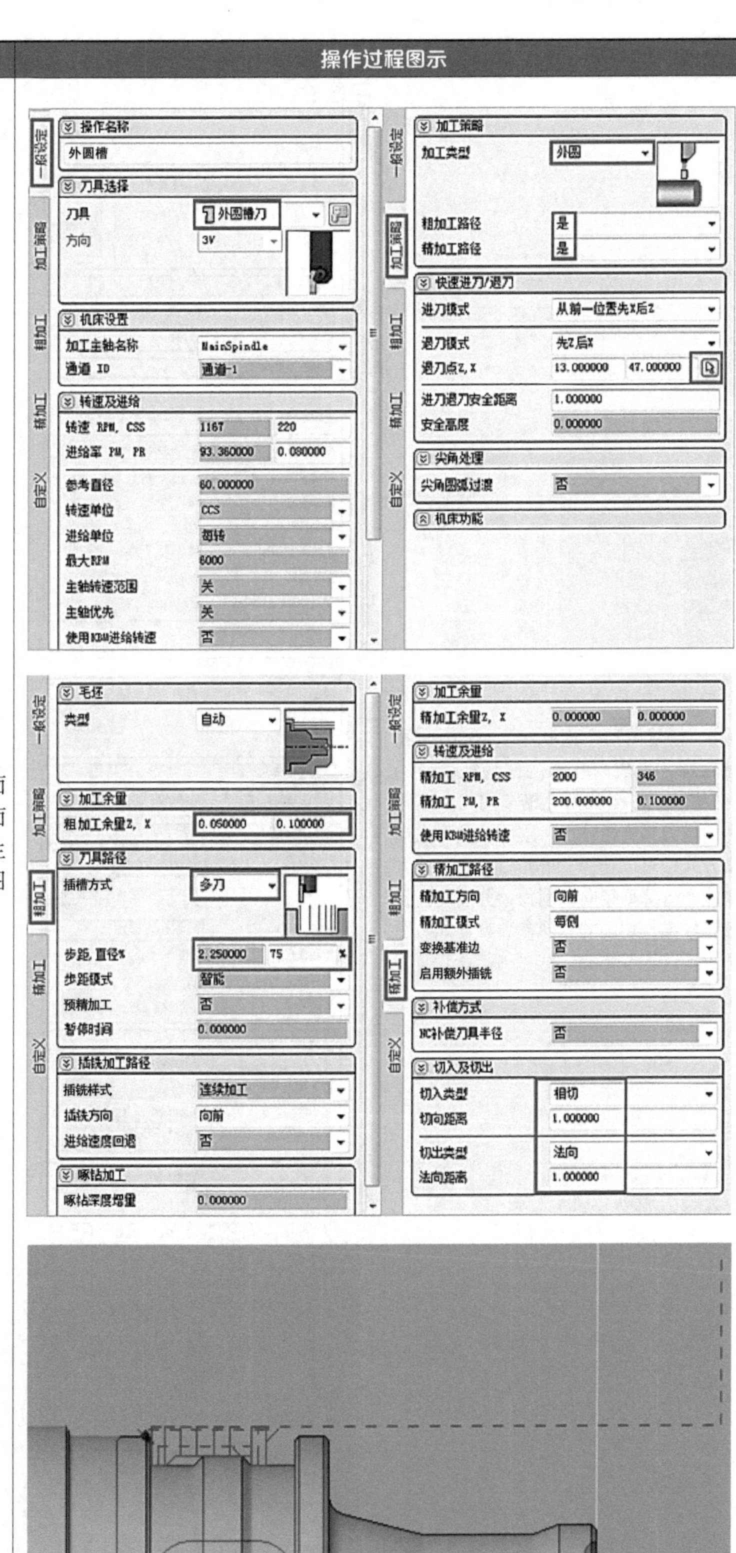

3. 内孔槽车削

软件操作步骤	操作过程图示
1）新建图层“内孔槽”，选中内孔槽轮廓，生成内孔槽的链特征，使用“插槽加工”生成内孔槽车削刀路，因为内槽刀具直径较小，刚性较差，在插槽方式中可以选择“Profit 车削”，该方法能有效降低径向切削力，分层均衡且效率较高，切削的其他参数设置如右图所示	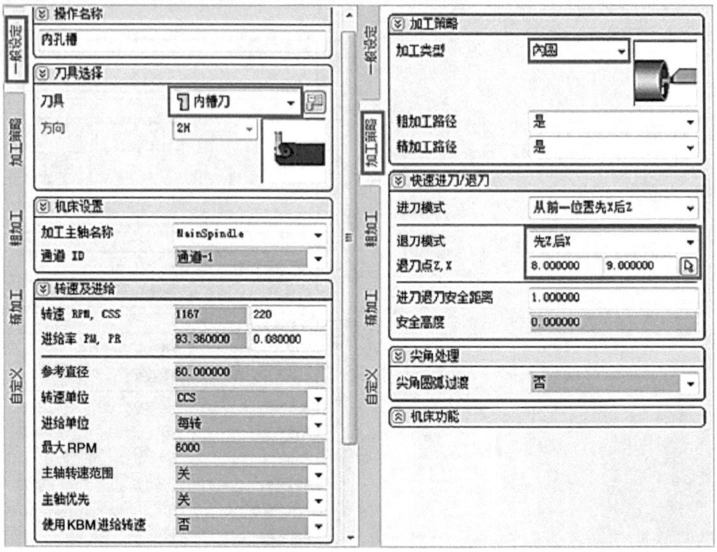 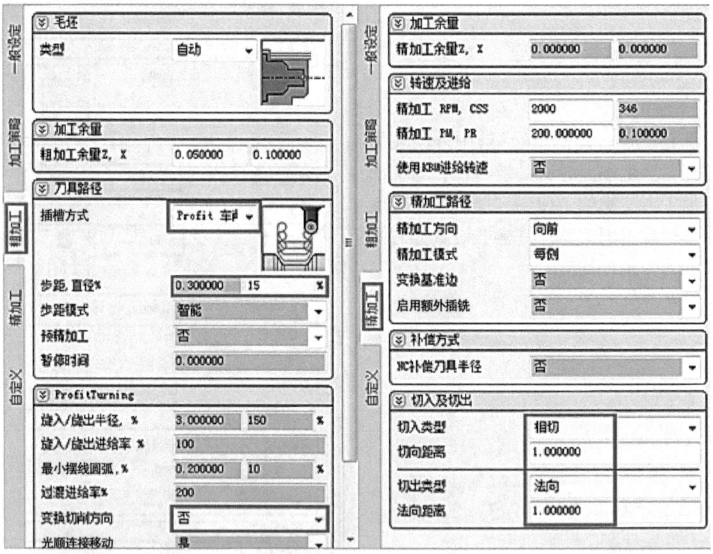 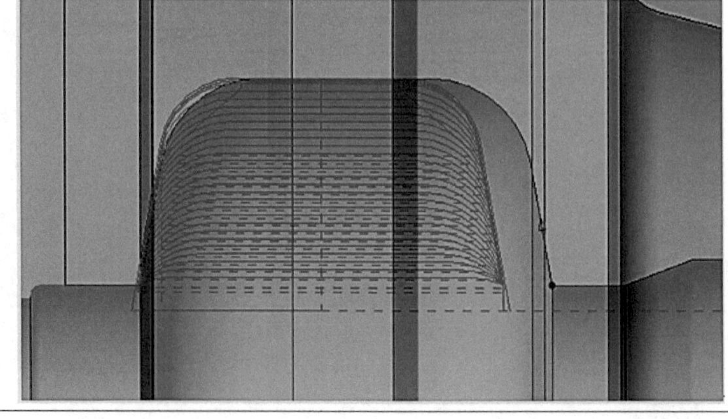

（续）

软件操作步骤	操作过程图示
2）选中内螺纹退刀槽轮廓，用自动链特征功能生成退刀槽链特征，选中该链特征，复制上一步的“内孔槽”刀路，选中内孔槽链特征，右击粘贴刀路，生成的刀路如右图示	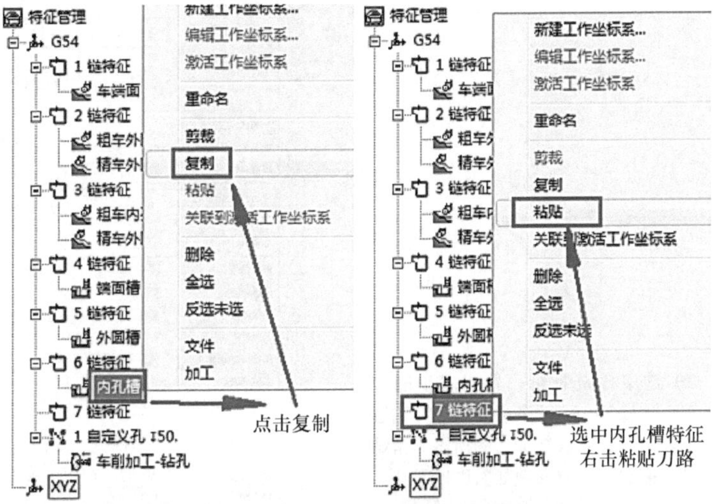 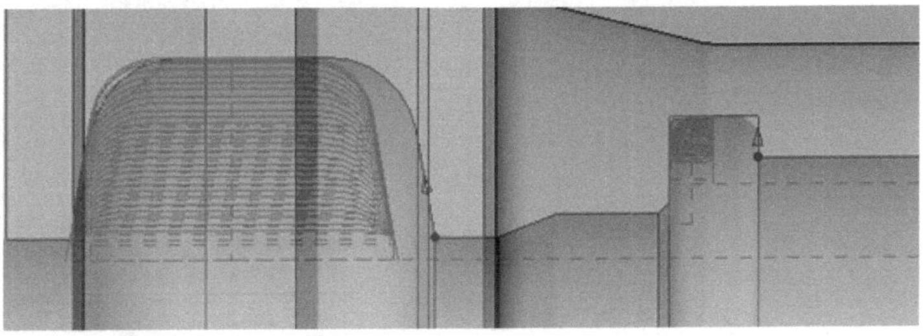 点击复制 选中内孔槽特征 右击粘贴刀路

任务 2.5　内螺纹车削和切断

1.内螺纹车削

软件操作步骤	操作过程图示
1）新建图层“内螺纹”，关闭其他无关图层，选中螺纹部分的轮廓线，用自动链特征生成螺纹链特征，如右图所示	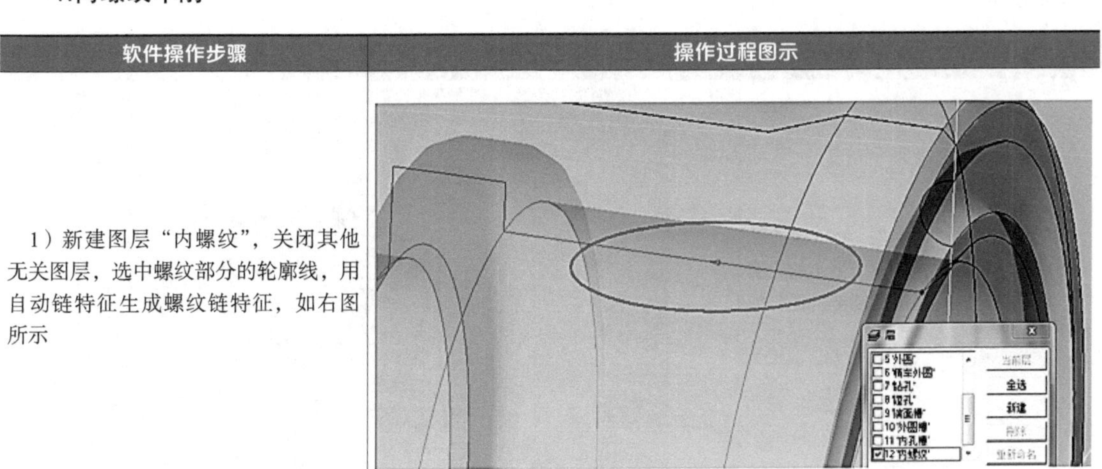

（续）

<table>
<tr><th>软件操作步骤</th><th>操作过程图示</th></tr>
<tr><td>2）选中该链特征，单击“车削加工”/“螺纹加工”，注意设置进刀和退刀的位置，设置参数如右图所示。留螺纹精车余量，设置参数如右图所示</td><td>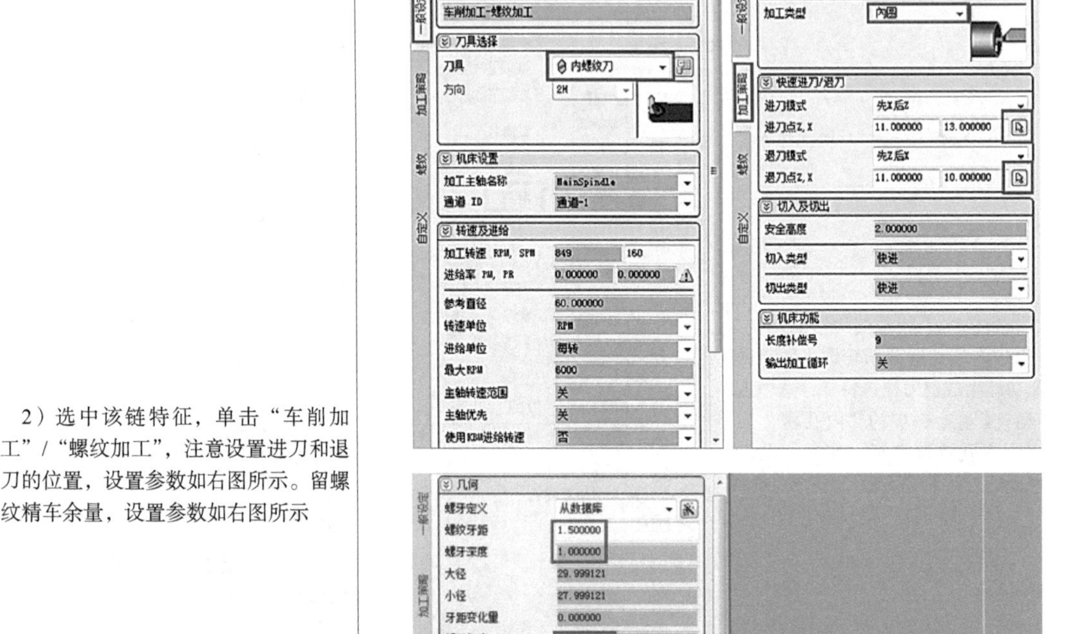
</td></tr>
</table>

2.切断

<table>
<tr><th>软件操作步骤</th><th>操作过程图示</th></tr>
<tr><td>1）新建图层“切断”，关闭其他无关图层，选中零件左端面及倒角的轮廓线，用自动链特征生成切断链特征，如右图所示</td><td>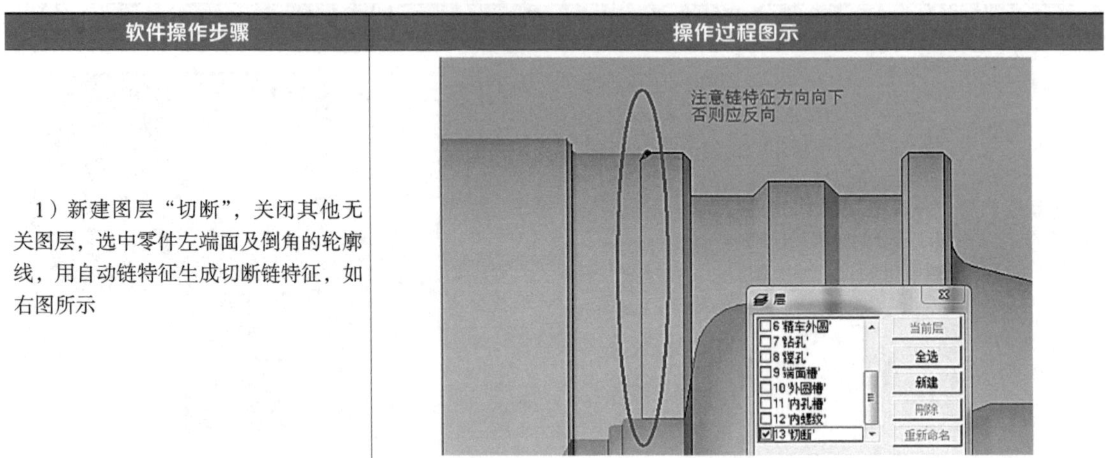
</td></tr>
</table>

（续）

软件操作步骤	操作过程图示
2）选中该特征，单击切断，如右图所示 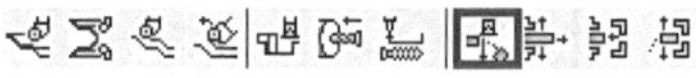	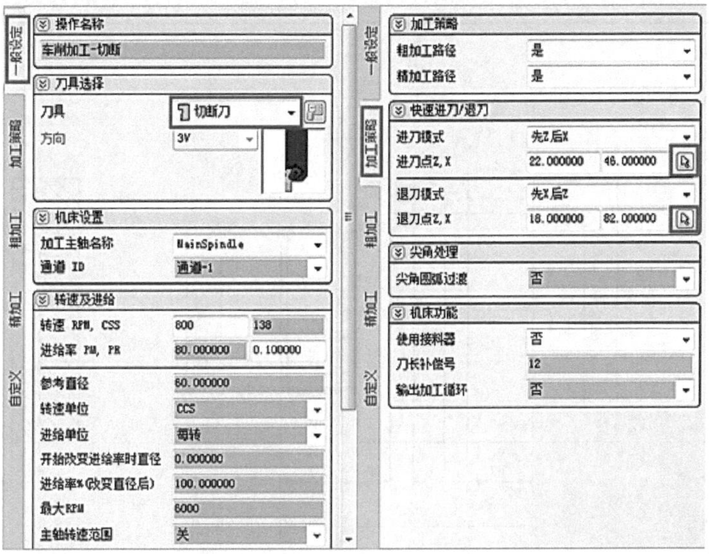 一般设定 / 加工策略 / 粗加工 / 精加工 / 自定义 操作名称：车削加工-切断 刀具选择：刀具 切断刀；方向 3V 机床设置：加工主轴名称 MainSpindle；通道 ID 通道-1 转速及进给：转速 RPM, CSS 800 138；进给率 PM, PR 80.000000 0.100000；参考直径 60.000000；转速单位 CCS；进给单位 每转；开始改变进给率时直径 0.000000；进给率%(改变直径后) 100.000000；最大RPM 6000；主轴转速范围 关 加工策略：粗加工路径 是；精加工路径 是 快速进刀/退刀：进刀模式 先Z后X；进刀点Z, X 22.000000 46.000000；退刀模式 先X后Z；退刀点Z, X 18.000000 82.000000 尖角处理：尖角圆弧过渡 否 机床功能：使用接料器 否；刀长补偿号 12；输出加工循环 否
3）因切深较大，使用啄钻分层加工，如右图所示	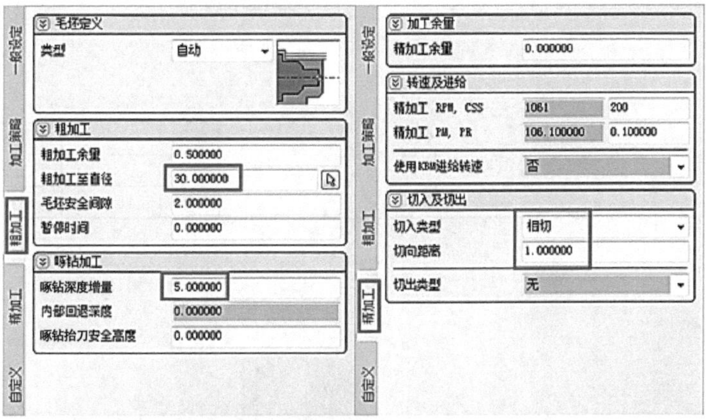 毛坯定义：类型 自动 粗加工：粗加工余量 0.500000；粗加工至直径 30.000000；毛坯安全间隙 2.000000；暂停时间 0.000000 啄钻加工：啄钻深度增量 5.000000；内部回退深度 0.000000；啄钻抬刀安全高度 0.000000 加工余量：精加工余量 0.000000 转速及进给：精加工 RPM, CSS 1061 200；精加工 PM, PR 106.100000 0.100000；使用KBM进给转速 否 切入及切出：切入类型 相切；切向距离 1.000000；切出类型 无
4）至此液压阀套的车削加工编程已经完成，其最终仿真效果如图右所示	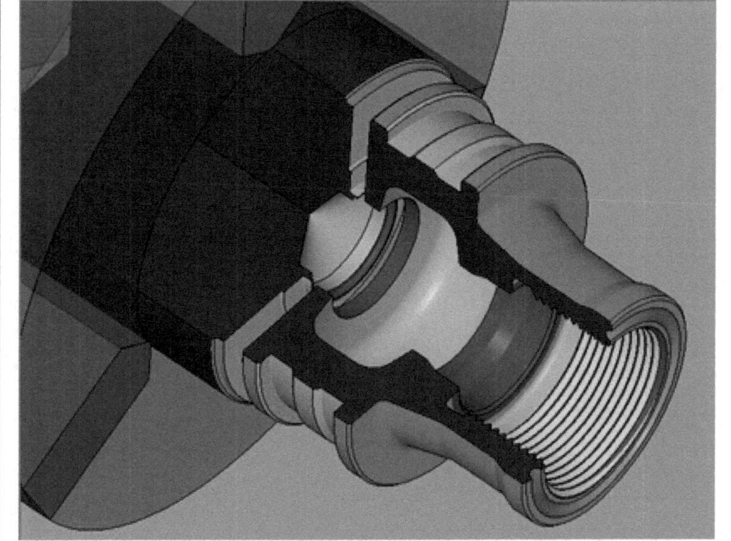

【任务拓展】

请利用 ESPRIT 软件，完成下图所示的液压阀套的编程与仿真加工。

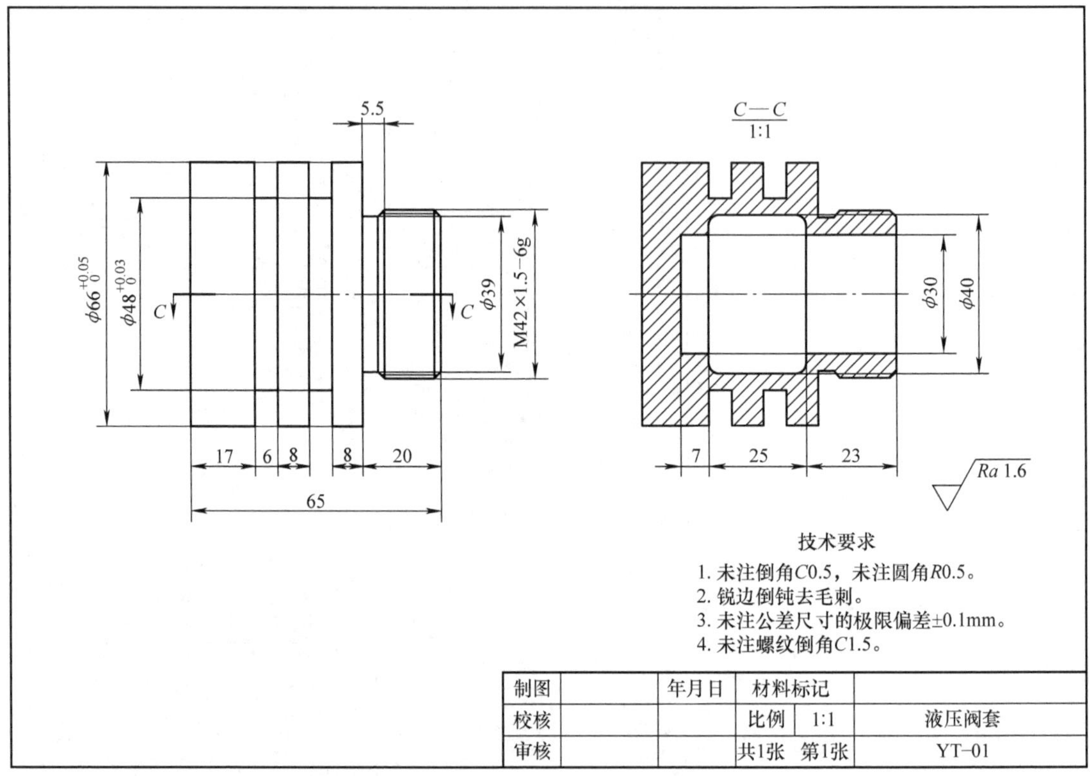

制图		年月日	材料标记		
校核			比例	1:1	液压阀套
审核			共1张　第1张		YT−01

模块二

普通数控铣削编程

数控铣削加工主要包含了三轴铣削和四轴铣削。本模块主要介绍了 ESPRIT 铣削、钻削操作的基本步骤和常用策略功能。

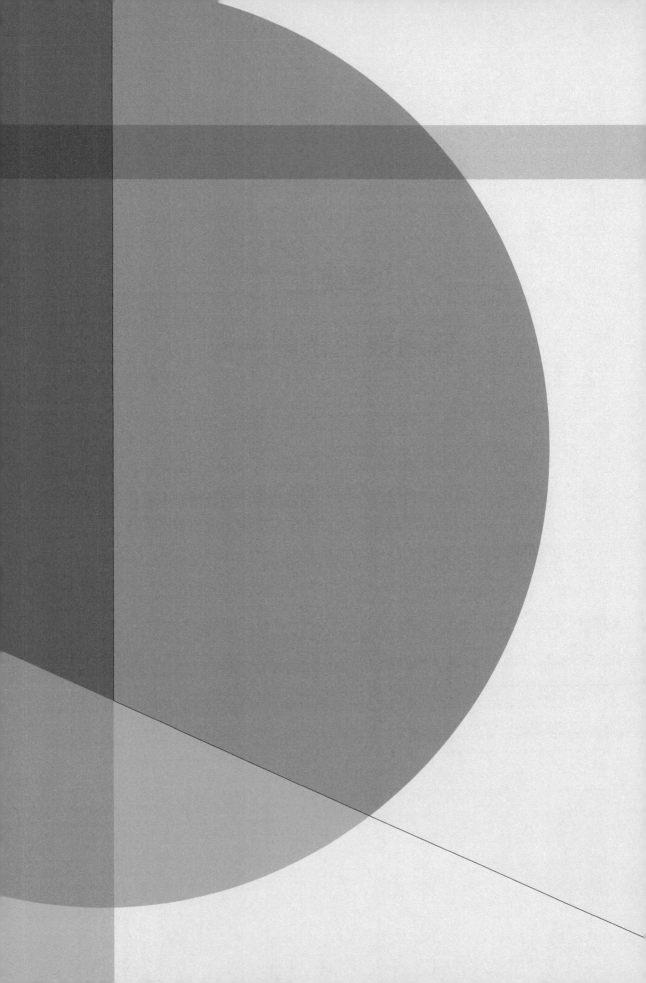

项目三

支架的铣削编程

支架零件的加工包含了平面铣削、等高铣削、型腔铣削等常用的铣削加工策略，以及在三轴数控铣和加工中心上多次装夹加工，涉及多种铣削、钻削等生产中最常见的工艺。

【任务描述】

校办工厂接单，要求完成如图 3-1 所示的支架零件，50 件。该零件材料为 45 钢，毛坯为 135×50×48 的矩形方材，可以在普通数控铣床上通过三次装夹铣削完成支架的加工，要求在一周内交付使用。

本项目建议理论学时：4 学时　实操学时：14 学时。

【任务目标】

通过本任务的学习，学生应掌握以下目标：

1）完成三轴机床的构建。

2）完成自由曲面特征的等高粗加工。

3）完成平面、简单曲面的精加工。

4）翻面设置毛坯和坐标系。

5）完成钻孔及倒角。

【任务实施】

任务 3.1　立式数控铣床的搭建

任务 3.2　加工准备

任务 3.3　A 面装夹粗铣

任务 3.4　A 面底面精铣

任务 3.5　A 面侧壁精铣

任务 3.6　A 面圆角面精铣

任务 3.7　B 面装夹粗铣

任务 3.8　B 面 T 形槽铣削

任务 3.9　B 面台阶面精铣
任务 3.10　B 面斜面精铣
任务 3.11　B 面锥面沉头孔铣削
任务 3.12　C 面钻孔
支架零件图如图 3-1 所示，完成该零件加工提供的刀具及切削参数见表 3-1。

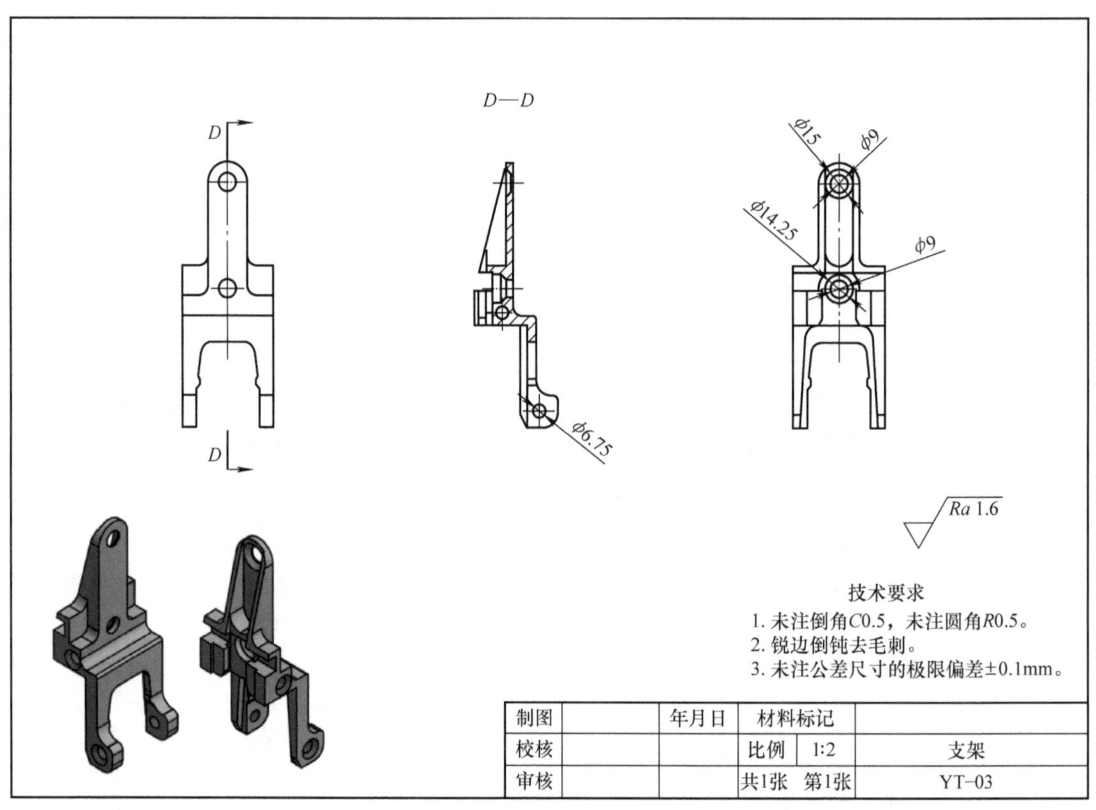

图 3-1　支架零件图

表 3-1　支架加工的刀具及切削参数

编号	刀具名称	刀片型号	刀杆型号	切削速度	进给量
1	外圆车刀 1	VCMG160404	SVJCR-R2020K11	350 ~ 260m/min	0.15mm/r

任务 3.1　立式数控铣床的搭建

1. 立式数控铣床的结构分析

软件操作步骤	操作过程图示
以工作台 XY 方向运动、主轴 Z 方向运动的立式数控铣床为例，简要介绍 ESPRIT 中数控机床的搭建。该机床的工作台共有两个线性运动轴，其中 X 轴“搭建”在 Y 轴上，Y 轴“搭建”在床体上。另外，该机床只有一个刀具轴，只有一个程序通道，且刀具轴通过主轴箱“搭建”在直线轴 Z 轴上，Z 轴“搭建”在床体上，如右图所示	主轴箱 主轴 Z轴导轨 工作台 Y轴导轨 立柱 Z轴丝杠 X轴导轨 十字滑台 床体

2. 搭建机床Z轴及主轴

软件操作步骤	操作过程图示
1）单击 将 ESPRIT 切换至铣削模式，单击“加工设置”/“机床设置”，进入“铣削加工机床文件”对话框，将刀具刀柄改为“40”，如右图所示	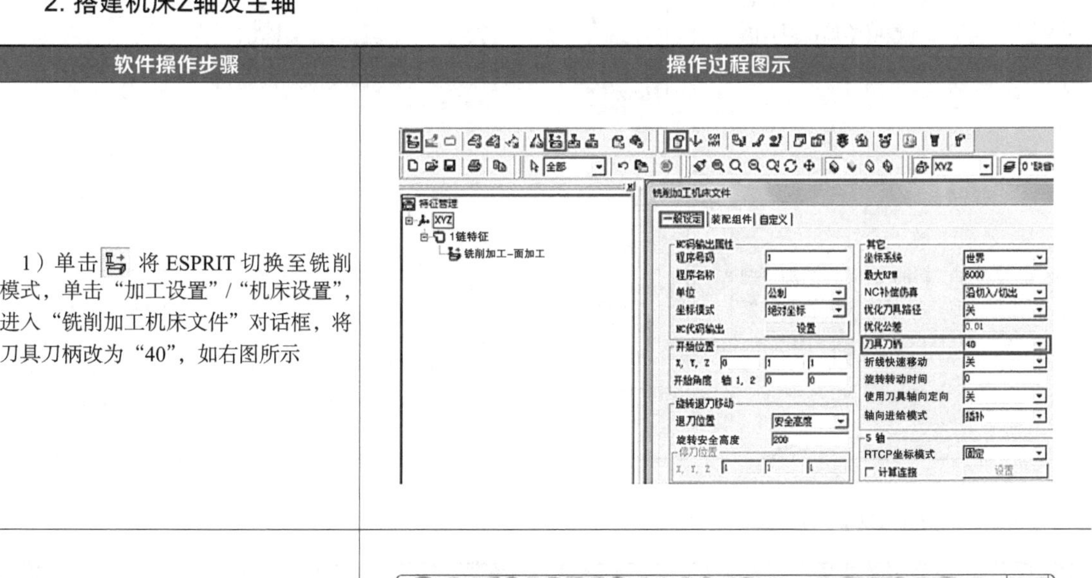
2）单击“铣削加工机床文件”对话框上侧“装配组件”，在机床底座中添加一个“新的实体”，单击浏览，找到模型文件“床身立柱 .stl”，添加至实体中，修改名称和颜色，如右图所示	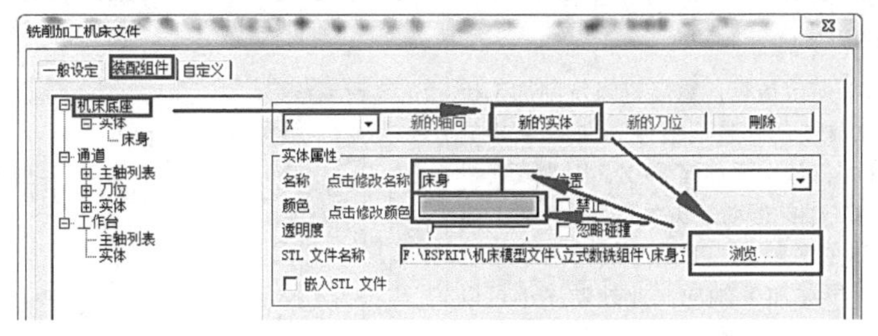

（续）

软件操作步骤	操作过程图示
3）单击“铣削加工机床文件”对话框的“装配组件”，在左侧找到“主轴列表”，单击右侧“新的轴向”按钮，注意标签中应为“Z”，添加一个主轴Z轴，如右图所示	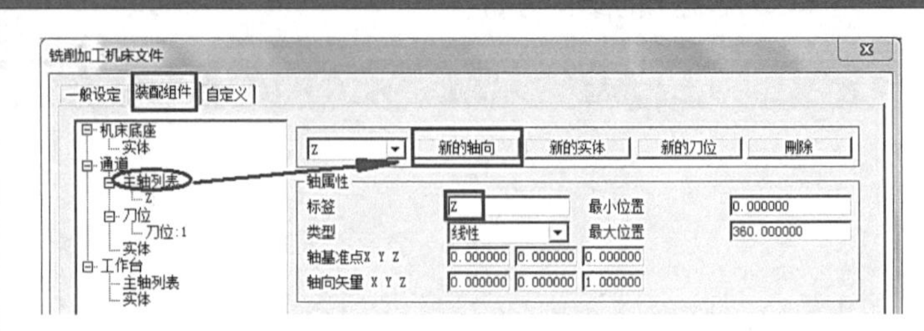
4）单击左侧树模型中的“刀位”，将刀具位置XYZ中的Z改为“65”，修改刀具装夹点的位置，如右图所示 **小贴士：**此处刀具位置代表刀柄的装夹点，选用的刀柄不同，该位置也不同，可通过观察模拟刀柄的位置，来不断调整尝试找到合适数值	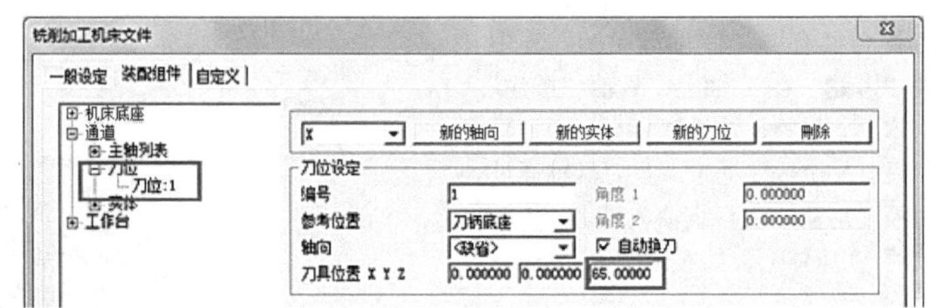
5）单击“新的实体”，浏览找到该模型文件“Z轴.stl”，将实体属性的名称修改为“Z轴”并修改颜色，如右图所示	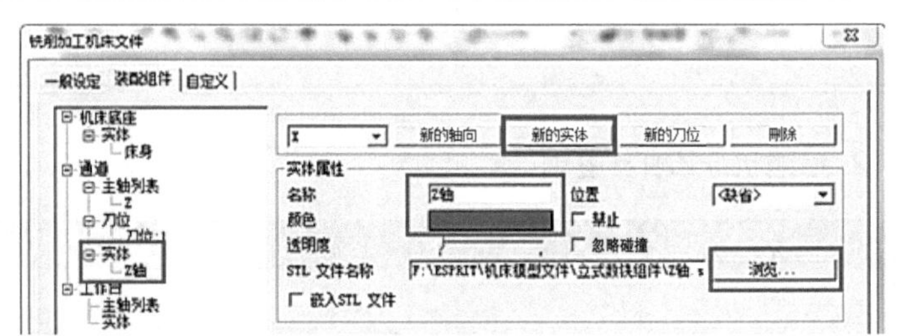
6）继续添加“新的实体”，添加模型文件“主轴.stl”，将实体属性的名称修改为“主轴”并修改颜色，如右图所示	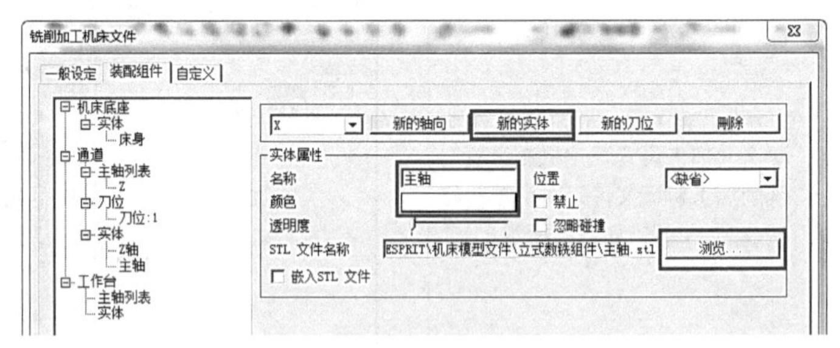

3. 搭建机床Y轴及X轴

软件操作步骤	操作过程图示
1）退出仿真，重新进入铣削加工机床文件中的“装配组件”，单击“新的轴向”，依次添加Y和X，因为真实机床XY轴的运动逻辑关系是，X轴“搭建”在Y轴上，所以必须先添加Y轴向，再添加X轴向，此处顺序不可以反向，如右图所示	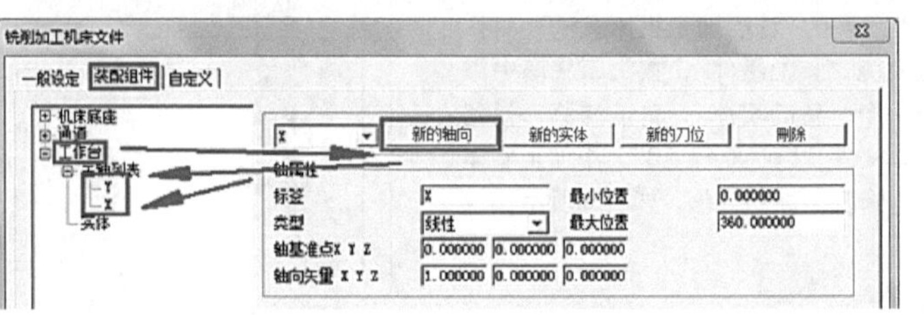

（续）

<table>
<tr><th>软件操作步骤</th><th>操作过程图示</th></tr>
<tr><td>2）单击“新的实体”，添加模型“Y轴.stl”，修改名称和颜色，注意将位置修改为“Y”，如右图所示</td><td>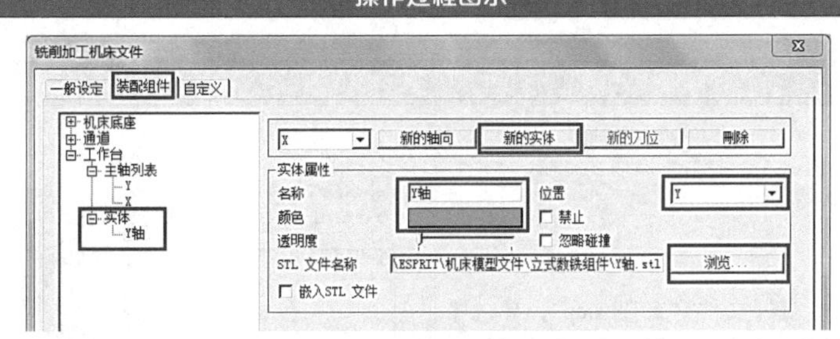
</td></tr>
<tr><td>3）同理继续添加模型“十字滑块.stl”，修改名称和颜色，注意将位置改为“Y”，如右图所示</td><td>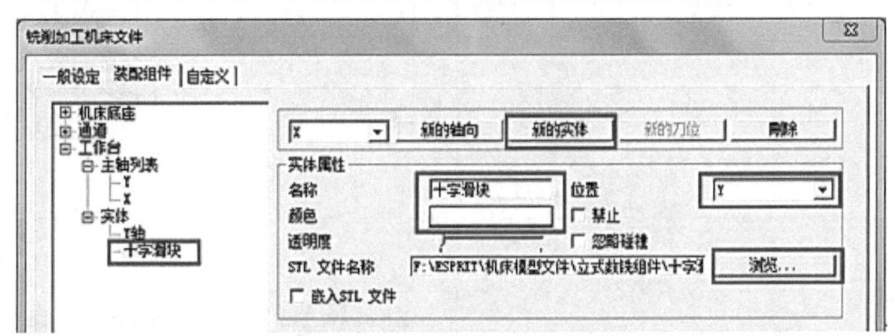
</td></tr>
<tr><td>4）添加模型“X轴.stl”和“工作台.stl”，注意X轴模型位置改为“X”，工作台模型位置改为“缺省”，如右图所示</td><td>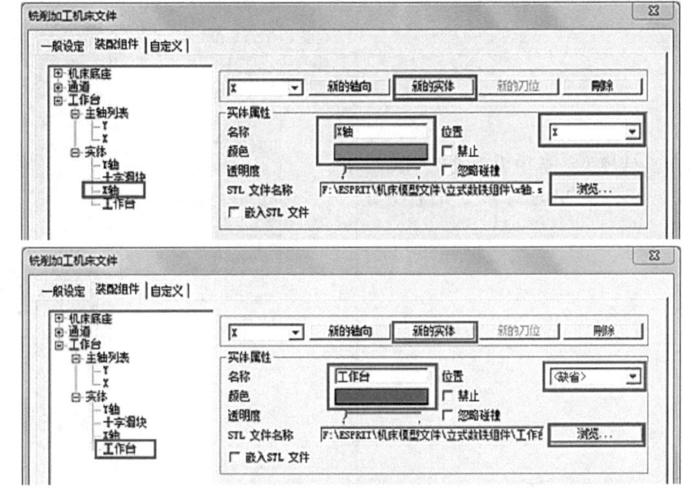
</td></tr>
<tr><td>5）单击模拟仿真，观察机床的运动，至此机床搭建完成，如右图所示

小贴士：机床其他结构部件也可以导入机床文件，但需要在CAD三维软件中先将机床装配体的模型绘制好，并且保持各个部件在同一个坐标中，否则导入的模型会“错位”，再进行人工调整比较困难</td><td>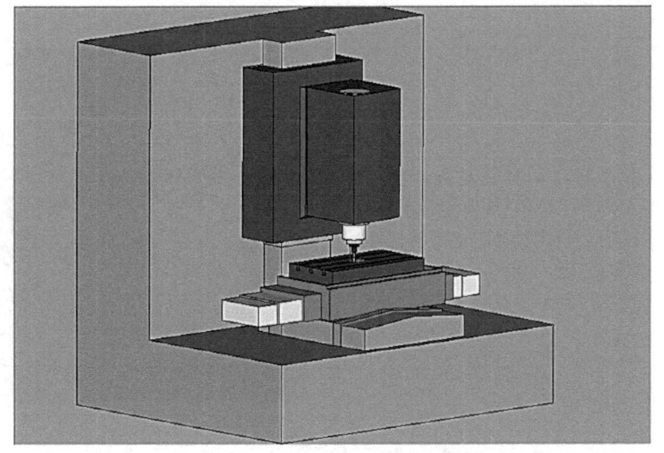</td></tr>
</table>

任务 3.2　加工准备

1. 导入并翻转零件模型

软件操作步骤	操作过程图示
1）打开文件“支架.step”，导入零件模型，单击铣削模式，如右图所示	
2）旋转模型，选中模型支架一脚的平面，再单击“Z 轴对齐”，如右图所示	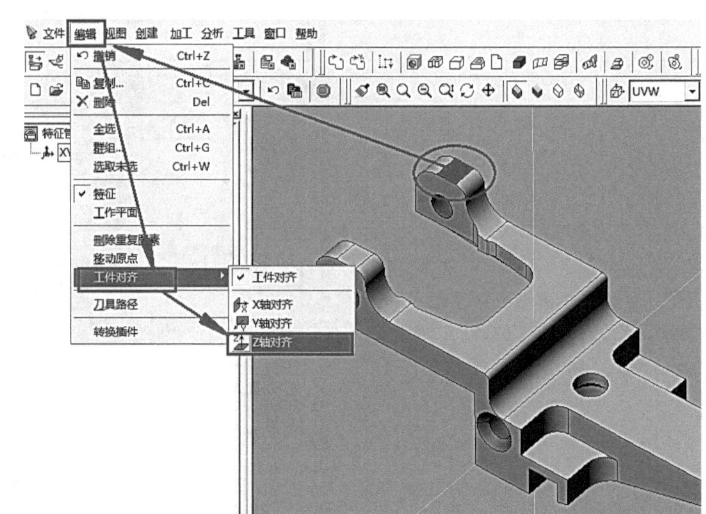
3）模型将自动翻转对齐 Z 轴，按<Ctrl+Alt+U>，显示 UVW 坐标系轴线，如右图所示，此时模型已经翻转，且对齐上步所选平面	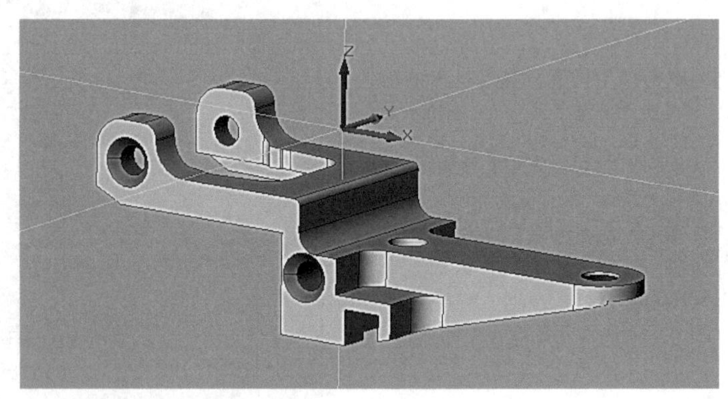

2. 设置模型中心原点

软件操作步骤	操作过程图示
1）单击“零件轮廓”，选中整个实体模型，获取最大外型轮廓，如右图所示	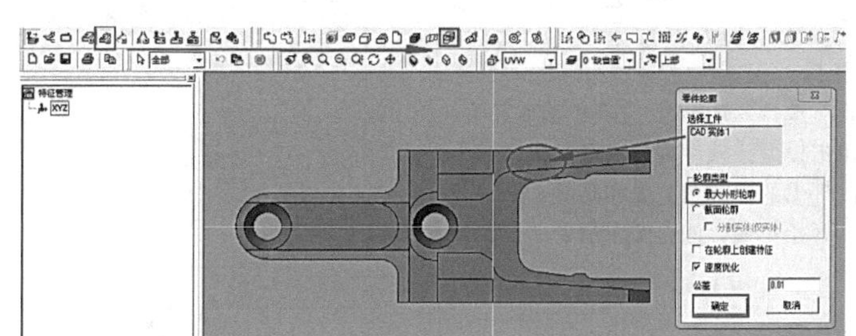
2）按 <Ctrl+Alt+X>，关闭坐标轴线显示，单击两点线段，单击支架圆弧中点，再按住 <Ctrl>，单击支架另一端线，绘制生成一条中心直线，该中心直线长度等于模型的长度，如右图所示 小贴士：绘制线段时按下 <Ctrl> 键可以获得相互垂直的线段	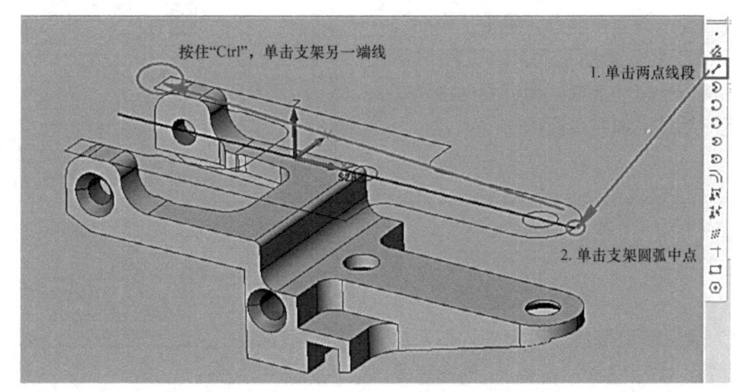
3）按 <F7>，将视图摆正，单击“移动原点”，移动鼠标至中心直线的中点附近，待鼠标显示变化为中点标示时，单击该直线，将 XYZ 的坐标原点移动至中心，如右图所示	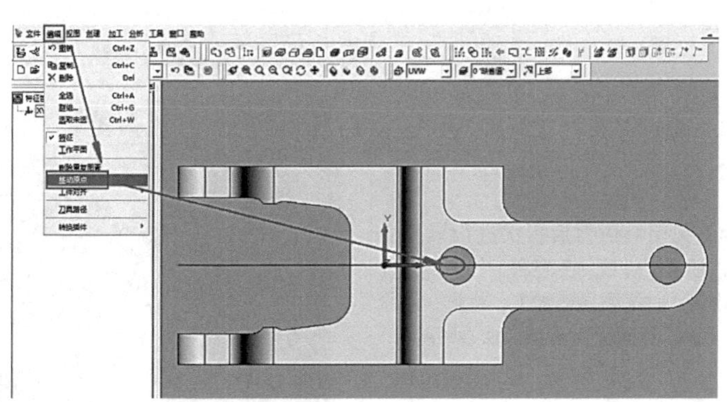

3. 设置模拟仿真毛坯和工件

软件操作步骤	操作过程图示
1）单击“模拟仿真”“模拟参数”，在参数对话框中单击“实体”选项卡，“类型”选择“毛坯”，“创建形式”选择“矩形”，先单击拾取箭头，再单击模型，软件将自动获取模型最小范围外形的长度、宽度和高度，同时获取其开始位置，如右图所示	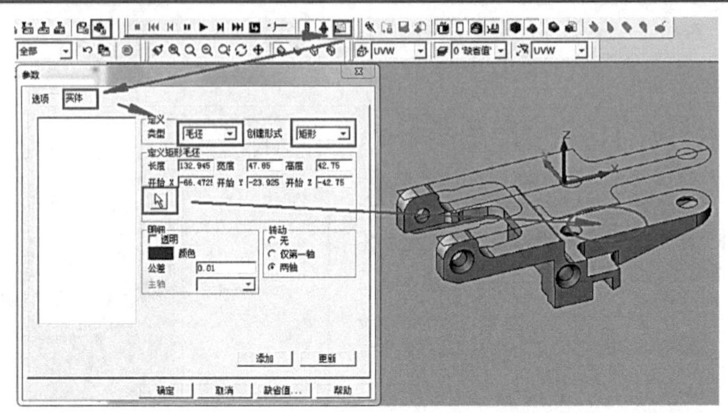
2）因为实际毛坯需要在长度、宽度和高度方向上留出余量，所以需要修改其长度、宽度和高度值；同时还要修改高度的开始值，以保持顶面留有余量。最后选择一种毛坯颜色，单击“添加”，软件将产生一个矩形毛坯。关闭对话框，单击模拟并播放，即可看见创建好的矩形毛坯，如右图所示	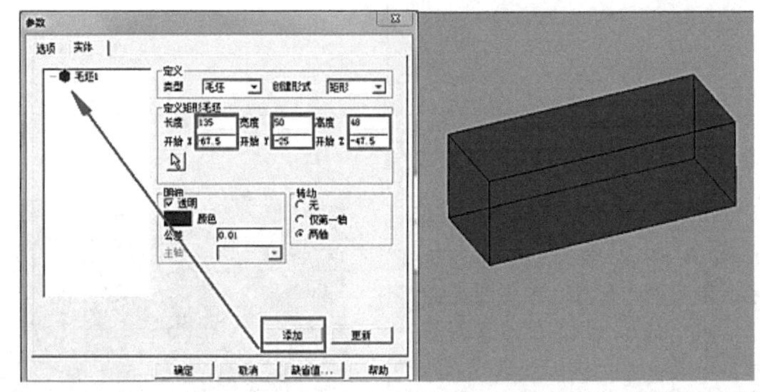
3）退出模拟播放，再次进入模拟参数设置，类型选择“目标”，创建形式选择“实体”，单击箭头，再单击模型实体，为目标设置一种颜色，单击添加。如右图所示	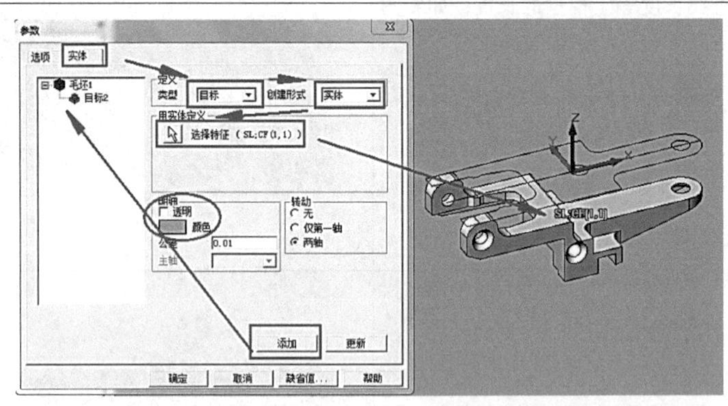
4）关闭对话框后再次进行模拟播放，即可同时看见毛坯和工件模型，可发现该工件需要翻面加工，将第一面称为A面，反面称为B面，如右图所示	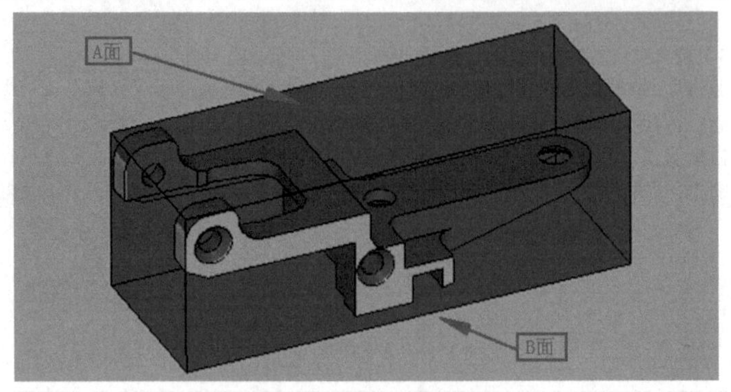

任务 3.3　A 面装夹粗铣

1. 创建粗铣刀具

软件操作步骤	操作过程图示
单击“铣削刀具”，选中“端铣刀”，命名为 D10，设置刀具参数如右图所示	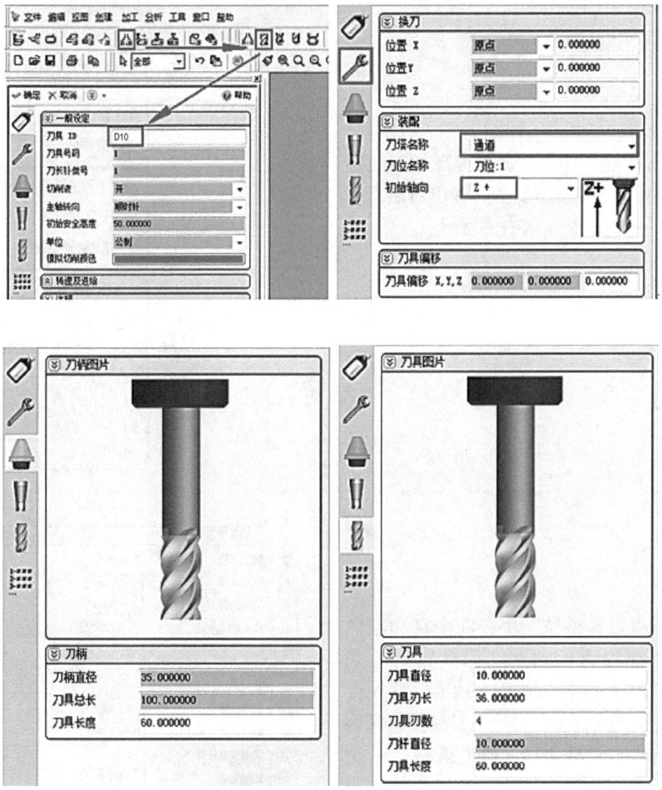

2. 创建A面粗铣刀路

软件操作步骤	操作过程图示
1）新建图层“粗铣 A”，单击“铣削模具加工”中的“等高粗加工”，加工部件选中整个实体，如右图所示	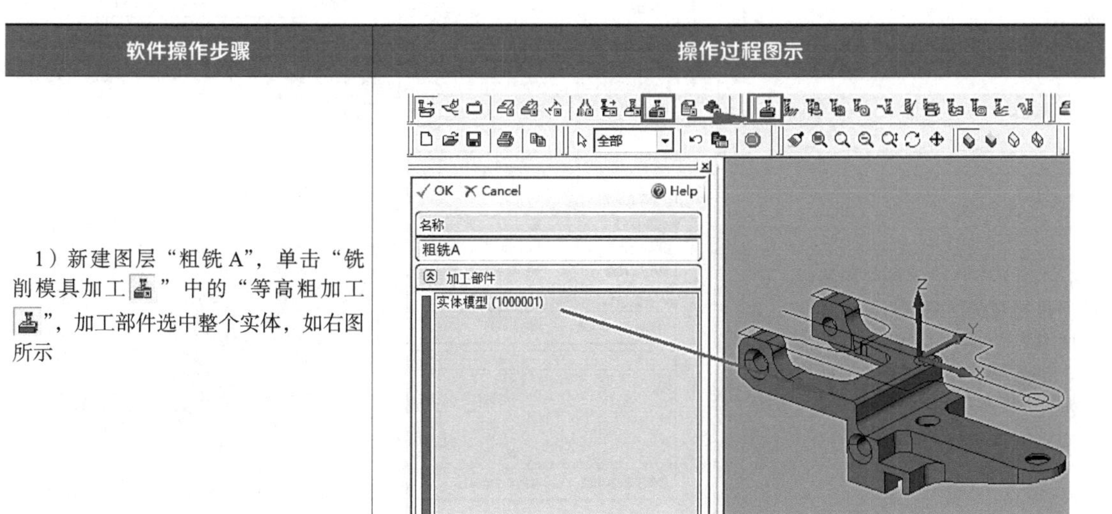

（续）

软件操作步骤	操作过程图示
2）单击“OK”，进入等高加工的参数界面，选用 d10 铣刀，弹出对话框中的“一般设定”，如右图所示	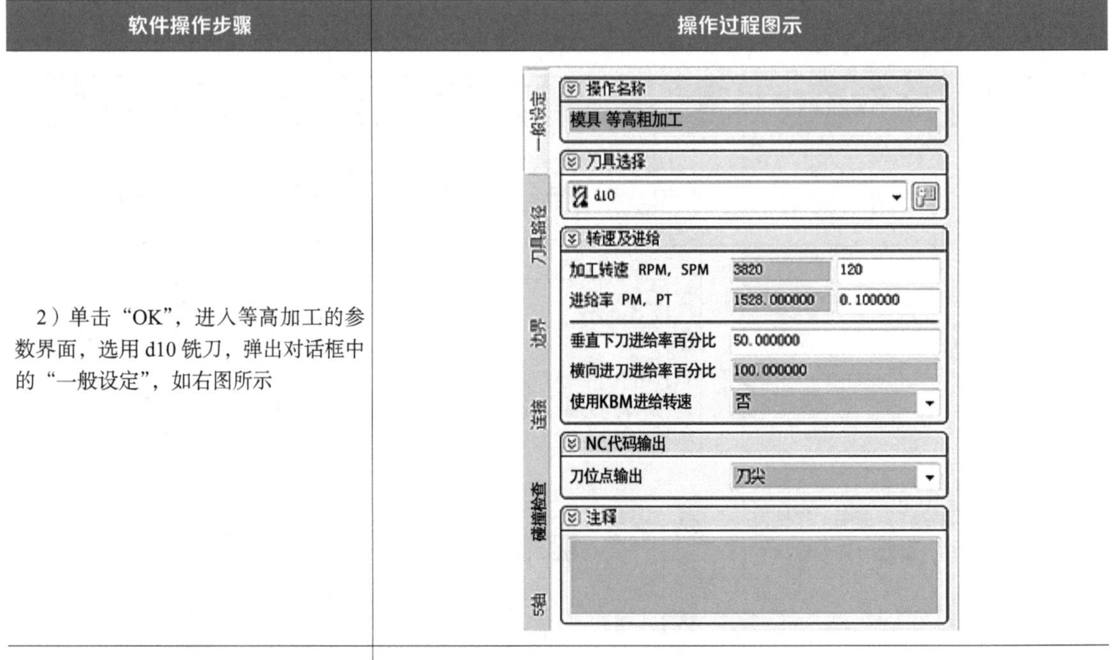
3）“刀具路径”中径向余量和轴向余量都设为 0.2mm；“深度策略”采用“由下到上”；“最大顶点 . 插入位置”设为 12mm，表示一刀最大切深为 12mm；“刀具路径 - 加工策略”采用“ProfitMilling”，即使用大切深的侧刃高效铣削；其中“刀具路径”中的“步距直径 %”不应过大，本例采用刀具直径的 10%，即 1mm 的步距，如右图所示	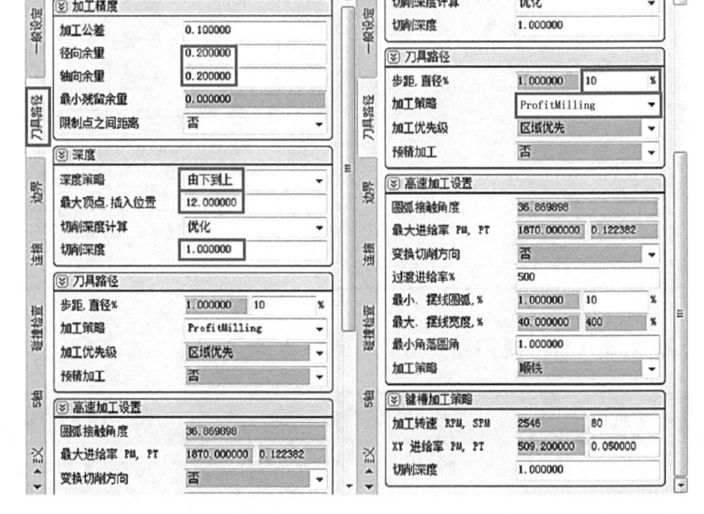
4）“边界”栏中“启用 Z 限制”的作用是控制铣削深度，本例中最小 Z 高度值为“-44”，毛坯为 47.5mm，留有 3.5mm 用于台虎钳装夹；模拟仿真结果如右图所示	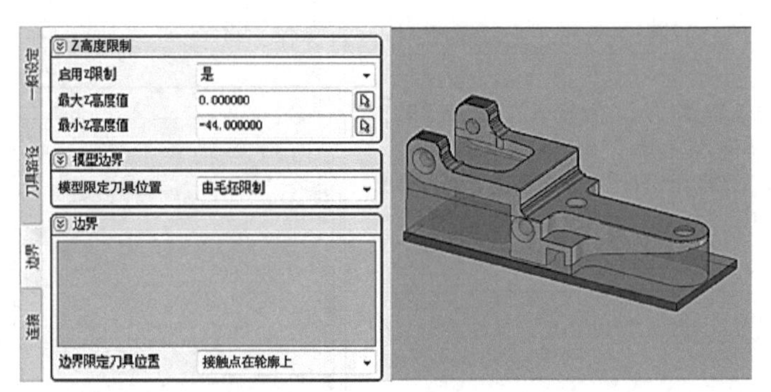

任务 3.4　A 面底面精铣

1. 精铣第一层底面

软件操作步骤	操作过程图示
1）创建图层“精铣 A1”，隐藏其余无关图层，先选中支架模型的第一层底面，再单击“传统铣削加工”/“型腔铣”，如右图所示	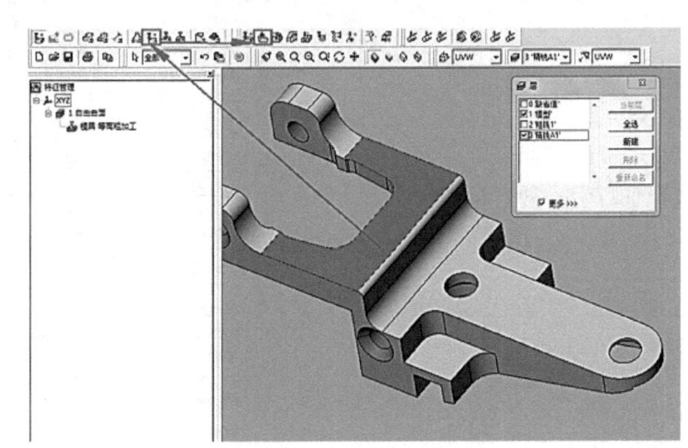
2）软件会自动创建型腔特征，如右图所示	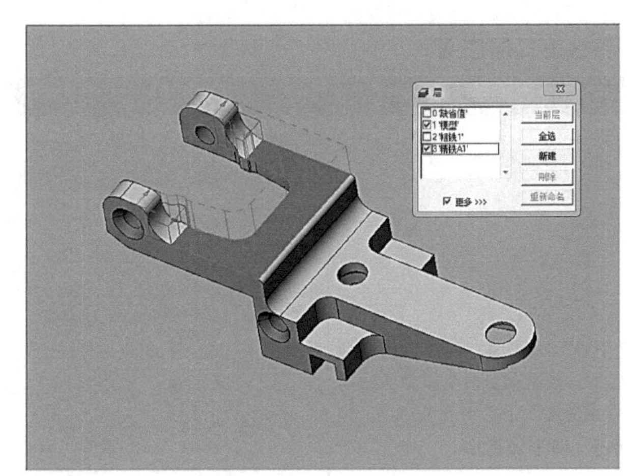
3）传统铣削功能中的型腔铣计算速度快，常用于单个型腔的粗加工和底面精铣。按右图设置铣削参数。其中刀具使用 d10 平底立铣刀；加工策略中的刀具路径样式采用“由外向内”；“结束深度”和“开始深度”均用鼠标点选模型的底面角点，切削深度注意应为“0”；毛坯自动更新应设置为“否”，如右图所示	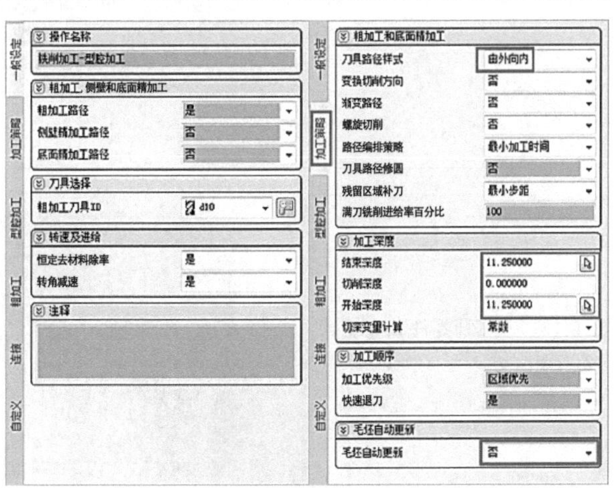

（续）

软件操作步骤	操作过程图示
4）设置铣削方向，如右图所示	

2. 精铣第二层底面

软件操作步骤	操作过程图示
1）选中第二层底面，同样采用“型腔铣”加工，只需重新拾取模型底面角点的“结束深度”和“开始深度”，其余参数不变，如右图所示	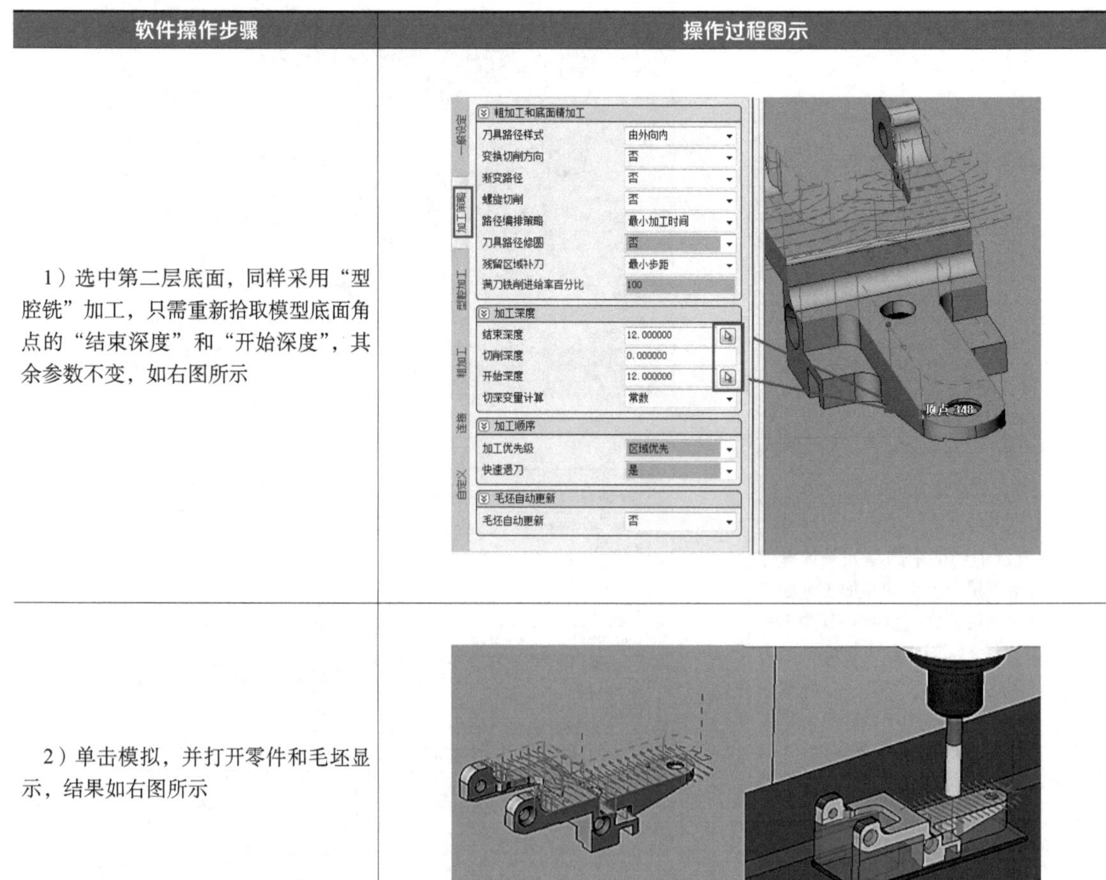
2）单击模拟，并打开零件和毛坯显示，结果如右图所示	

3. 精铣第三层底面

软件操作步骤	操作过程图示
1）选中第三层底面，同样使用“型腔铣”，修改加工深度，如右图所示	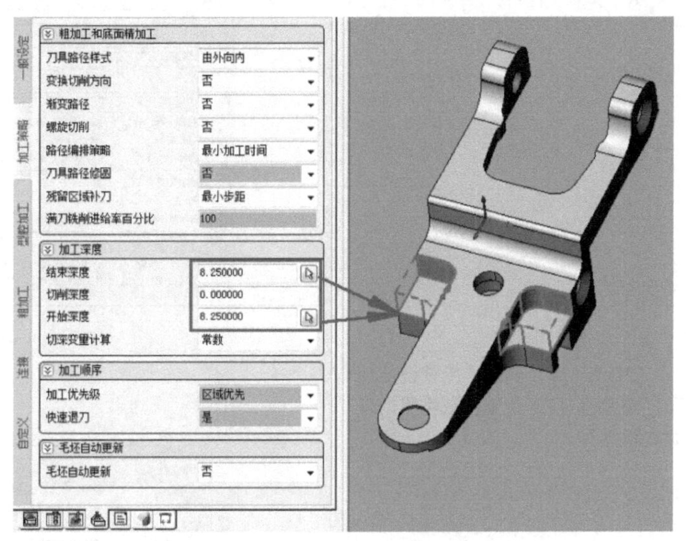
2）第三层底面的精铣刀路和模拟，生成的刀路和模拟如右图所示	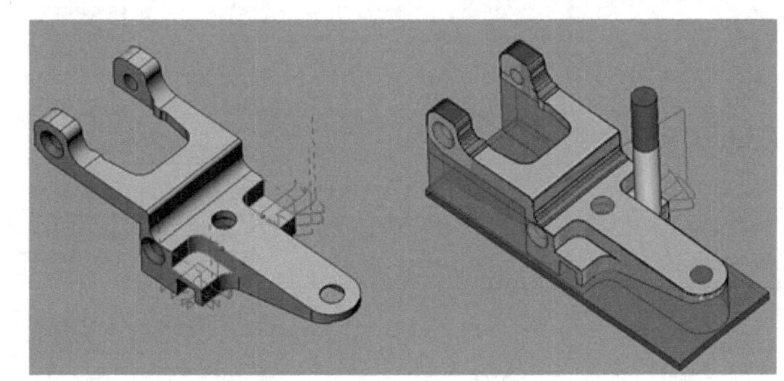

任务 3.5　A 面侧壁精铣

1. 精铣支架开口端侧壁

软件操作步骤	操作过程图示
1）创建图层“精铣 A2”，关闭其他刀路层，显示最大外形轮廓层，单击“手动链特征”，依次选择开口端四角，最后单击手动结束，获得链特征如右图所示	

（续）

软件操作步骤	操作过程图示
2）选中该轮廓，单击“传统铣削加工”/“轮廓加工”，设置参数生成的刀路如右图所示	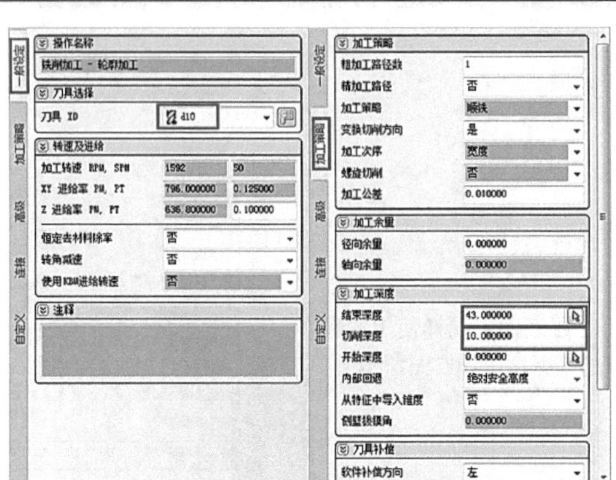 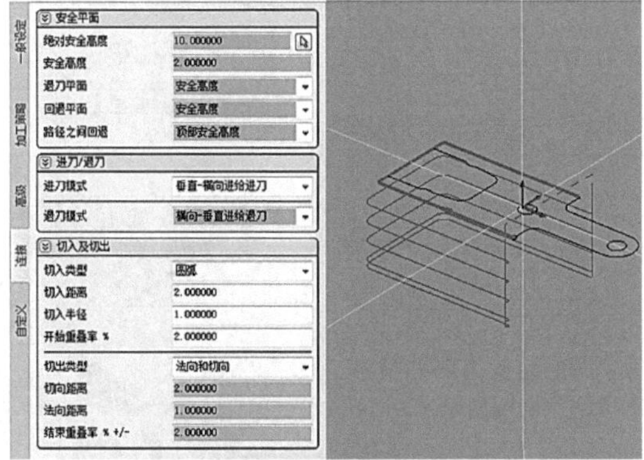
3）创建图层“精铣 A3”，关闭其他刀路层，显示最大外型轮廓层，选中支架开口端的内部轮廓，用“自动链特征”功能创建该轮廓的链特征，如右图所示	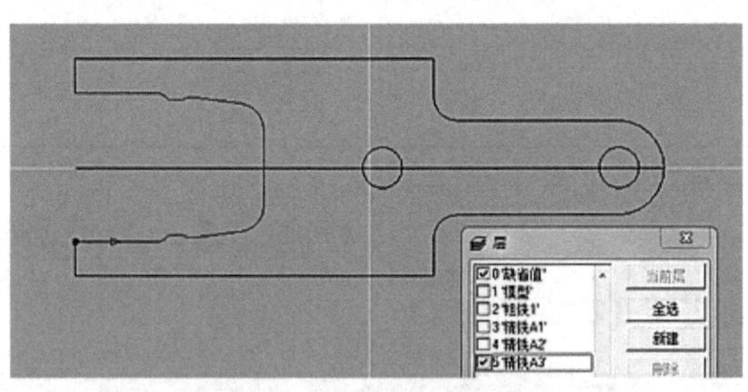
4）单击轮廓圆角处的线段，在属性中观察发现该链特征的最小内圆角半径为 $R3$，创建一把 d6 立铣刀，注意刀具应伸出刀柄 50mm，如右图所示	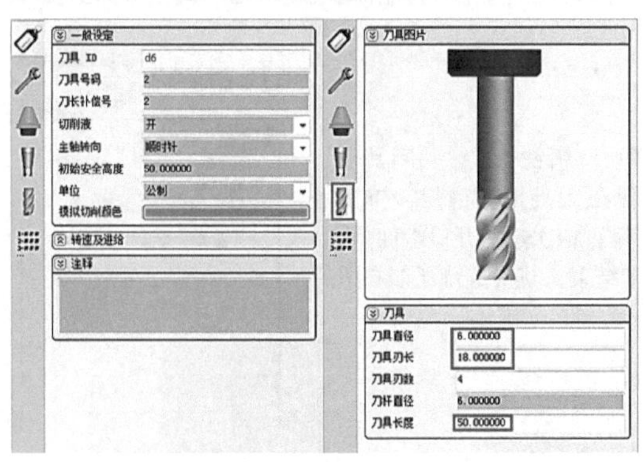

（续）

软件操作步骤	操作过程图示
5）恢复显示“模型”图层，单选该链特征，单击“传统铣削加工”/“轮廓加工”，修改刀具和加工深度，设置参数生成的刀路如右图所示	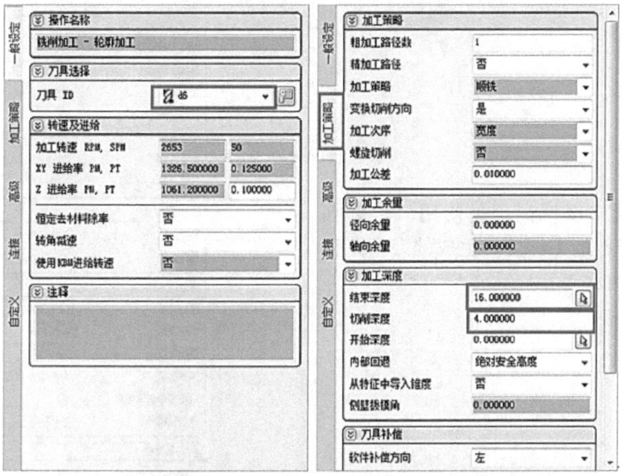 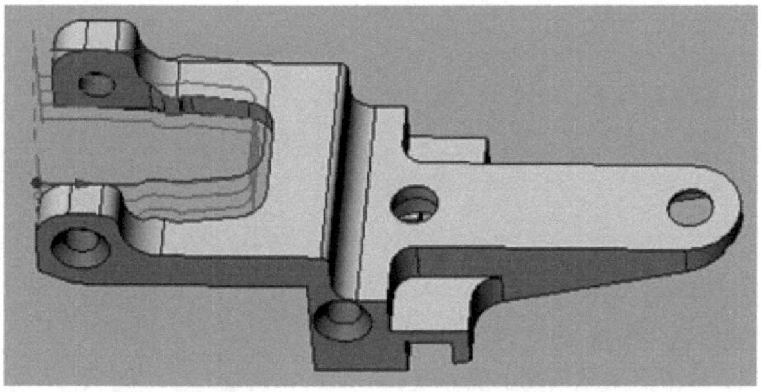

2. 精铣支架独头端侧壁

软件操作步骤	操作过程图示
1）创建图层“精铣 A4”，关闭无关图层，选中支架独头端最底层侧壁，单击“侧壁特征”，如右图所示	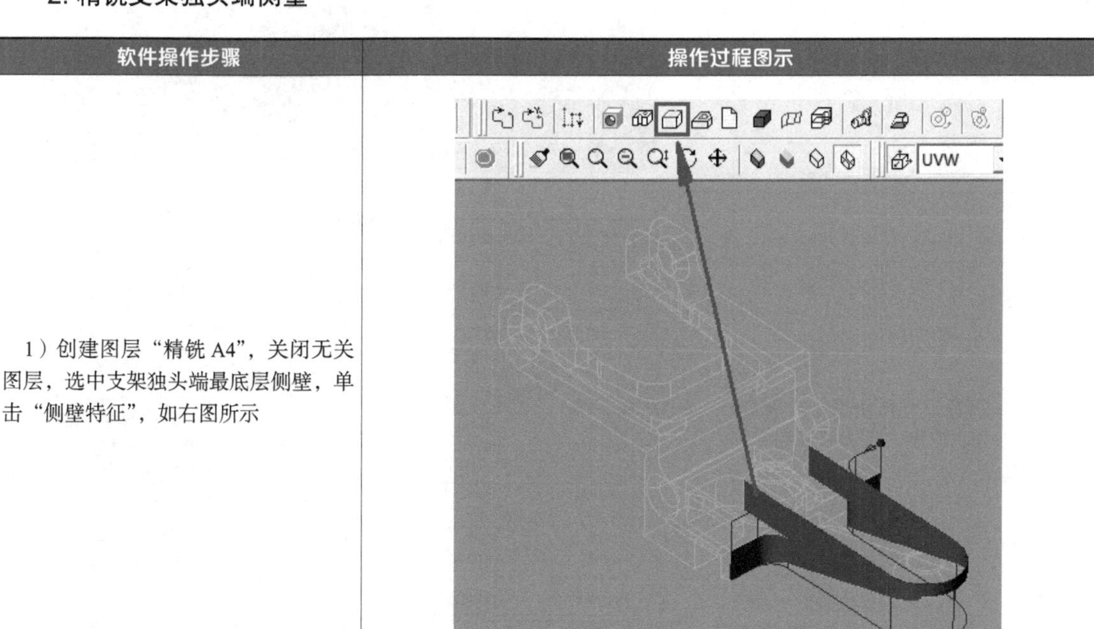

（续）

软件操作步骤	操作过程图示
2）选中该特征，仍使用“轮廓加工”，修改加工深度，生成的刀具路径如右图所示	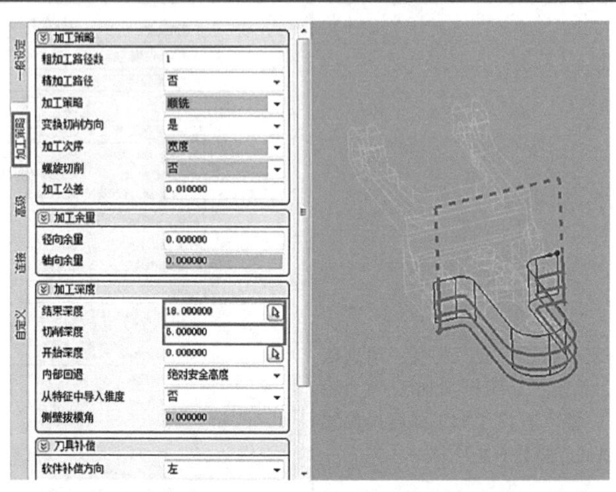
3）创建图层“精铣 A5”，关闭其他无关图层，选中支架独头端上层侧壁，单击“侧壁特征”，如右图所示	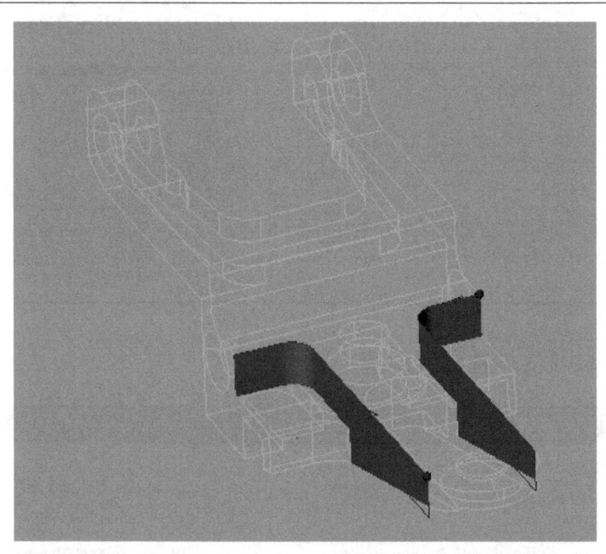
4）选中该特征，仍使用“轮廓加工”，修改加工深度，生成刀具路径，如右图所示	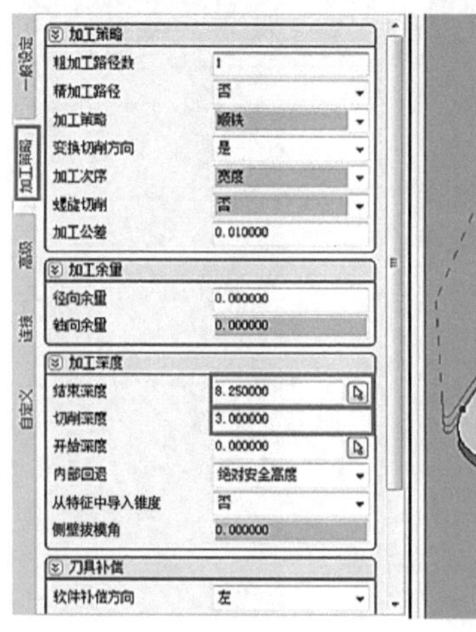 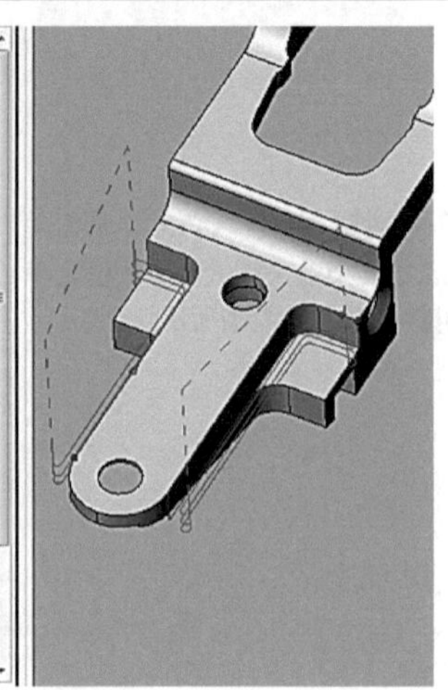

（续）

软件操作步骤	操作过程图示
5）单击模拟，观察仿真效果，如右图所示	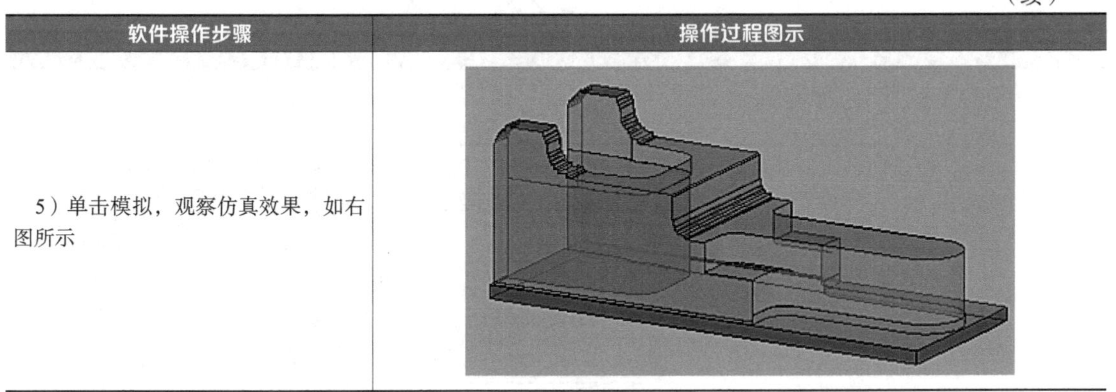

任务 3.6　A 面圆角面精铣

1. 创建自由特征

软件操作步骤	操作过程图示
创建图层“圆角 A”，选中全部圆角面，其余默认设置，如右图所示	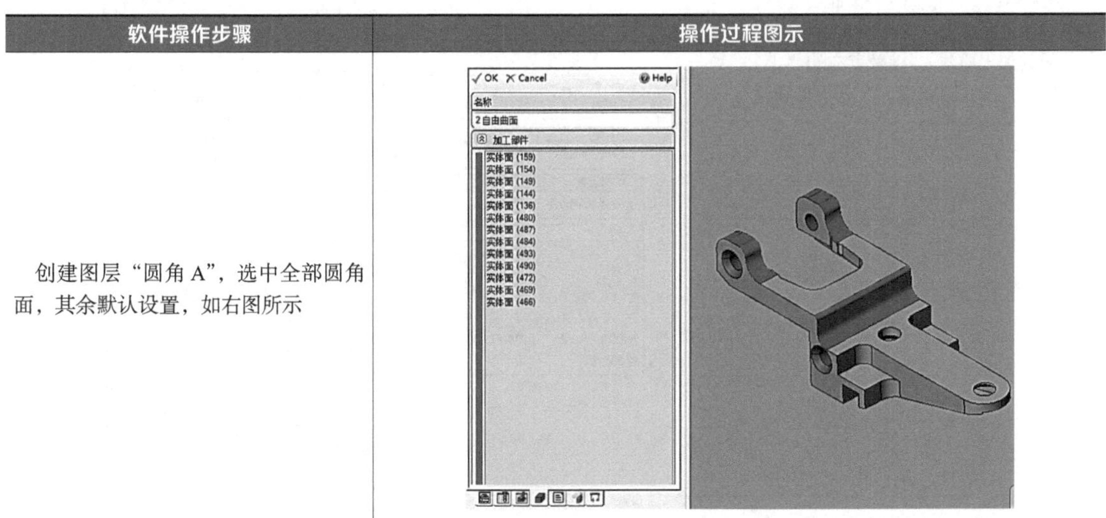

2. 创建精铣球刀

软件操作步骤	操作过程图示
单击[图标]，创建球刀 R3，如右图所示	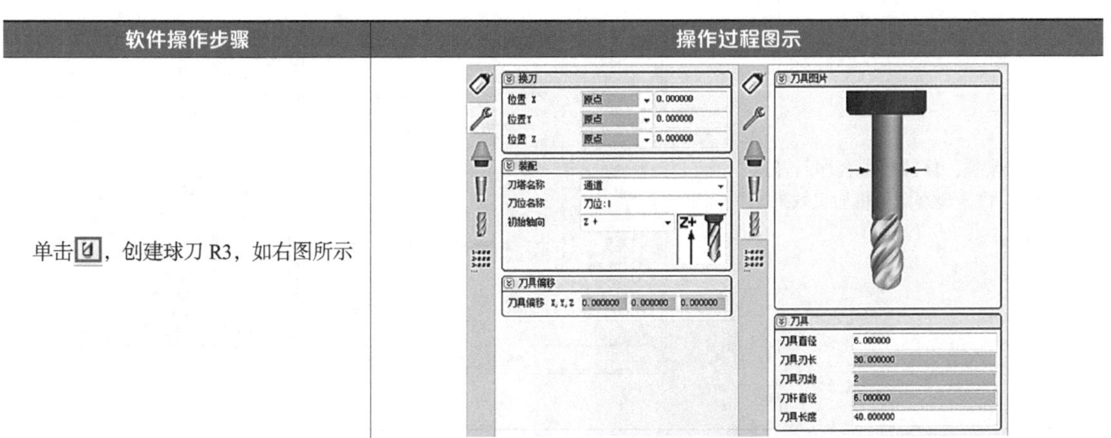

3. 创建自由特征

<table>
<tr><th>软件操作步骤</th><th>操作过程图示</th></tr>
<tr><td>1）选中圆角自由曲面特征，单击“铣削模具加工”/“平行精加工 ”，其中路径角度保持一定倾斜角有利于提高曲面的加工质量；“接触点在边界上”控制加工范围在圆角面上，其他参数设置如右图所示</td><td>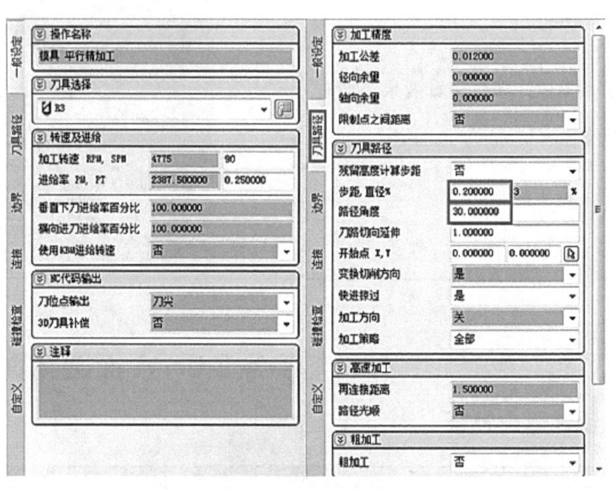

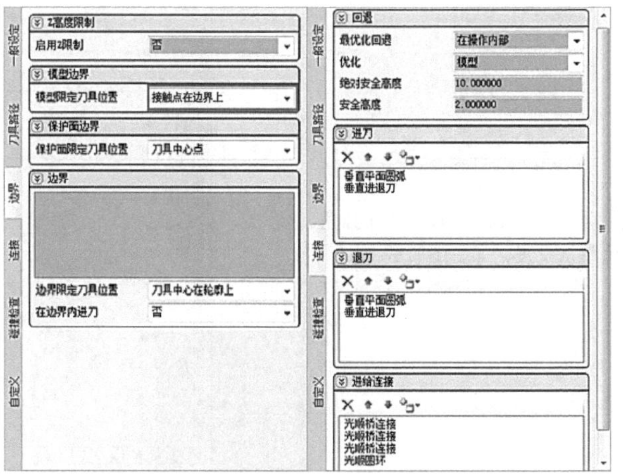
</td></tr>
<tr><td>2）单击模拟，修改模拟程序行速度为“100”，快速观察圆角精加工效果如右图所示</td><td>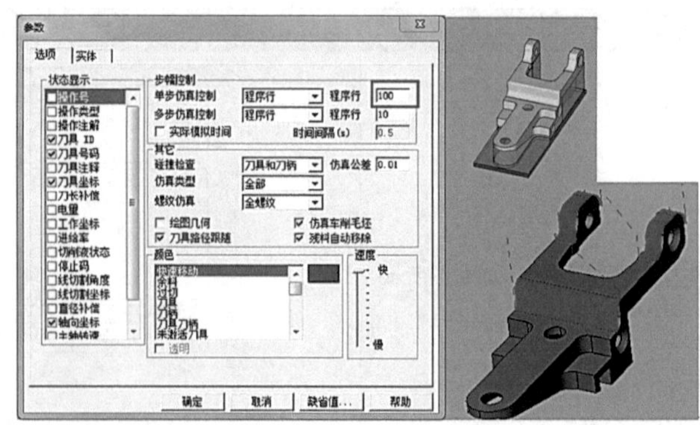
</td></tr>
</table>

任务 3.7　B 面装夹粗铣

1. 保存模拟加工模型

软件操作步骤	操作过程图示
为便于模拟和计算，需要将 A 面加工模拟后的模型状态保存为新毛坯文件。单击模拟直至全面仿真加工结束，单击“保存材料到文件”，将模拟加工结果单独保存为一个 STL 模型，如右图所示	

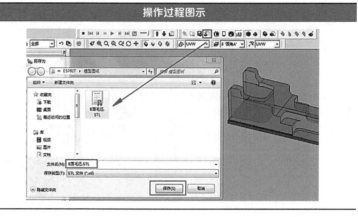

2. B面加工准备

软件操作步骤	操作过程图示
1）为方便后续编程，先保存图档为“支架 -A.esp”，再另存该图档为“支架 -B.esp”，并将特征栏中的无用图层全部删除，如右图所示	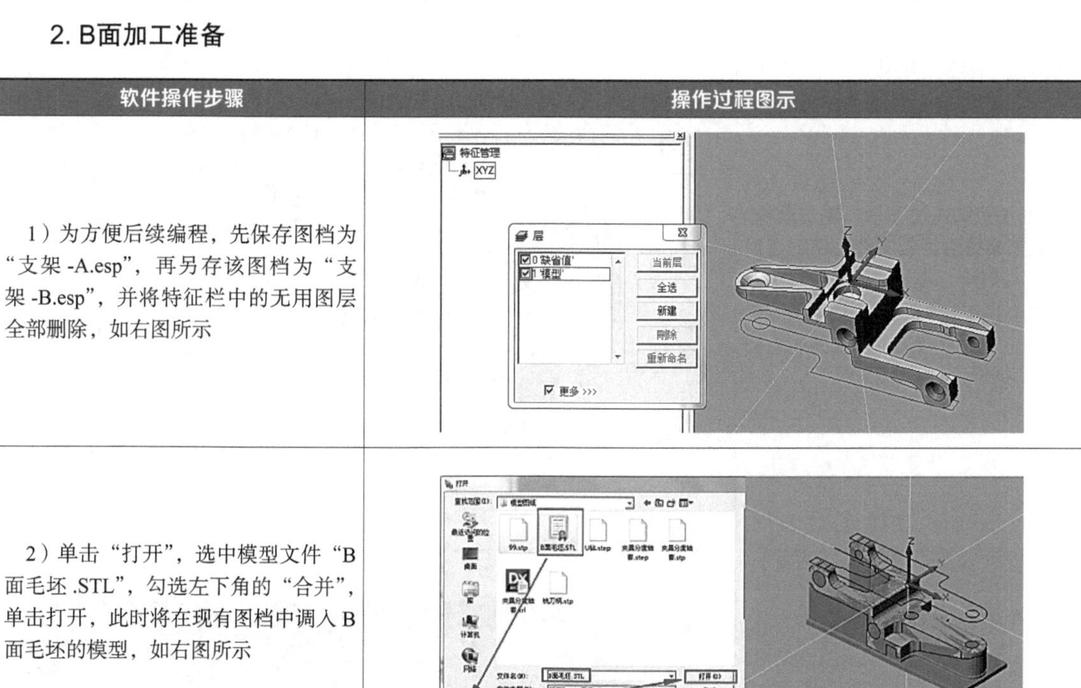
2）单击“打开”，选中模型文件“B面毛坯 .STL”，勾选左下角的“合并”，单击打开，此时将在现有图档中调入 B 面毛坯的模型，如右图所示	
3）新建图层“毛坯”，将毛坯模型的属性修改为该“毛坯”图层，再隐藏该图层，如右图所示	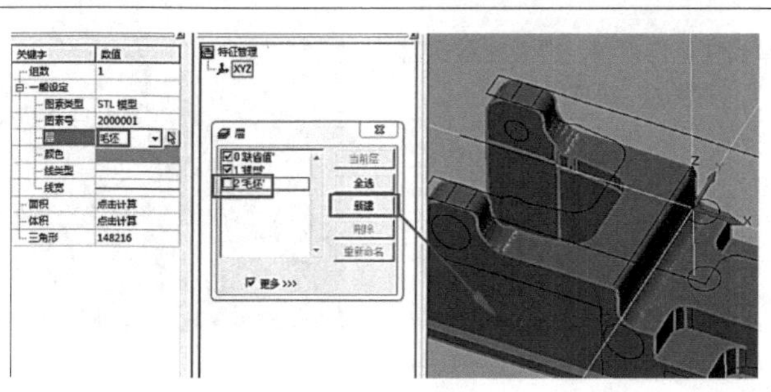

（续）

软件操作步骤	操作过程图示
4）旋转模型视图，选中B面的表面，单击“Z轴对齐”，将坐标系翻转，如右图所示	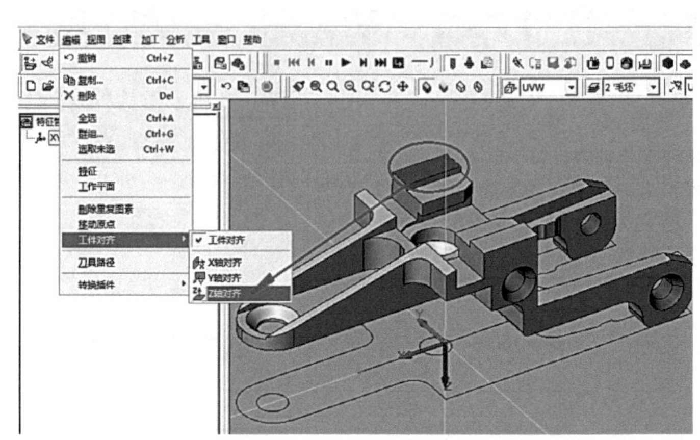
5）恢复毛坯图层显示，单击模拟，打开模拟参数对话框，将毛坯创建形式改为“实体”，单击“箭头”选中毛坯模型，单击“更新”，最后单击“确定”，将B面毛坯导入添加至模拟毛坯中，如右图所示	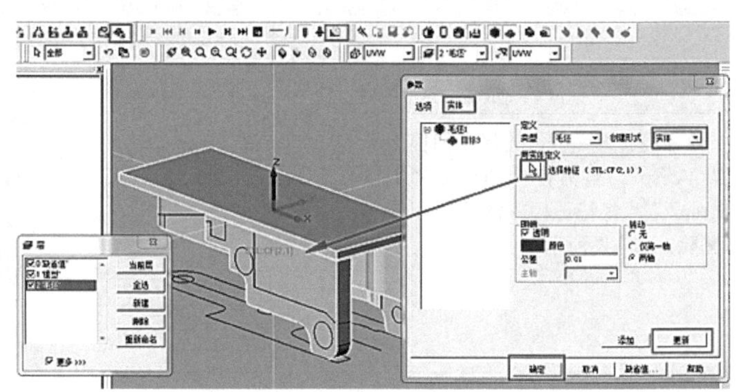
6）单击并运行模型，即可观察到翻转后的工件和毛坯，如右图所示	

3. B面粗铣

软件操作步骤	操作过程图示
1）新建立铣刀 D8，刀长 24mm，伸出长度 40mm；新建图层“粗铣 B”，关闭毛坯图层，单击“等高粗加工”，选中模型实体作为加工部件，默认其他，单击“OK”进入“等高粗加工”参数设置对话框，如右图所示	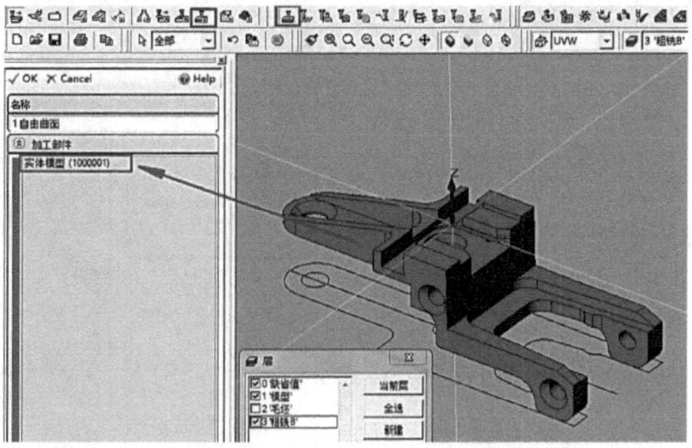
2）刀具为 D8，深度策略为“由上到下”，加工策略采用“由外向内顺铣”，如右图 a 所示，修改“边界”中的“最小 Z 高度值”，其参数设置如右图 b 所示，等高粗铣刀具路径如图 b 所示，模拟仿真效果如右图 c 所示	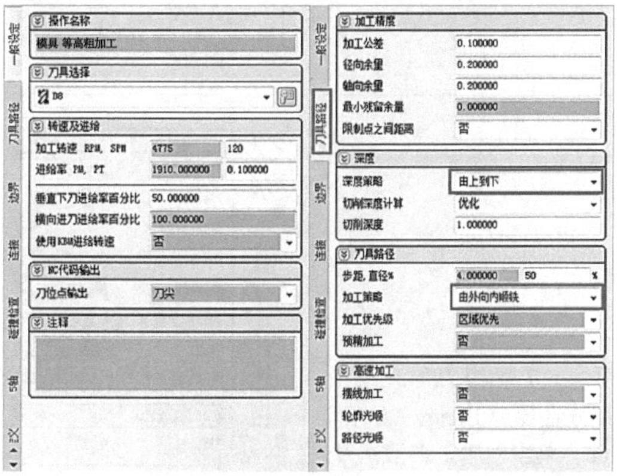 a) 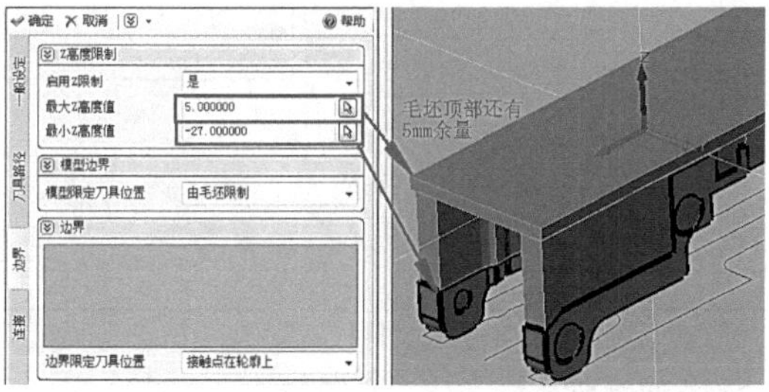 b) 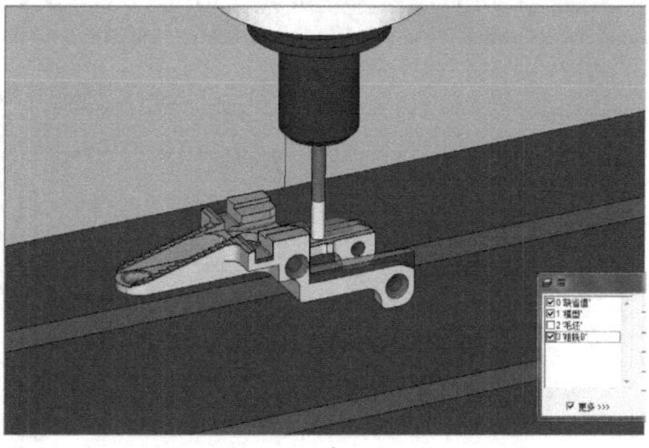 c)

任务 3.8　B 面 T 形槽铣削

1. 创建T形槽铣刀

软件操作步骤	操作过程图示
1）单击 T 形槽侧壁直线，在项目管理的实体栏中可以看见该直线的长度为 3.375mm；单击 T 形槽圆弧边线，可看见该圆弧的半径为 7.5mm，如右图所示	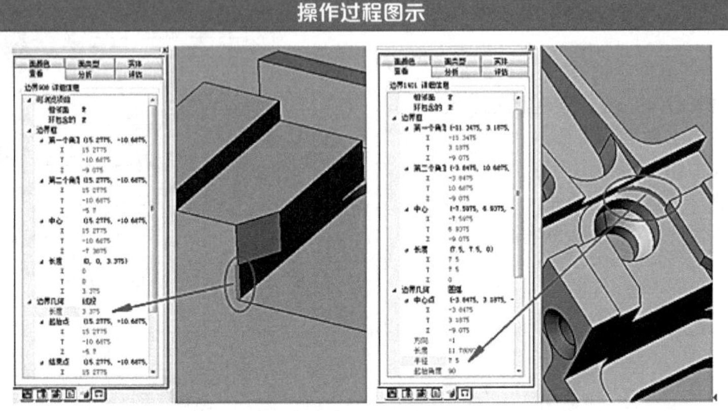
2）由此可见，T 形槽刀厚度可为 3mm，刀刃部分直径为 12mm，刀杆部分直径为 6mm，单击创建 T 形槽铣刀，如右图所示	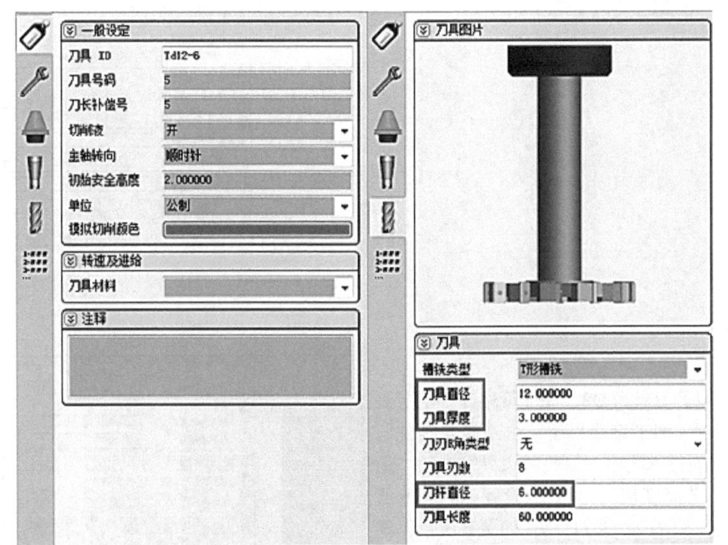

2. T形槽轮廓铣削

软件操作步骤	操作过程图示
1）选中 T 形槽底部边线，单击“自动链特征”，创建 T 形槽的链特征，如右图所示	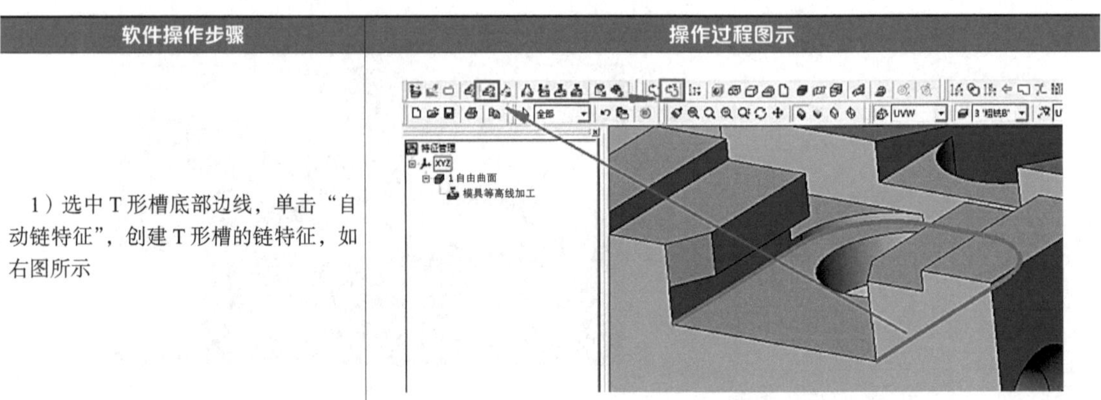

（续）

软件操作步骤	操作过程图示
2）选中该链特征，单击“轮廓加工”，刀具选中新创建的T形铣刀，“开始深度”需单击T形槽底部端点，“结束深度”为T形槽顶部端点，“切削深度”为铣刀厚度3mm,，其余参数如右图所示	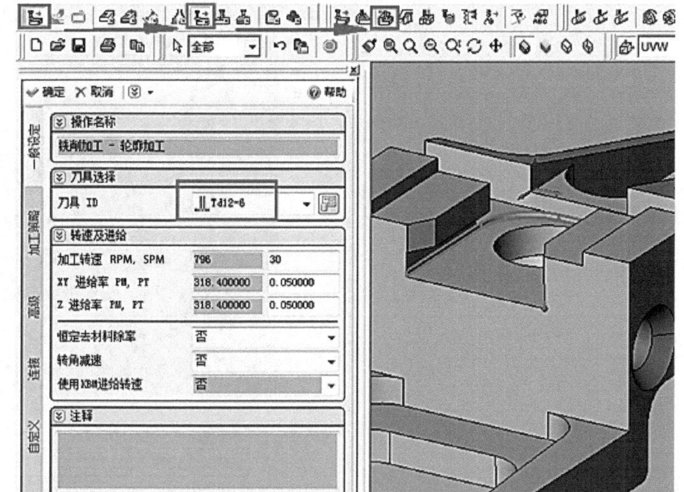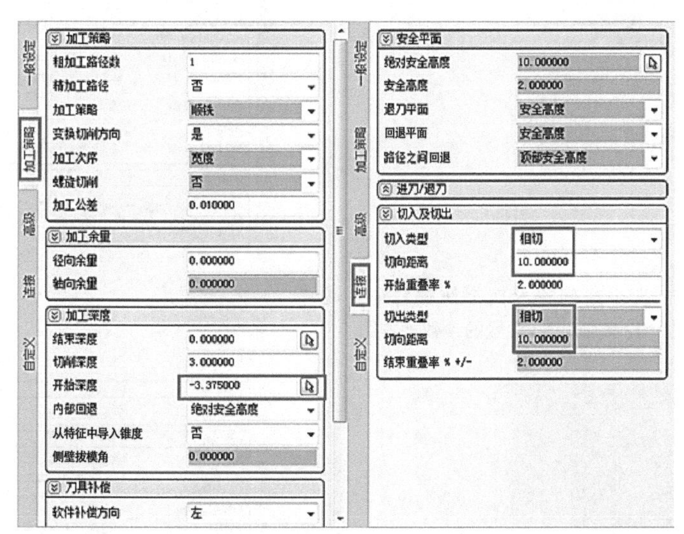
3）单击模拟仿真，其效果如右图所示	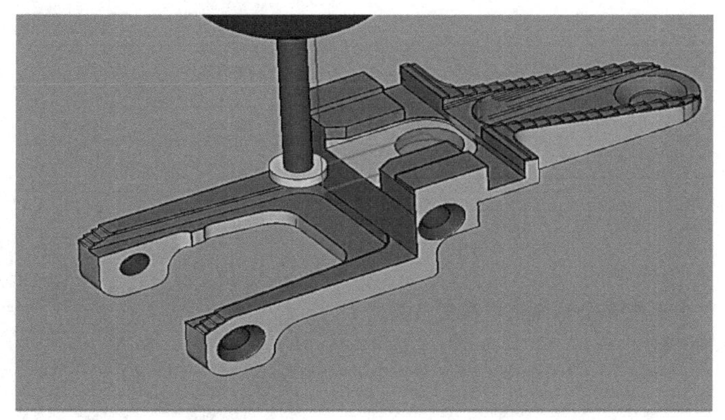

3. 精铣T形槽剩余侧面

软件操作步骤	操作过程图示
1）选中T形槽加工两侧的剩余面，创建侧面特征，如右图所示	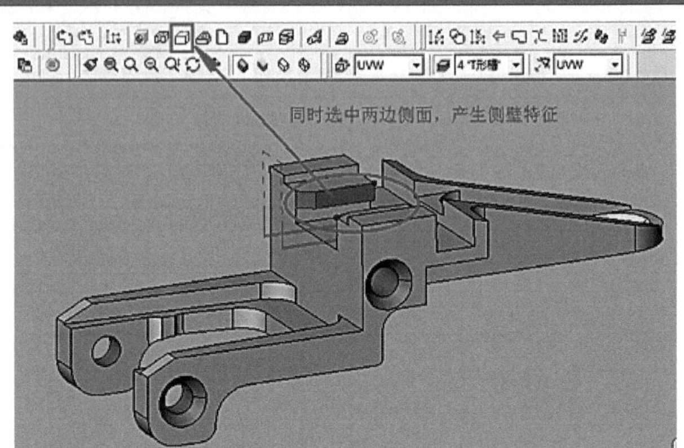
2）选中新创建的两个侧壁特征，单击“轮廓加工”，设置的参数如右图所示	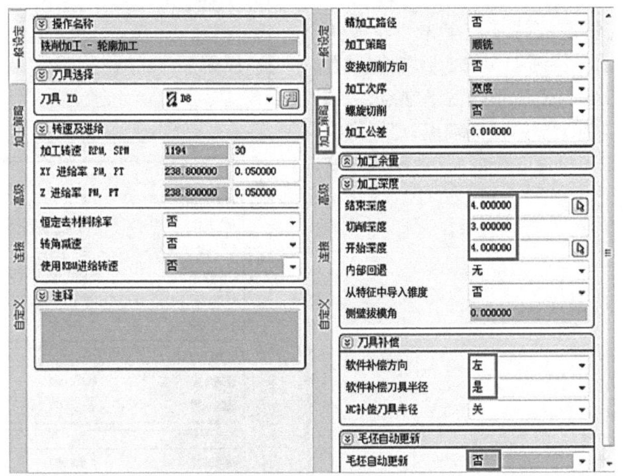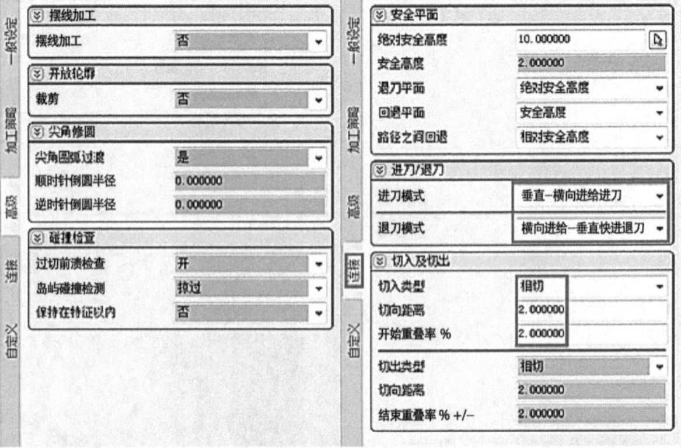
3）T形槽剩余侧面精铣模拟仿真，如右图所示	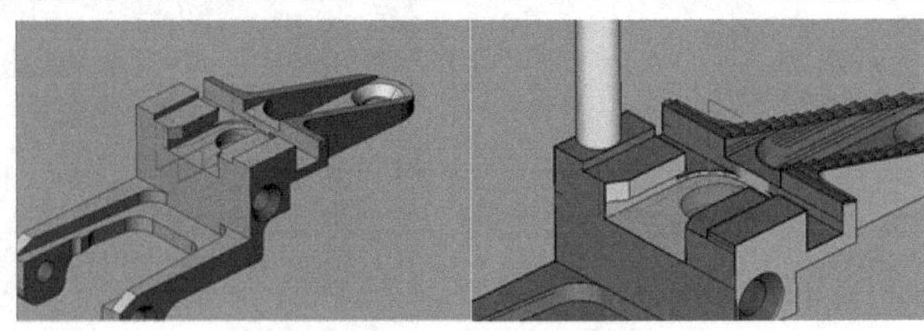

任务 3.9　B 面台阶面精铣

1. 顶平面精铣

软件操作步骤	操作过程图示
新建图层“精铣顶面”，关闭其他无关图层，同时选中两个顶平面，单击“传统铣削加工”/“面加工”，按右图设置参数，产生顶平面铣削刀路	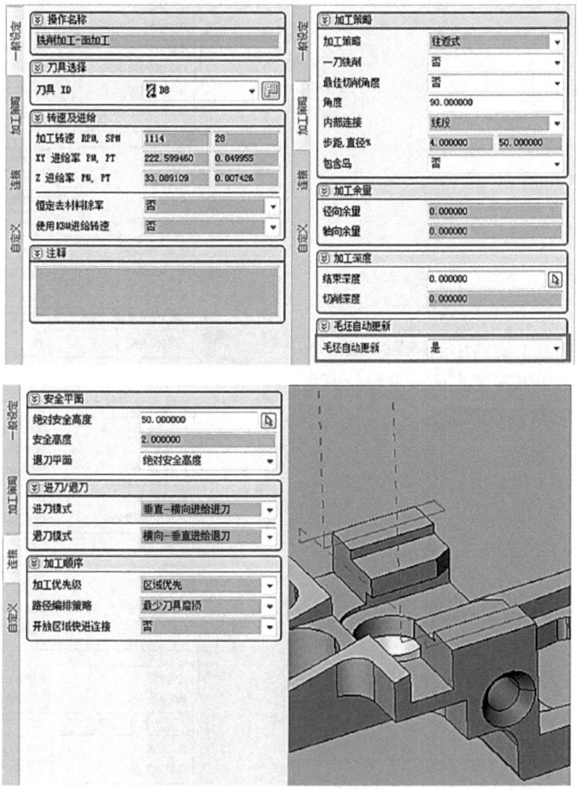

2. 顶部台阶精铣

软件操作步骤	操作过程图示
1）新建图层“精铣顶部台阶”，关闭其他无关图层，同时选中台阶面，再单击“传统铣削加工”/“型腔加工”，在对话框一般设定中选“底面精加工路径”，刀具选用“D8”，如右图所示	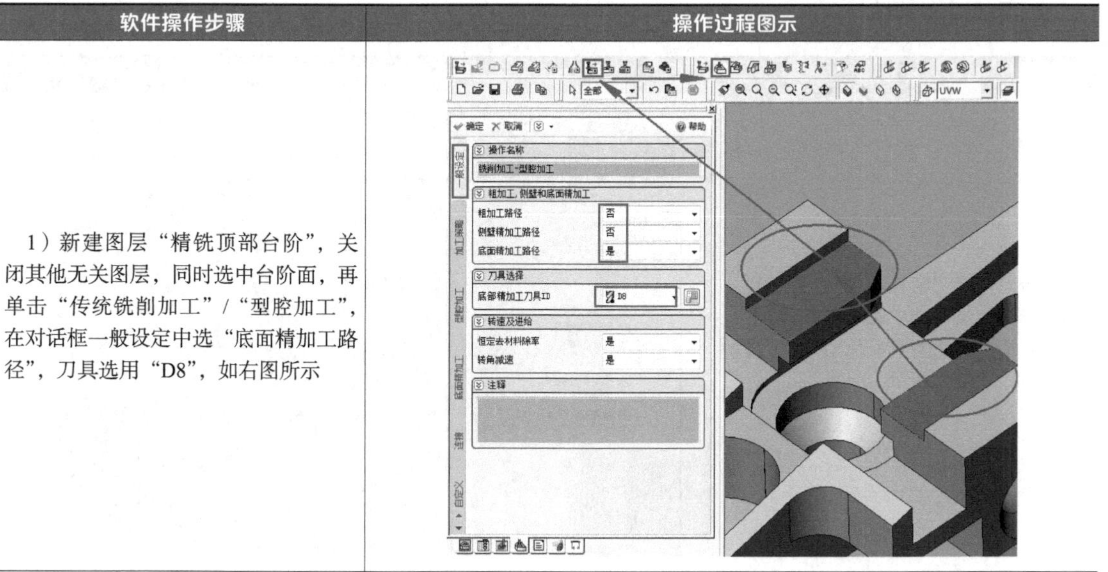

（续）

软件操作步骤	操作过程图示
2）设置加工策略中路径样式为“由内向外”，加工深度直接单击台阶面端点，其余参数如右图所示	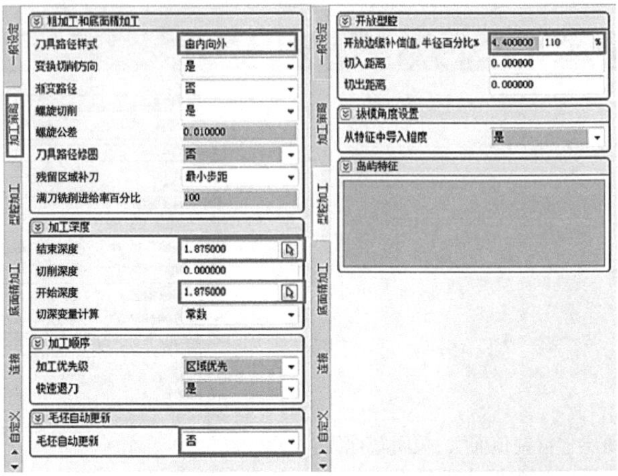 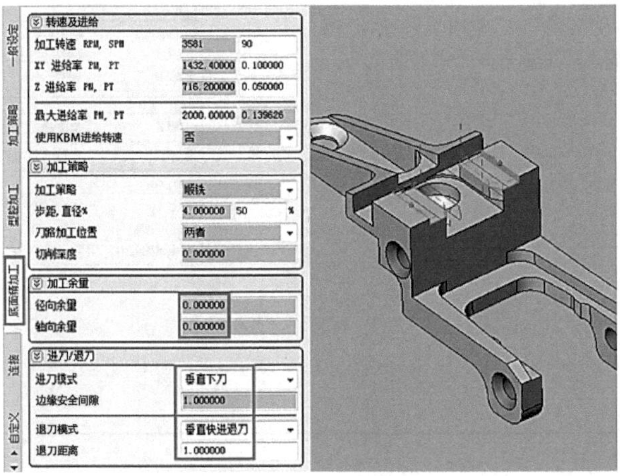

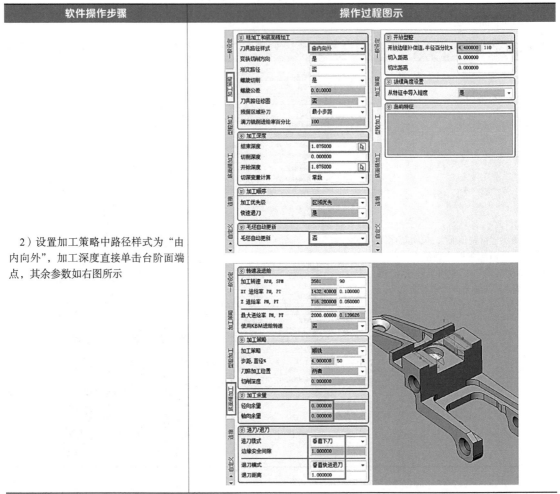

3. 顶部通槽精铣

软件操作步骤	操作过程图示
1）新建图层“精铣通槽”，关闭其他无关图层，同时选中通槽侧壁，单击“创建特征”/“侧壁特征”，产生三段侧壁特征，如右图所示	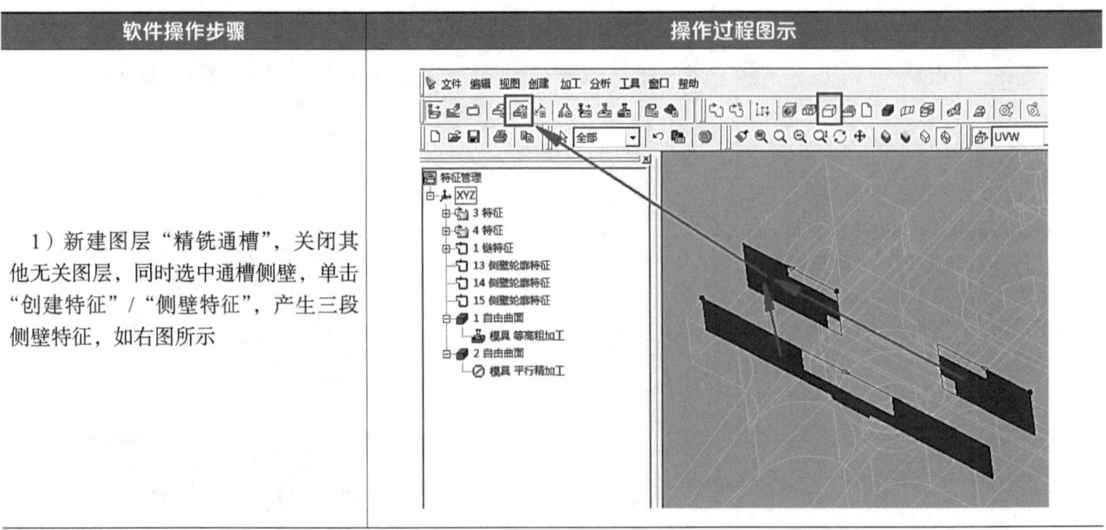

（续）

<table>
<tr><th>软件操作步骤</th><th>操作过程图示</th></tr>
<tr><td>2）选中第二端同一垂直面的段侧壁特征，单击“传统铣削加工”/“轮廓加工”，刀具选用 D8 铣刀，设置参数如右图所示</td><td>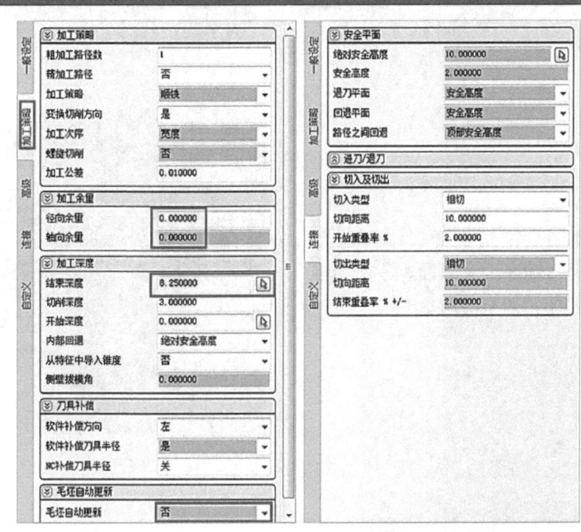
</td></tr>
<tr><td>3）选中另一侧壁的特征，单击“传统铣削加工”/“轮廓加工”，修改“结束深度”，其余参数默认，生成的刀路如右图所示</td><td>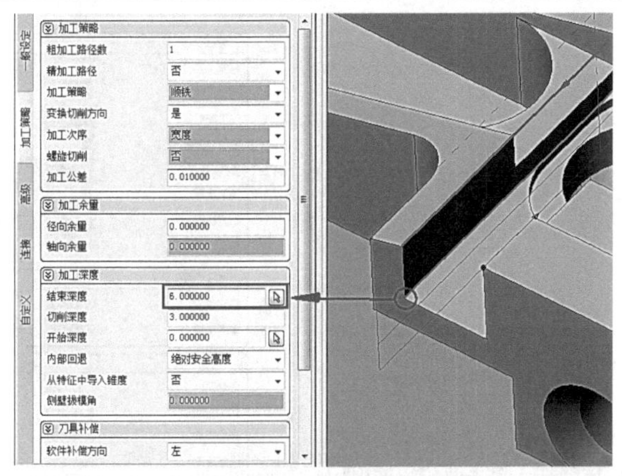
</td></tr>
<tr><td>4）单击模拟仿真，其效果如右图所示</td><td>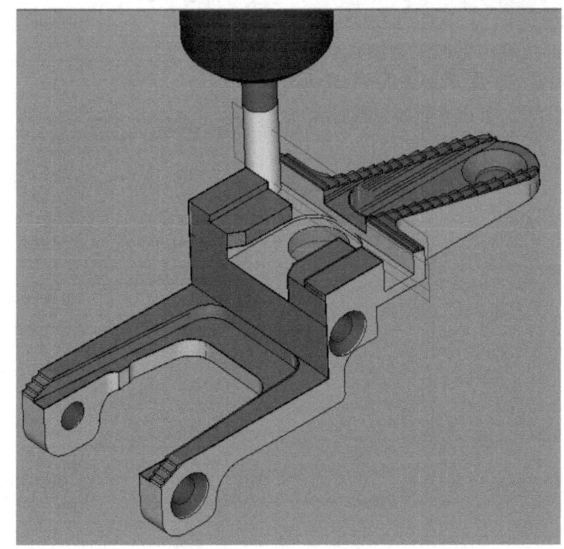</td></tr>
</table>

4. 精铣开口端下层

软件操作步骤	操作过程图示
1）新建图层“精铣开口端下层”，同时选中开口端底面和侧面，单击创建一个型腔特征，如右图所示	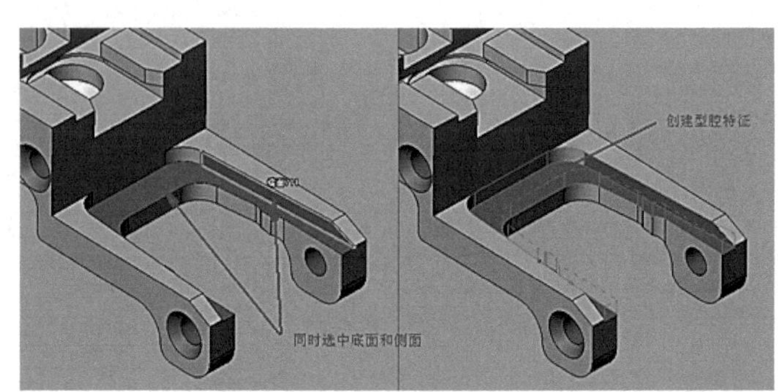
2）选中该特征，单击“传统铣削加工”/“轮廓加工”，刀具仍为D8，加工余量全部为零，粗加工增加一条刀路，刀具补偿为“软件补偿”，毛坯自动更新为“否”，其余参数如右图所示	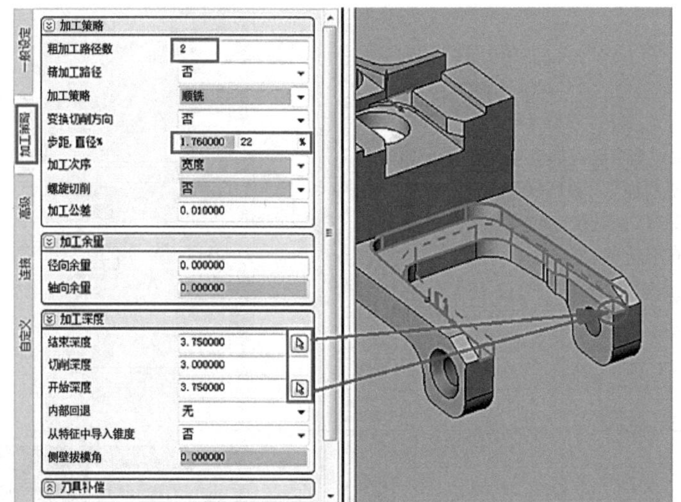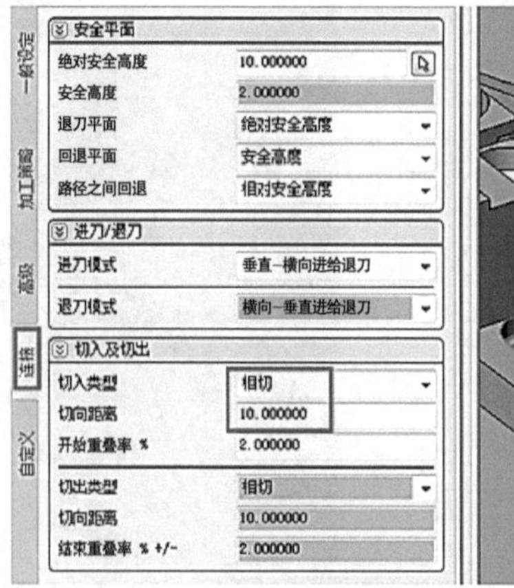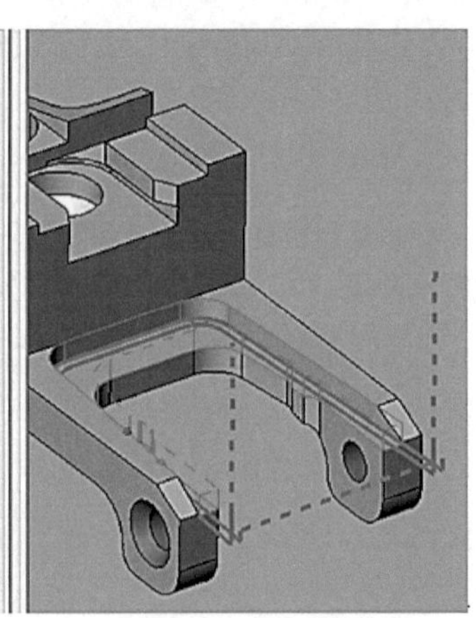

5. 精铣开口端下层

软件操作步骤	操作过程图示
1）新建图层“精铣开口端上层”，同时选中上层两个平面，单击创建“型腔特征”，如右图所示	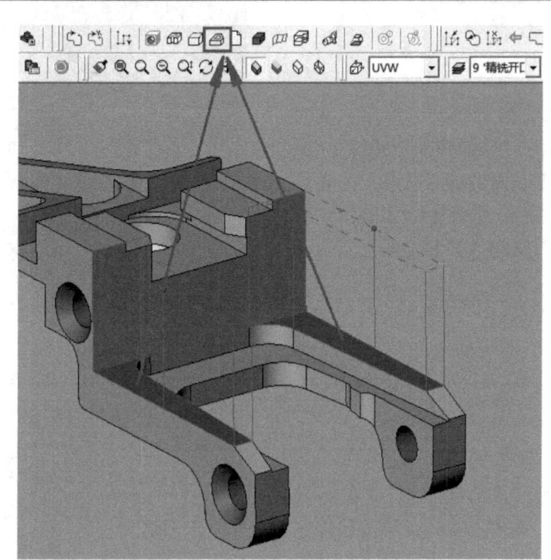
2）选中新创建的特征，单击“型腔加工”，只打开“底面精加工路径”，加工深度需单击底面的端点获取，毛坯自动更新为“否”，其余参数如右图 a 所示，生成的刀路和效果如右图 b 所示	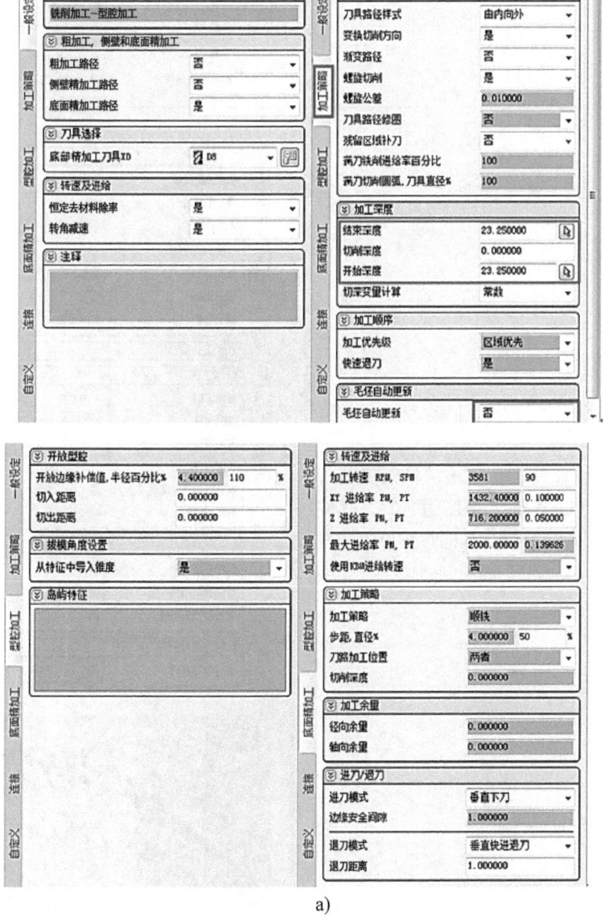 a)

（续）

软件操作步骤	操作过程图示
2）选中新创建的特征，单击“型腔加工”，只打开“底面精加工路径”，加工深度需单击底面的端点获取，毛坯自动更新为“否”，其余参数如右图a所示，生成的刀路和效果如右图b所示	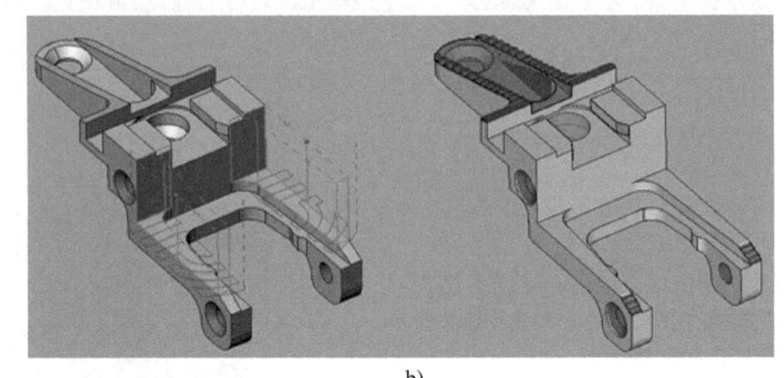 b)
3）新建图层“精铣腰槽”，关闭其他无关图层，按住<Ctrl>，单击鼠标左键将腰槽的边线全部选中，单击自动链特征，生成腰槽轮廓的链特征如右图所示	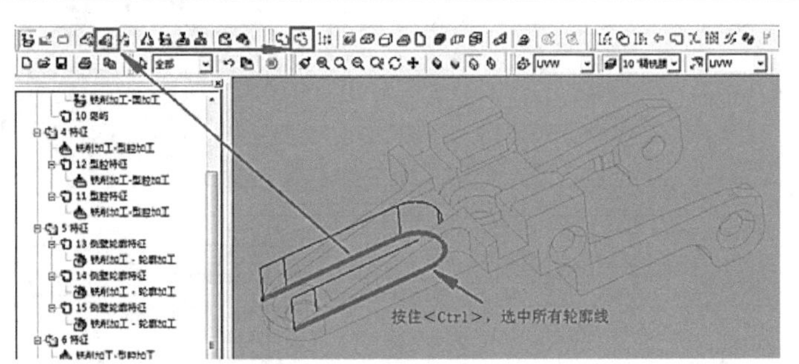
4）选中该特征，单击“轮廓加工”，刀具仍为D8，加工深度为“0”，软件补偿为“右”补偿，其他参数设置如右图所示	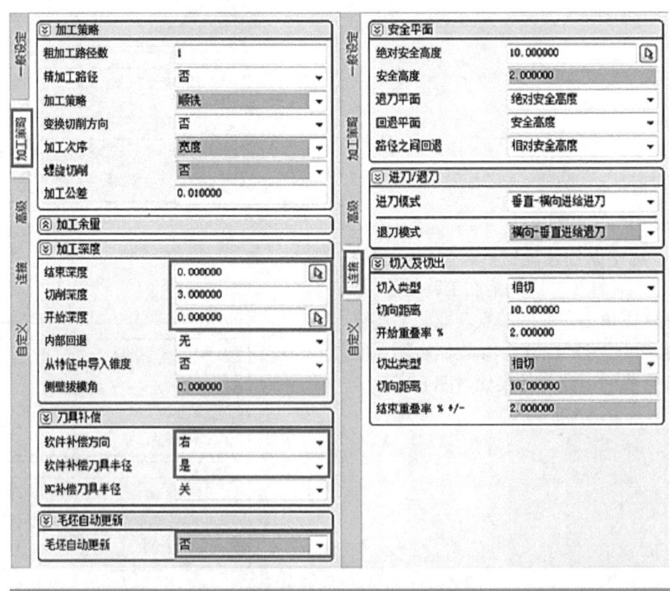 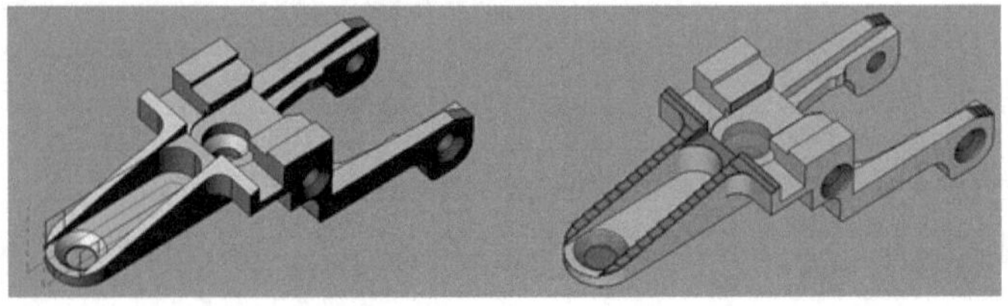

（续）

软件操作步骤	操作过程图示
5）选中腰槽上部残留的两个侧壁，单击生成“侧壁特征”；选中生成的两个侧壁特征，单击“轮廓加工”，将刀具补偿修改为“左”补偿，加工深度选中腰槽顶面端点，其余参数默认，生成的刀路如右图所示	

任务 3.10　B 面斜面精铣

1. 斜面半精铣

软件操作步骤	操作过程图示
1）新建图层“半精铣斜面”，选中两头 4 个斜面，单击创建“自由曲面”特征，如右图所示	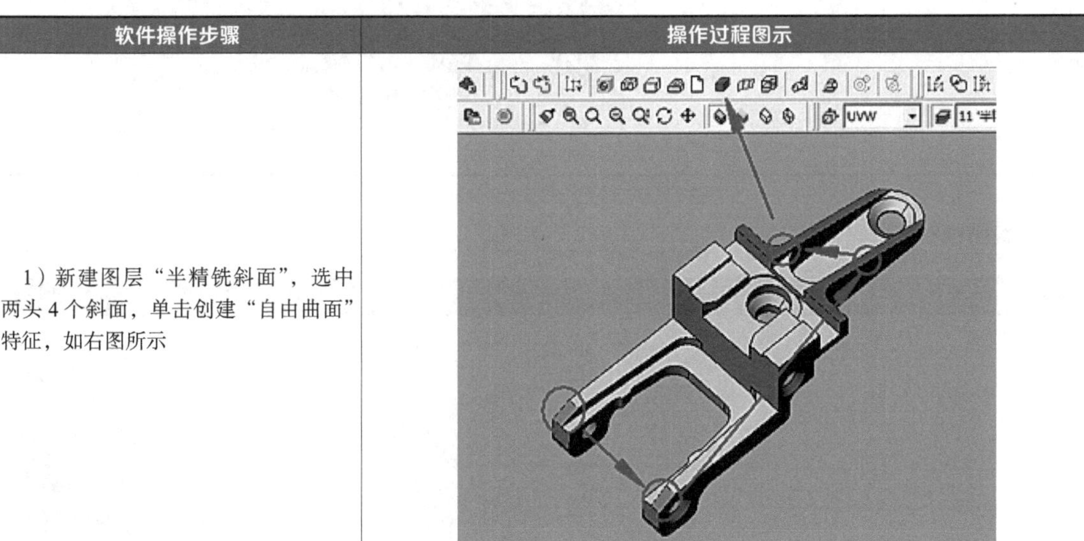
2）选中该自由曲面特征，单击“铣削模具加工”/“平行精加工”，刀具仍用 D8，刀具轴向留余量 0.05mm，步距为刀具直径的 20%，路径角度与 X 轴成“20°”斜角，模型限定刀具位置在“接触点边界上”，其他参数默认，如右图 a 所示，刀路和模拟效果如右图 b 所示	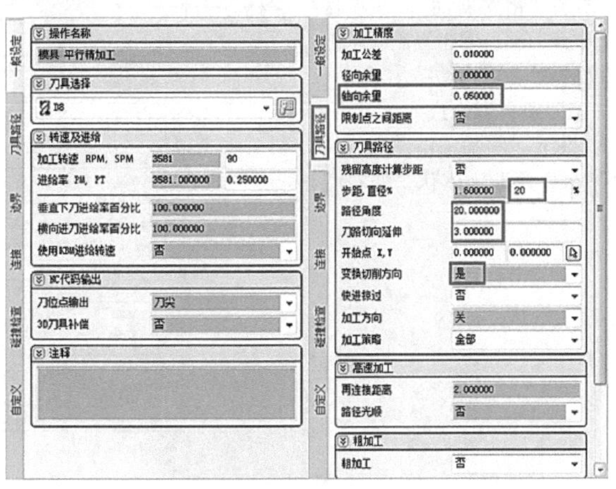

（续）

软件操作步骤	操作过程图示
2）选中该自由曲面特征，单击“铣削模具加工”/“平行精加工”，刀具仍用D8，刀具轴向留余量0.05mm，步距为刀具直径的20%，路径角度与X轴成“20°”斜角，模型限定刀具位置在“接触点边界上”，其他参数默认，如右图a所示，刀路和模拟效果如右图b所示	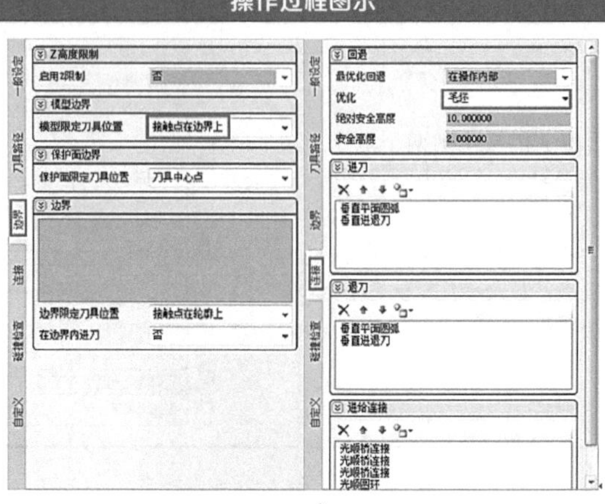 a) 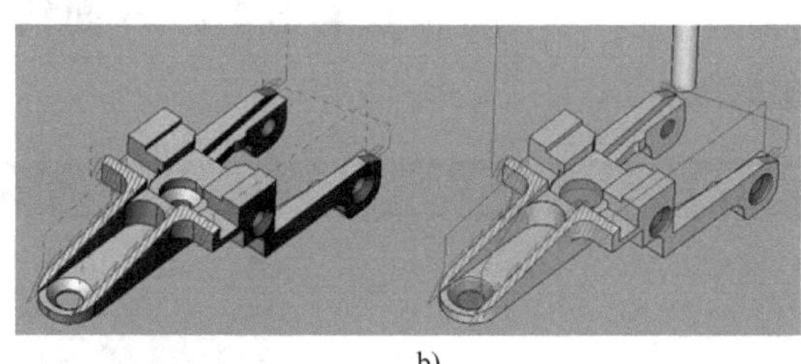 b)

2. 斜面精铣

软件操作步骤	操作过程图示
1）新建图层“精铣斜面”，在项目管理器中选中该刀路，右击复制，单击同一自由曲面特征，右击粘贴，复制一个平行精加工刀路；双击进入该刀路，修改刀具为“R3”，将加工精度和刀具路径参数等参数设置为默认，如右图所示	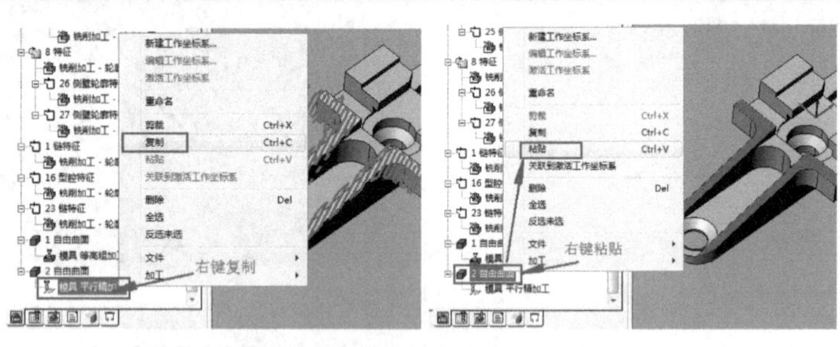

（续）

软件操作步骤	操作过程图示
2）斜面精铣刀路和模拟效果如右图所示	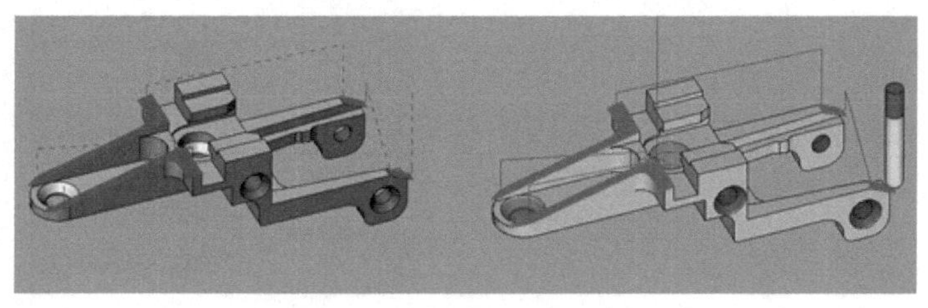

任务 3.11　B 面锥面沉头孔铣削

1. 螺旋铣孔

软件操作步骤	操作过程图示
1）新建图层“铣孔”，单击孔顶面圆弧边线，右击“复制”，弹出对话框选择“获取几何线段”，如右图所示	
2）单击“点”，弹出对话框选中“相对点 / 圆心点”，选中上步创建的边线，获取圆心，如右图所示	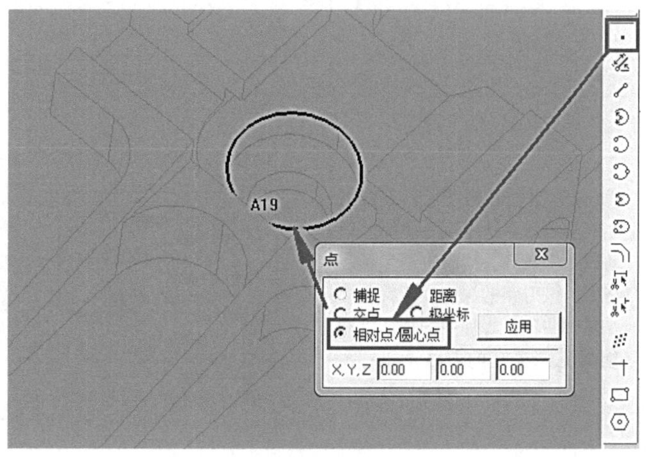

（续）

<table>
<tr><th>软件操作步骤</th><th>操作过程图示</th></tr>
<tr><td>3）选中孔侧壁，单击“传统铣削加工”/“螺旋加工”，刀具选用“D6”，加工深度单击拾取沉头孔底面端点，打开软件补偿，结束深度选中沉头孔底面端点，切入及切出选用“指定点”方式，指定点选中上步生成的圆心点，其余参数如右图所示</td><td>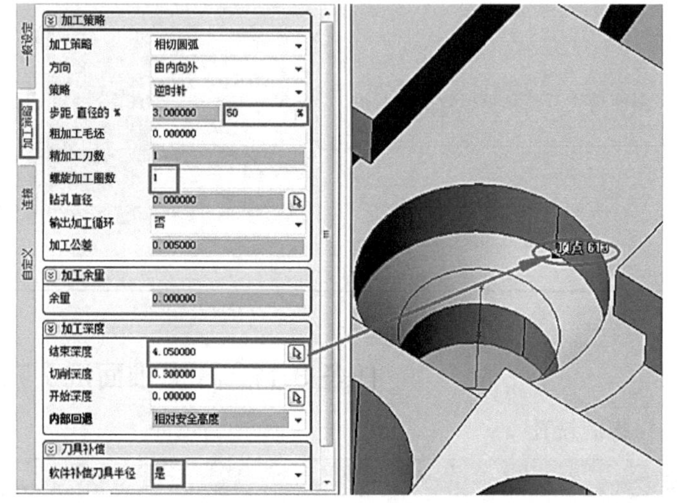

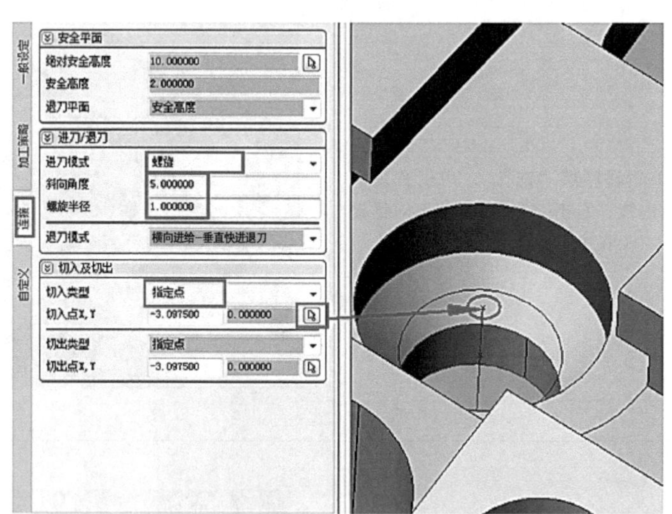
</td></tr>
<tr><td>4）生成的刀路如右图所示，观察刀路可见上一步虽然只选了沉孔侧面，但软件自动识别了底孔，同时也产生了底孔的刀路，但该刀路的深度并不符合模型要求。同时在项目管理中的特征管理栏中还能看见两个孔的刀路，如右图所示</td><td>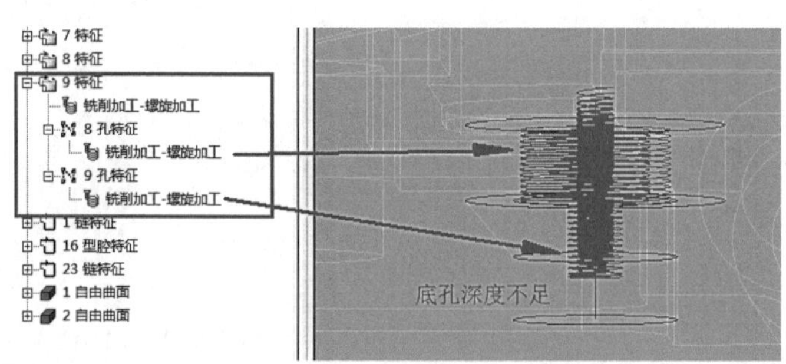
</td></tr>
</table>

（续）

软件操作步骤	操作过程图示
5）双击底孔特征的螺旋加工刀路，修改加工深度，分别选择底孔特征的上下两个端点拾取结束深度和开始深度，如右图所示	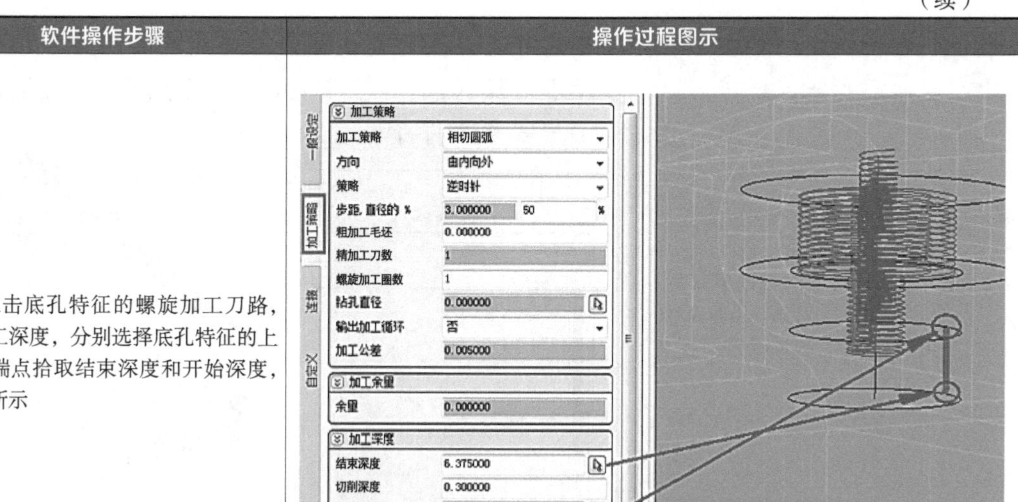
6）单击“确定”，修改刀路并模拟，如右图所示	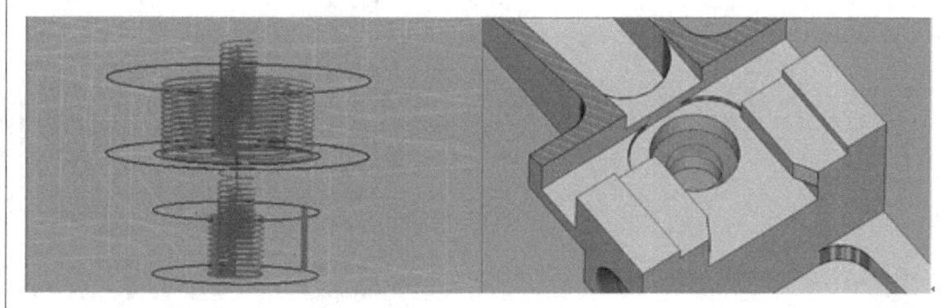

2. 铣锥孔

软件操作步骤	操作过程图示
1）新建图层“铣锥孔”，选中沉孔的边线，用自动链特征功能产生一个链特征，如右图所示	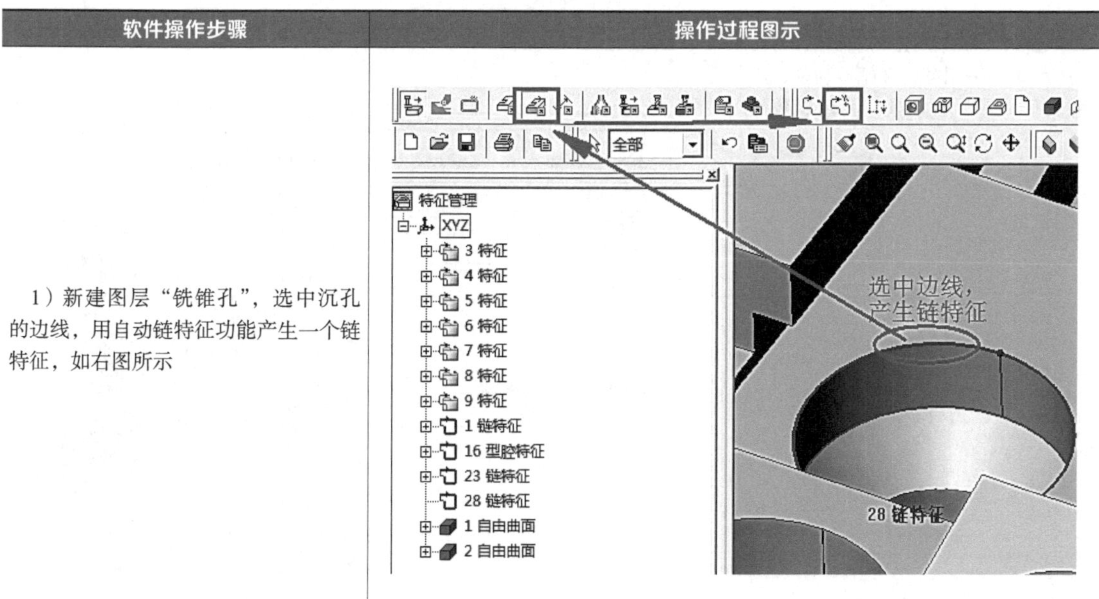

（续）

<table>
<tr><th>软件操作步骤</th><th>操作过程图示</th></tr>
<tr><td>2）选中锥面，单击“铣削模具加工”/“等高精加工”，弹出自由曲面对话框，单击“OK”，如右图所示</td><td>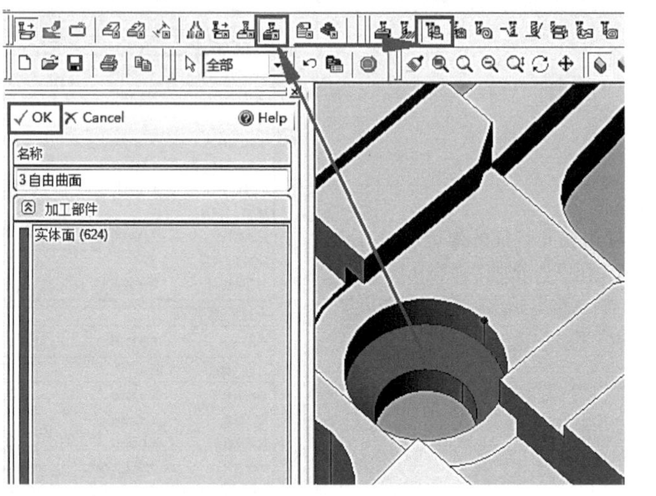
</td></tr>
<tr><td>3）进入“等高加工”对话框，刀具仍选用d6，采用顺铣和螺旋切削，不用打开“5轴”栏功能，其余参数默认，如右图所示</td><td>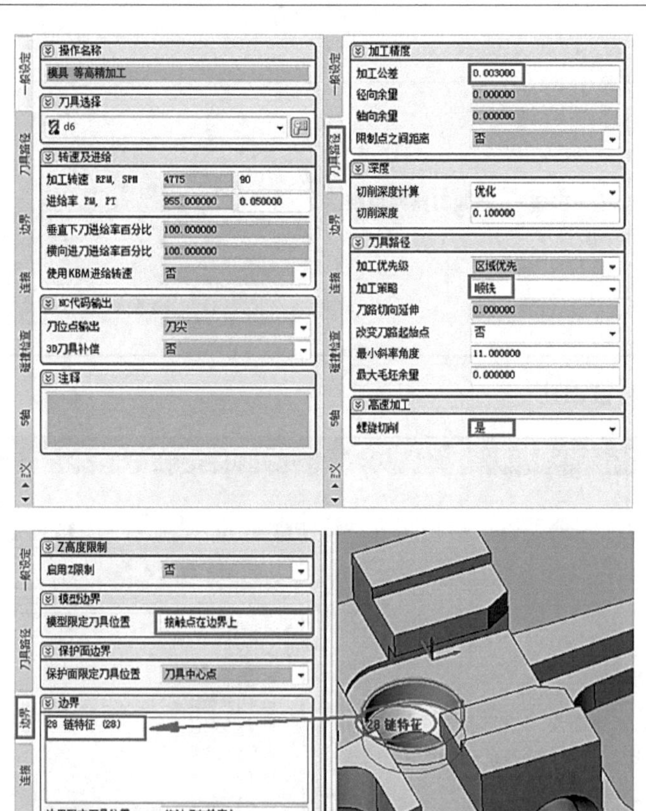
</td></tr>
</table>

（续）

软件操作步骤	操作过程图示
4）生成的刀路和模拟结果如右图所示	

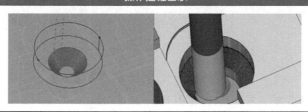

3. 铣另一锥面沉头孔

软件操作步骤	操作过程图示
采用同样的方法，绘制边线链特征和圆心点，并用“等高精加工”和“螺旋加工”编制独头段的另一个锥面沉头孔，如右图所示	

4. 保存文件并另存毛坯

软件操作步骤	操作过程图示
所有刀路模拟完毕，单击“保存材料到文件”将切削模型另存为 STL 文件，如右图所示。关闭模拟，先单击 保存文档，再另存为“支架 -C.esp”	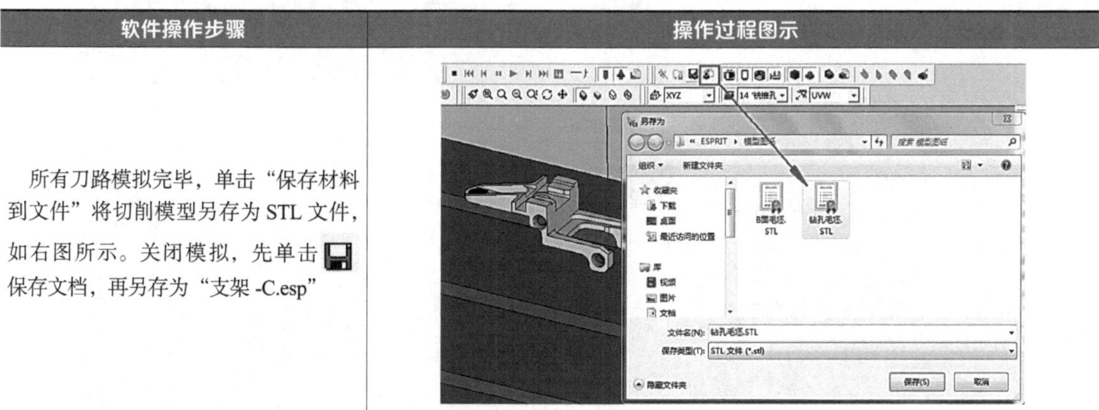

任务 3.12　C 面钻孔

1. C面装夹准备

软件操作步骤	操作过程图示
1）将已经另存过的文档中无用的图层全部删除，并激活毛坯图层，将 B 面毛坯实体模型也删除，如右图所示	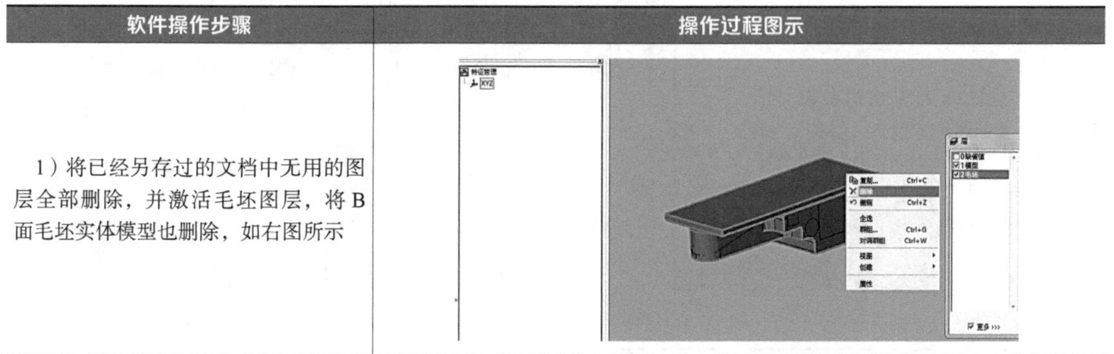

（续）

软件操作步骤	操作过程图示
2）单击 ，勾选“合并”，打开“钻孔毛坯 .STL”，如右图所示	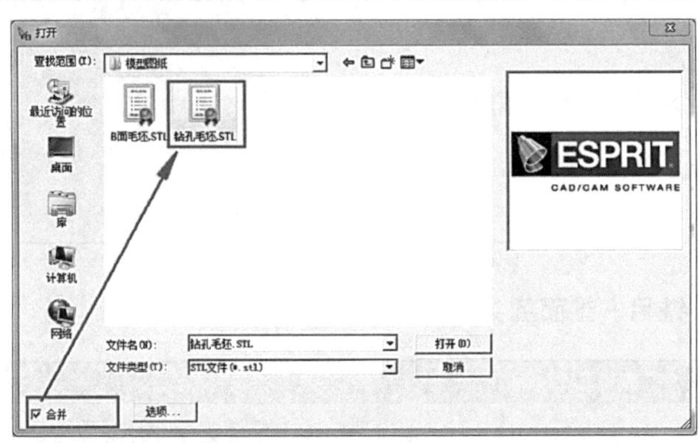
3）打开显示图层“0 缺省层”，并按快捷键 <Crtl+Alt+U>，显示当前坐标系及轴线，选中要钻孔的一侧面，单击“Z 轴对齐 ”，将坐标 Z 轴翻转，如右图所示	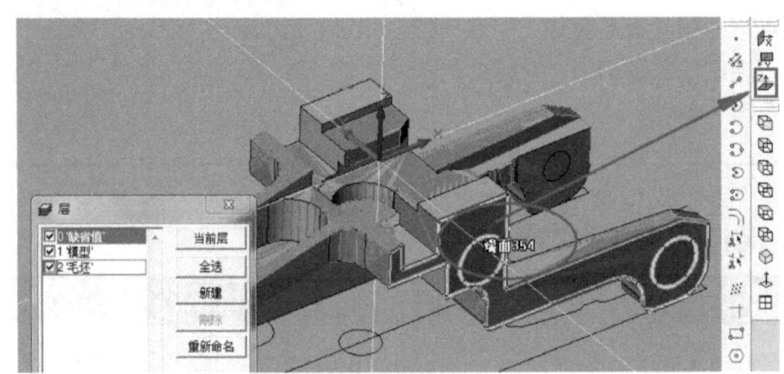
4）单击“移动原点”，钻中孔的边角原点作为坐标原点，如右图所示	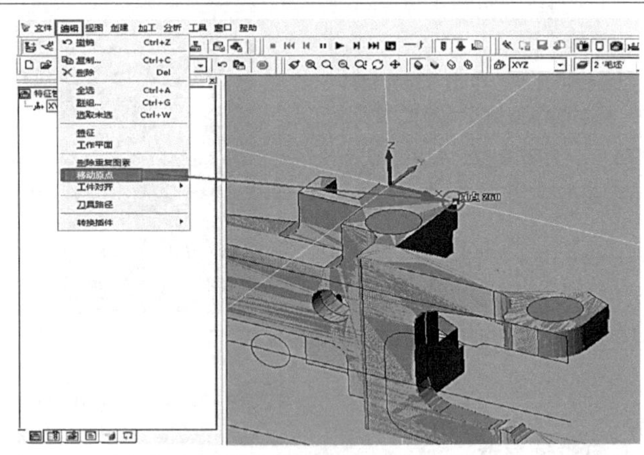
5）单击模拟，打开模拟参数对话框，将毛坯创建形式改为“实体”，单击“箭头”选中毛坯模型，单击“更新”，最后单击“确定”，将 B 面毛坯导入添加至模拟毛坯中，如右图所示	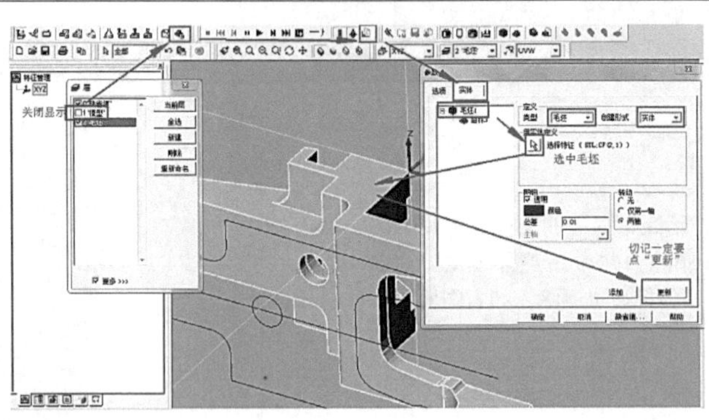

2. C面钻孔

<table>
<tr><th>软件操作步骤</th><th>操作过程图示</th></tr>
<tr><td>1）新建图层“钻孔”，关闭其余无关图层显示，创建刀具“中心钻 A1”，如右图所示</td><td>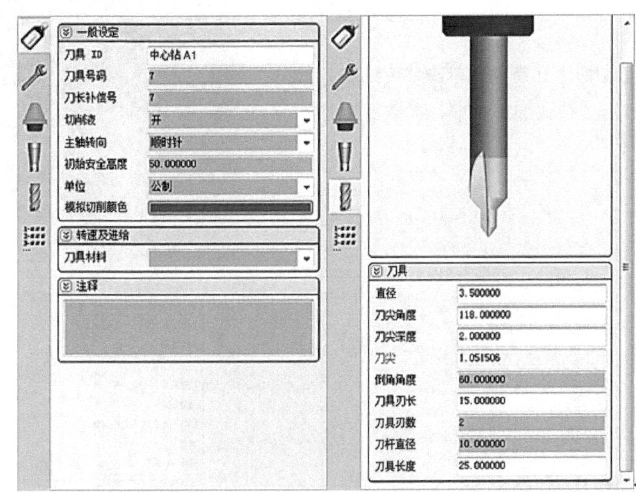
</td></tr>
<tr><td>2）新建图层“中心钻”，单击选中孔的端面，单击创建特征中的“孔特征”，软件自动识别出该面的孔，可见孔径均为6.75mm，最深孔深为47.85mm，如右图所示</td><td>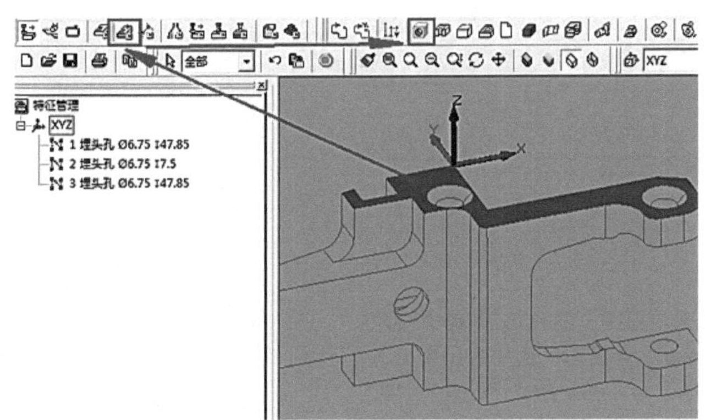
</td></tr>
<tr><td>3）选中两个孔特征，单击“传统铣削加工”/“钻孔加工”，参数设置如右图所示</td><td>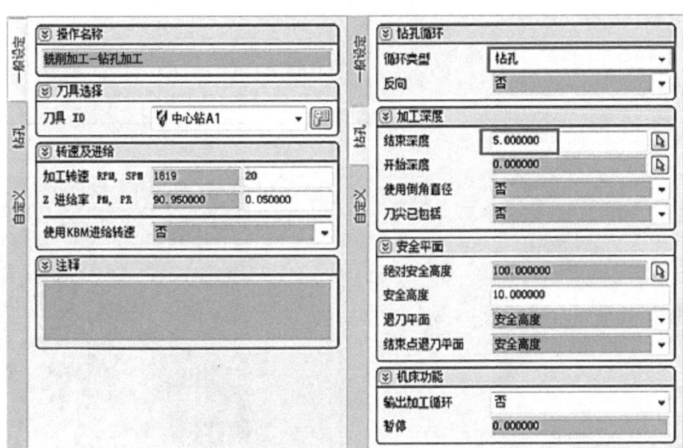
</td></tr>
</table>

（续）

软件操作步骤	操作过程图示
3）选中两个孔特征，单击“传统铣削加工”/“钻孔加工”，参数设置如右图所示	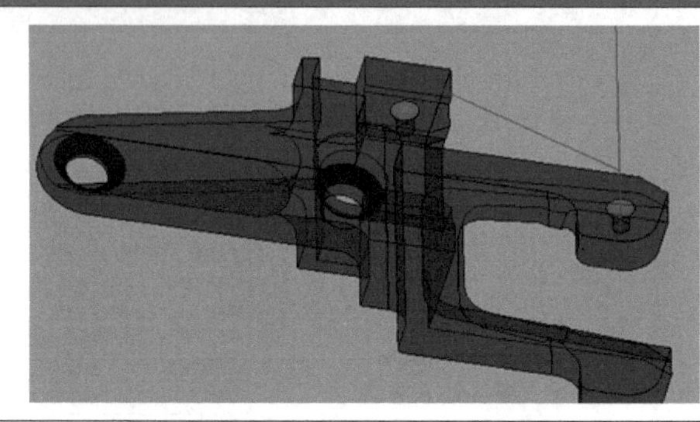
4）创建刀具“钻头 D6.75”，如右图所示	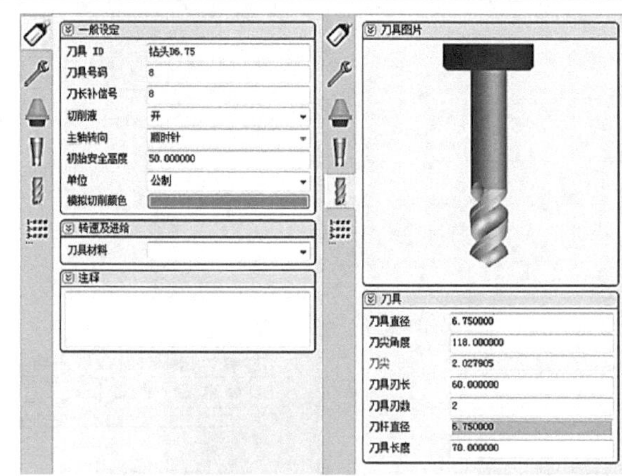
5）新建图层“钻孔”，仍选中前两个孔特征，再创建一次“钻孔加工”，修改刀具为“钻头 D6.75”，采用“啄钻”加工方式，每次啄钻 5mm，结束深度为“50”，如右图所示	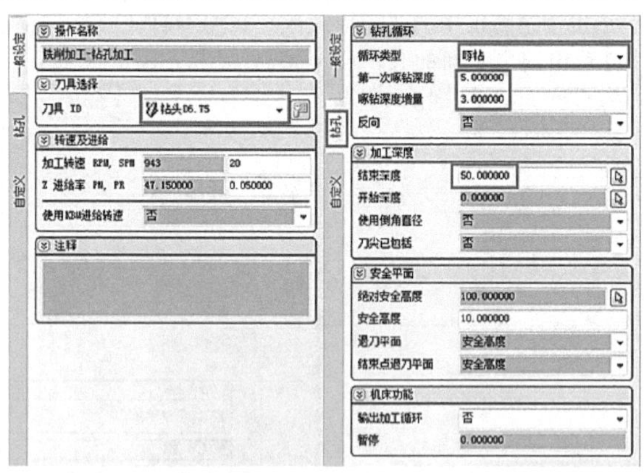
6）模拟效果如右图所示	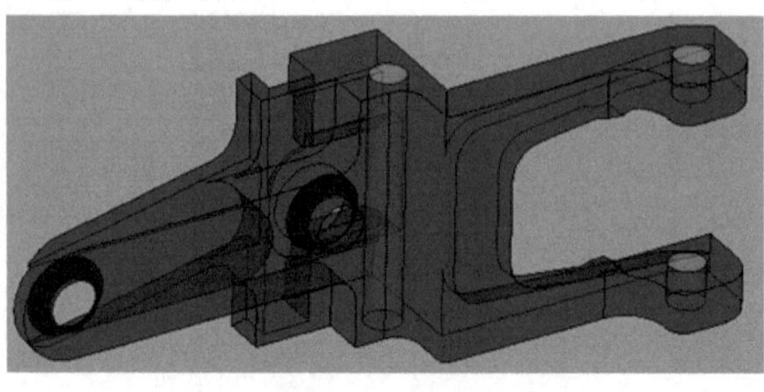

3. C面倒角

<table>
<tr><th>软件操作步骤</th><th>操作过程图示</th></tr>
<tr><td>1）新建图层“倒角”，创建倒角刀 d6 如右图所示</td><td>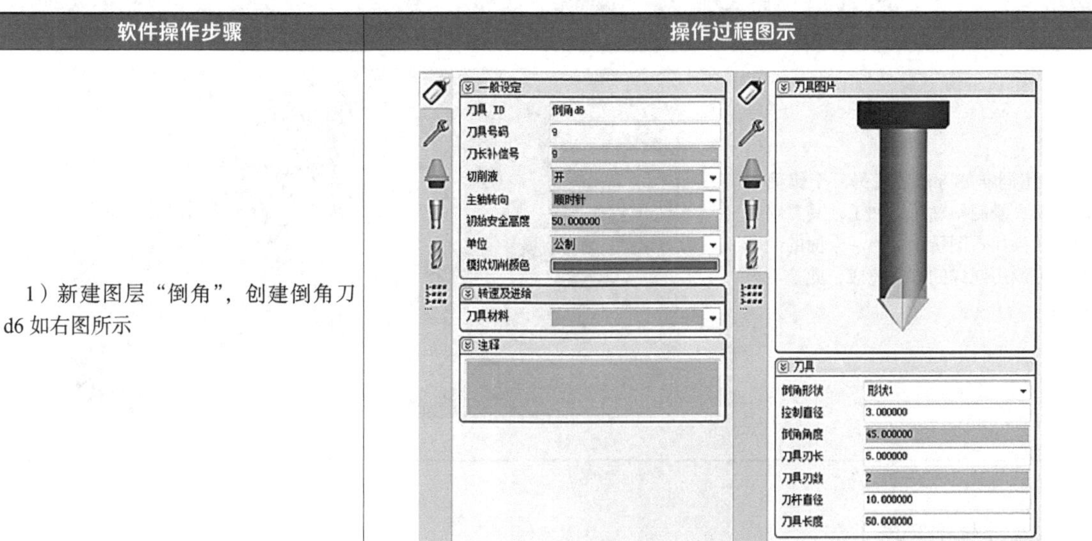
</td></tr>
<tr><td>2）单击模型圆锥面，产生自动链特征，选中底部的链特征，单击“传统铣削加工”/“轮廓加工”，刀具选用“倒角 d6”，其余参数如右图所示</td><td>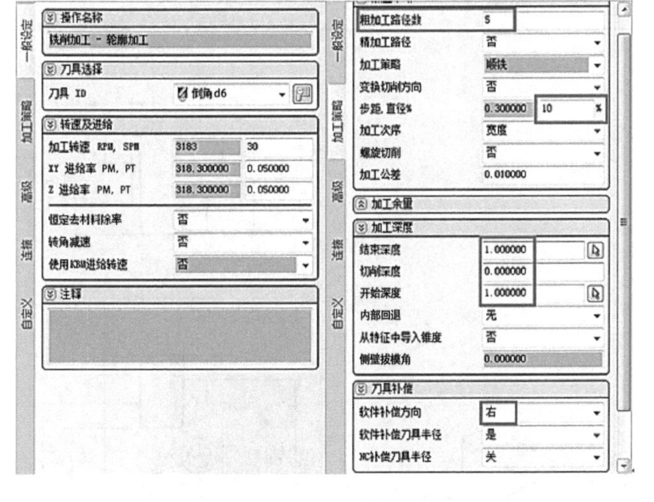

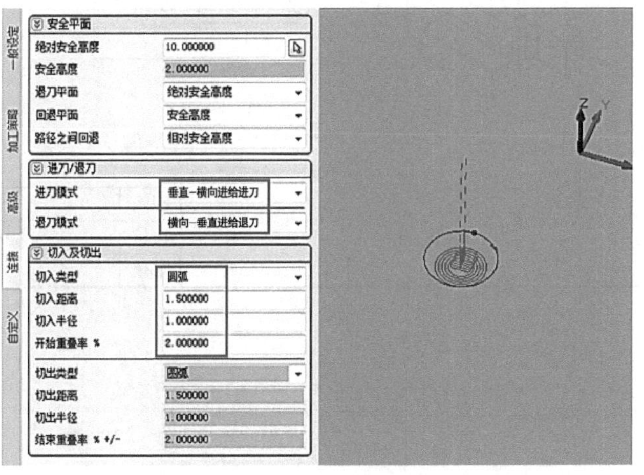
</td></tr>
</table>

（续）

软件操作步骤	操作过程图示
3）用同样的方法创建另一个锥面的链特征，复制粘贴轮廓加工，其刀路和模拟效果如右图所示。另一个面的两个锥孔可以用同样的方法完成，此处不再赘述	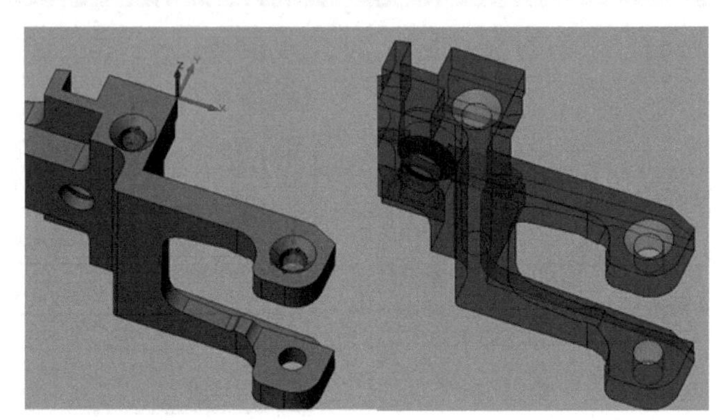

【任务拓展】

请利用 ESPRIT 软件，完成下图所示支架的编程与仿真加工。

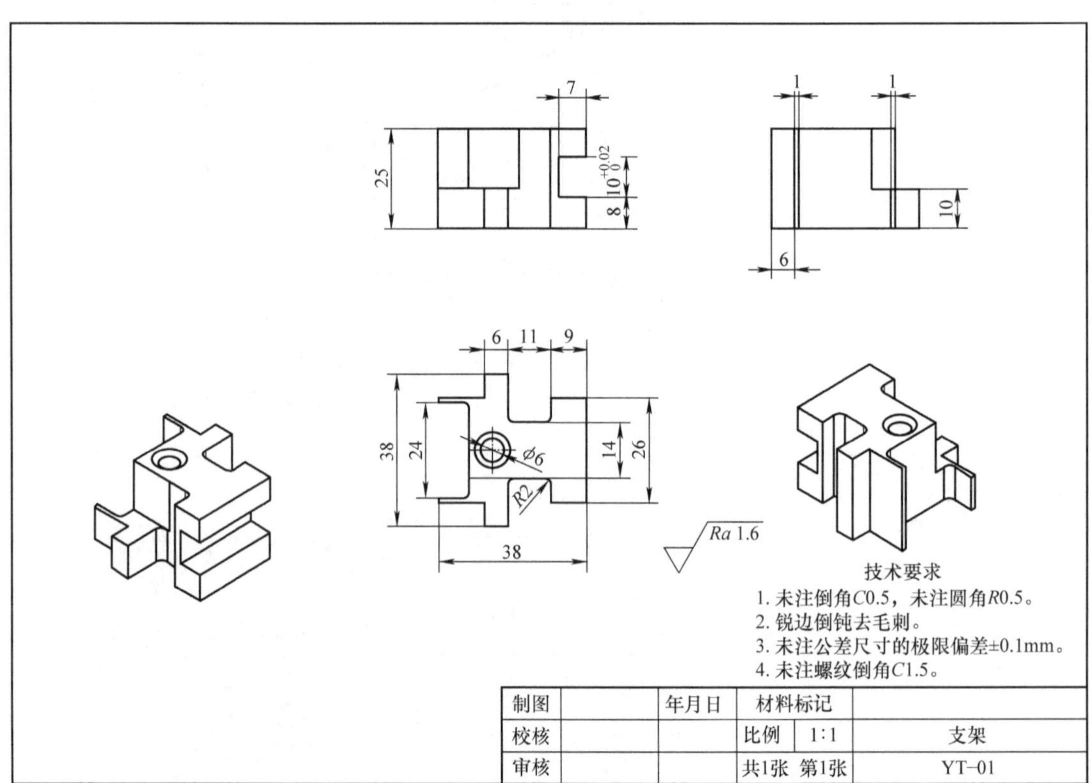

项目四

轧辊的铣削编程

轧辊是在项目三的基础上，增加了四轴铣削编程，基本涵盖了企业生产中常见的四轴铣削工艺，是典型的四轴零件类型。

【任务描述】

校办工厂接单，要求完成如图 4-1 所示的轧辊，50 件。该零件材料为 45 钢，该产品是来料加工，可以在四轴立式加工中心上通过一次装夹完成轧辊的加工，要求在一周内交付使用。

本项目建议理论学时：4 学时　实操学时：14 学时。

【任务目标】

通过本任务的学习，学生应掌握以下目标：

1）设置四轴驱动参数。

2）使自由曲面等高加工编制四轴等高粗铣程序。

3）使用编制四轴曲面精加工程序。

【任务实施】

任务 4.1　加工准备

任务 4.2　轧辊粗铣

任务 4.3　轧辊凸台精铣

任务 4.4　轧辊凸环精铣

轧辊零件图如图 4-1 所示，完成该零件加工提供的刀具及切削参数见表 4-1。

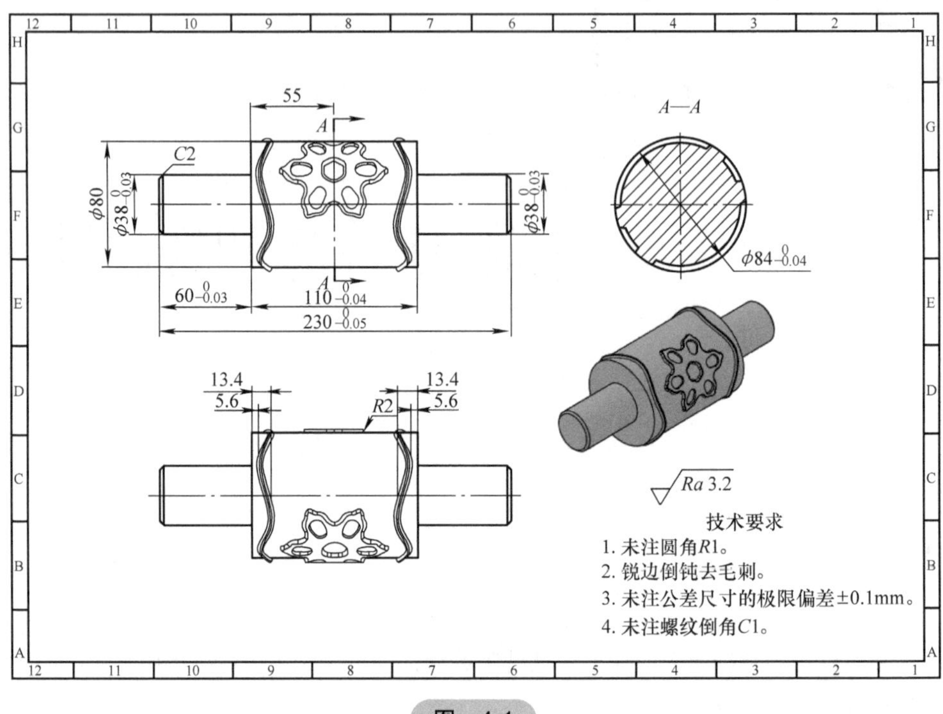

图 4-1

表 4-1　轧辊加工的刀具及切削参数

编号	刀具名称	刀片型号	刀杆型号	切削速度	进给量
1	外圆车刀 1	VCMG160404	SVJCR-R2020K11	350~260m/min	0.15mm/r

任务 4.1　加工准备

1. 工艺分析

软件操作步骤	操作过程图示
1）本次案例加工的“轧辊 .esp”如右图所示，其成型面为阳面凸台，相比凹陷的成型面需要铣削的余量更多	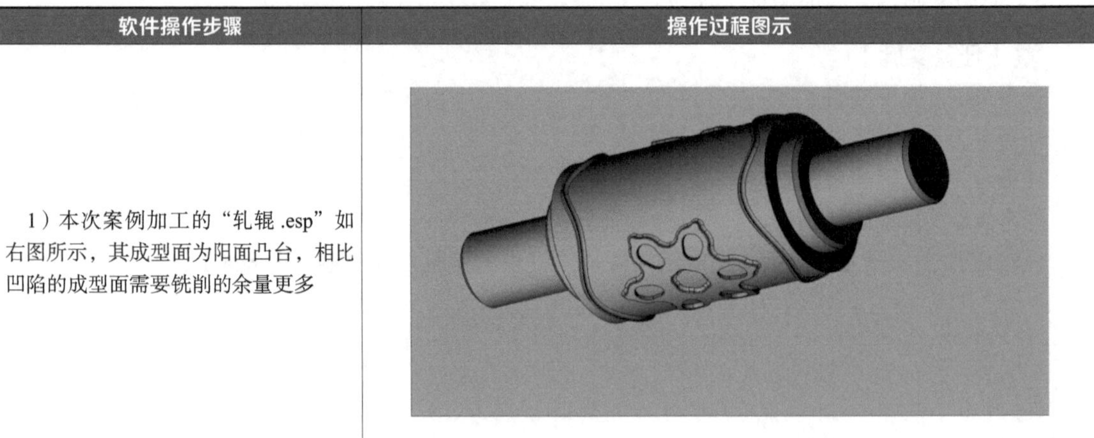

（续）

软件操作步骤	操作过程图示
2）轧辊的毛坯已经精车至最大外径尺寸，现需要使用四轴立式加工中心铣削凸台，选用的机床第四轴为 A 轴，其结构如右图所示	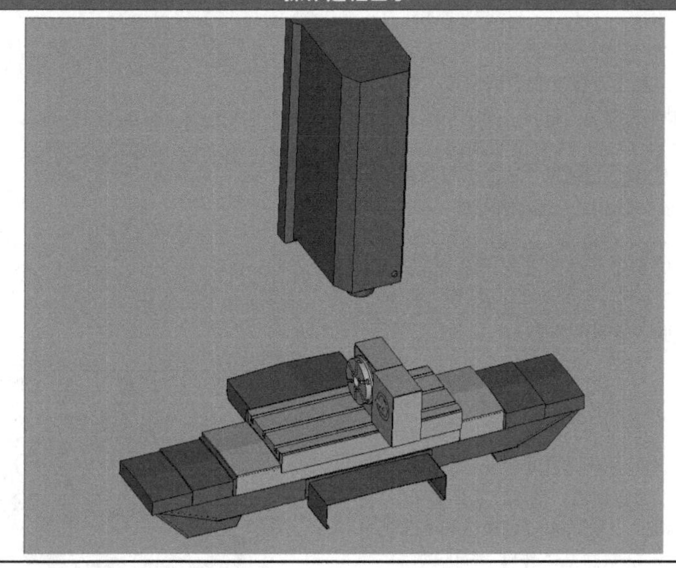

2. 导入模型和机床

软件操作步骤	操作过程图示
1）导入模型文件“轧辊 .prt”，该文件有两个独立实体，黄色的为模型实体，灰色为毛坯，新建图层“轧辊”和图层“毛坯”，按 <Alt+Enter> 调出属性栏，在选择相应的实体，修改其属性至相应的图层，如右图所示	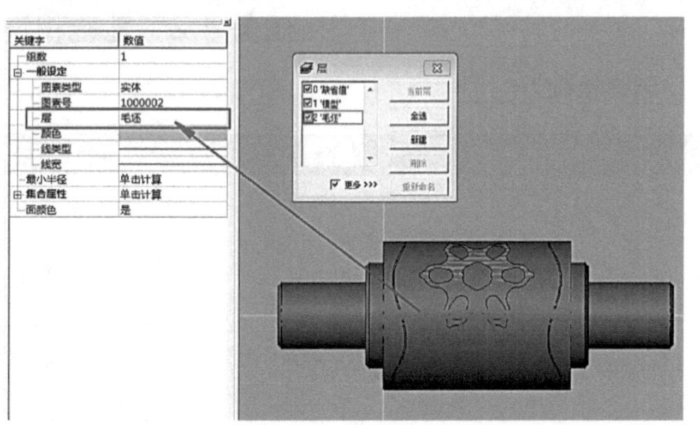
2）导入机床文件“简易四轴 .EMS”，单击“模拟”/“模拟参数”，进入参数设置对话框，单击对话框的“实体”栏，在类型中选择“毛坯”，在创建形式中选择“实体”，单击用实体定义的箭头，再选中灰色的毛坯实体模型，设置明细颜色，最后单击“添加”，即可查看添加的“毛坯 1”，如右图所示	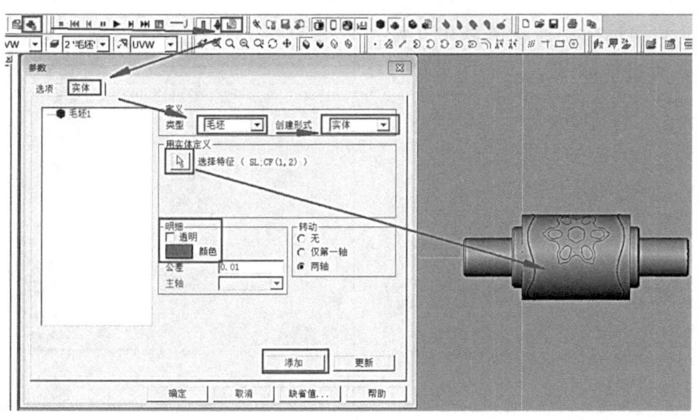

（续）

<table>
<tr><th>软件操作步骤</th><th>操作过程图示</th></tr>
<tr><td>3）为了方便准确拾取模型，可以先关闭无关图层，打开“模型”图层，再按上步操作，将类型切换为“目标”，选中轧辊实体模型，修改显示颜色，并添加“目标 1”，如右图所示

小贴士：在修改颜色或透明度等操作后，需要单击“更新”按钮，才能在模拟中生效</td><td>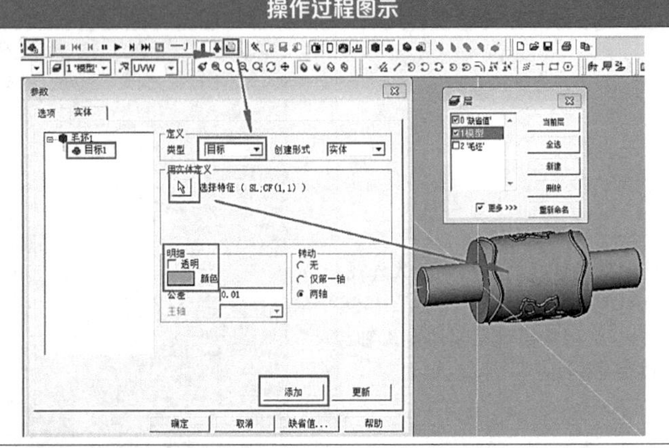
</td></tr>
<tr><td>4）单击模拟，切换“毛坯显示”/“目标显示”，即可观察到不同的毛坯和目标模型的不同显示效果，如右图所示</td><td>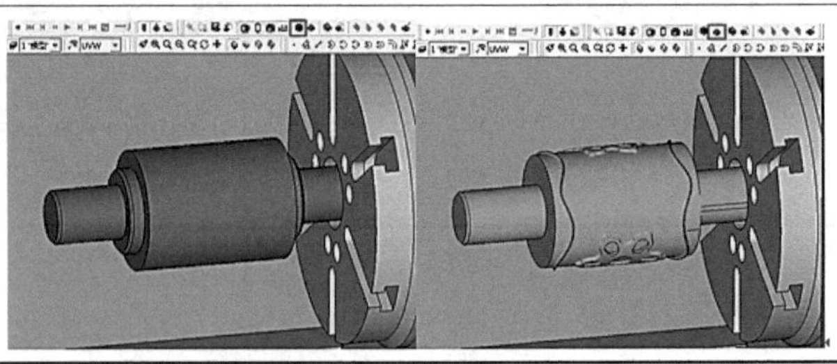</td></tr>
</table>

任务 4.2　轧辊粗铣

1. 创建粗铣刀

<table>
<tr><th>软件操作步骤</th><th>操作过程图示</th></tr>
<tr><td>轧辊的四轴粗铣使用圆鼻角立铣刀 D6R1，单击牛鼻刀，按右图设置刀具参数</td><td>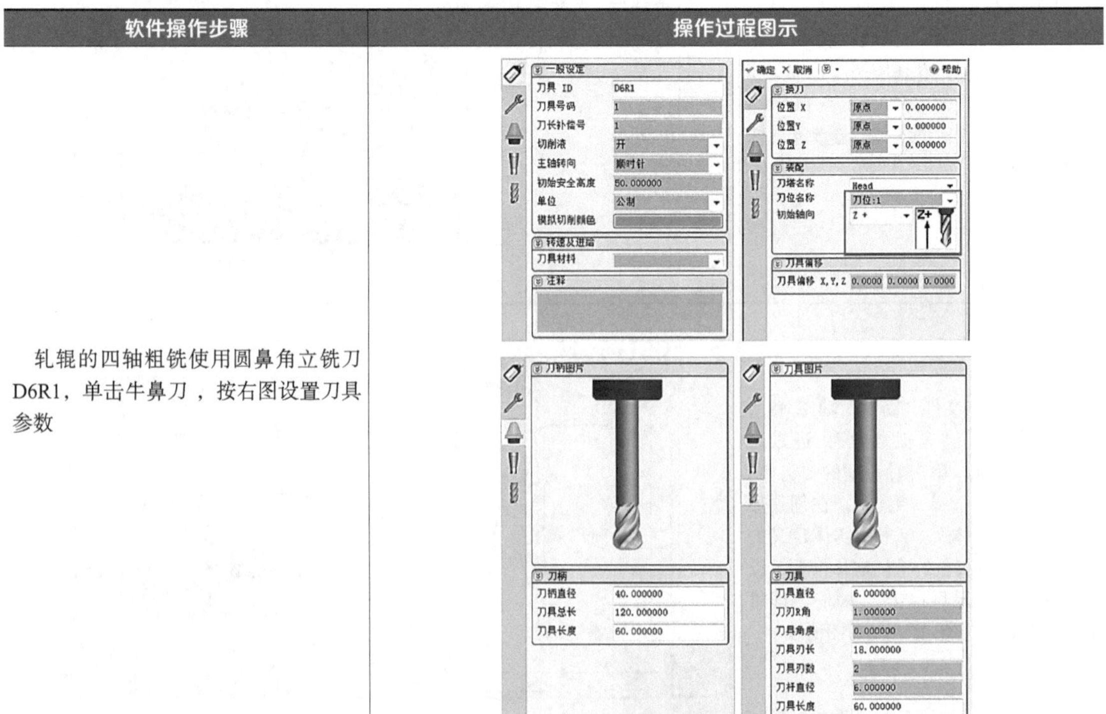
</td></tr>
</table>

2. 创建自由曲面特征

软件操作步骤	操作过程图示
单击“创建特征”，再单击“自由曲面特征”，弹出对话框中的“加工部件”选择整个模型，其余默认空白，单击“OK”，如右图所示	

3. 等高粗铣轧辊

软件操作步骤	操作过程图示
1）选中上步创建的自由曲面特征，单击“铣削五轴加工”中的等高粗加工，如右图所示	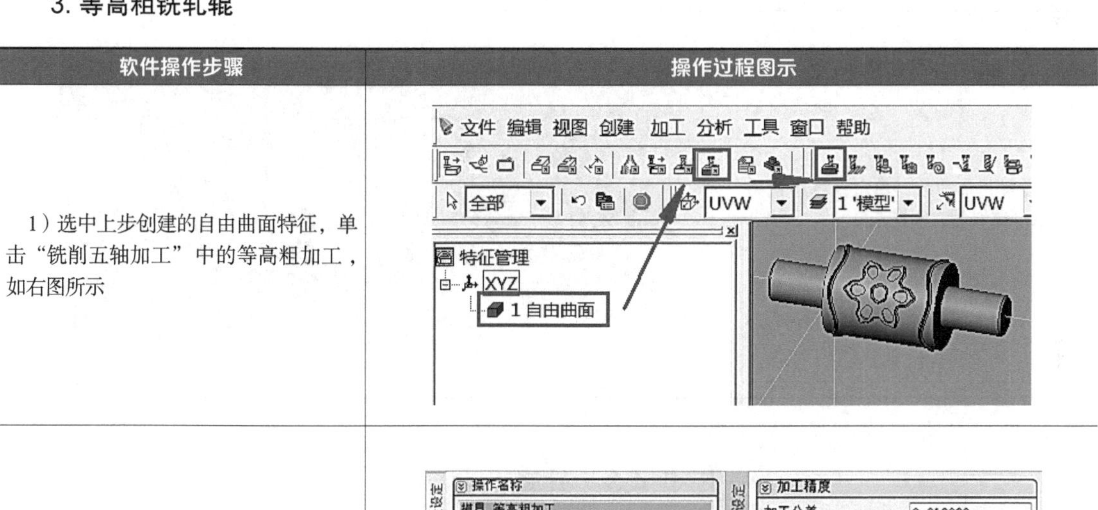
2）进入等高粗加工后，在一般设定中刀具选择 D6R1，刀具路径中径向余量 0.1mm；切削深度 0.8mm，深度切削策略是“由上到下”分层铣削；刀具路径的步距为铣刀直径的 50%，加工策略为“优化抬刀”；高速加工中开启路径光顺，如右图所示	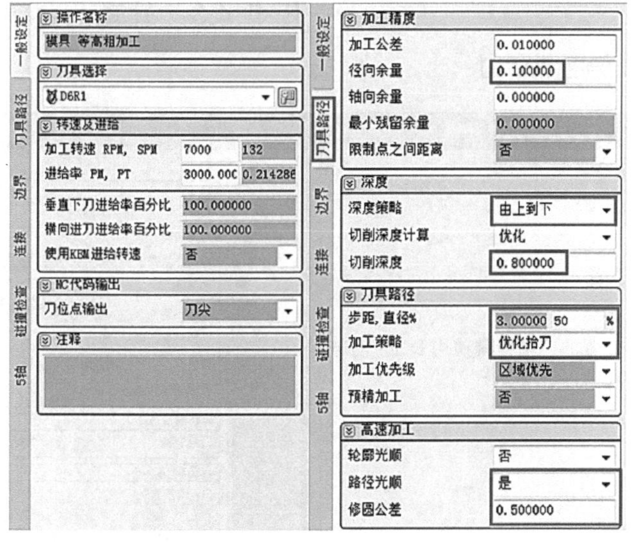

（续）

软件操作步骤	操作过程图示
3）“5 轴”适用于多轴加工，当需要使用四轴或者五轴联动加工时，必须开启“底部曲面驱动”，本例使用四轴加工，驱动对象类型可以采用简单的“圆柱”驱动方式，圆柱接缝点为原点，轴起始点为工件要加工部分的左侧端面，轴结束点为右侧端面，注意将 Y 和 Z 的数据清零，因刀具直径为 6mm，故 X 还需要加上刀具半径，其参数如右图所示	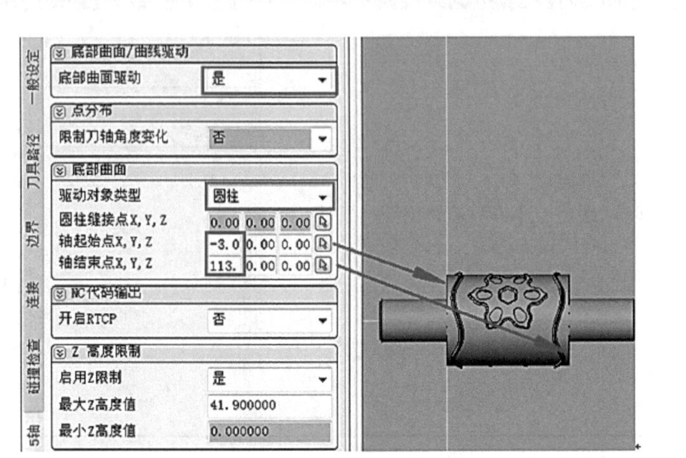
4）设置其余参数，单击计算粗铣刀路，单击模拟如右图所示	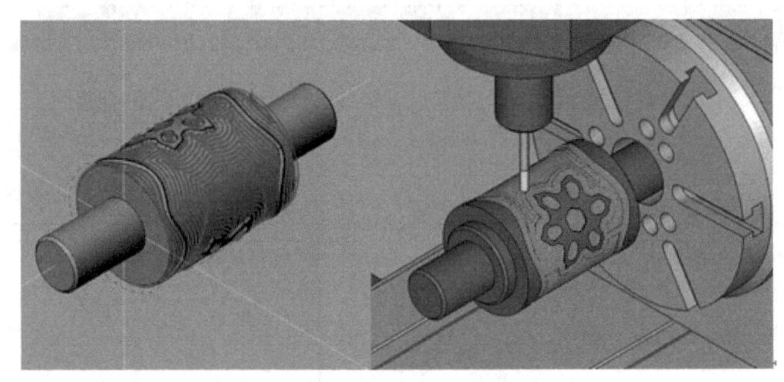

任务 4.3　轧辊凸台精铣

1. 创建精铣刀

软件操作步骤	操作过程图示
1）轧辊的四轴精铣使用 D2R1 的球头铣刀，如右图所示	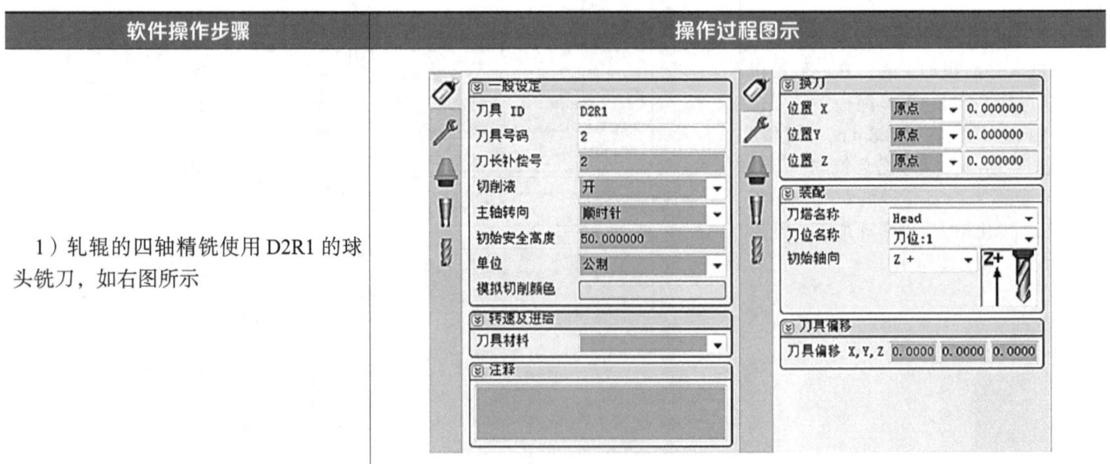

（续）

<table>
<tr><th>软件操作步骤</th><th>操作过程图示</th></tr>
<tr><td>2）球头铣刀的参数设置如右图所示</td><td>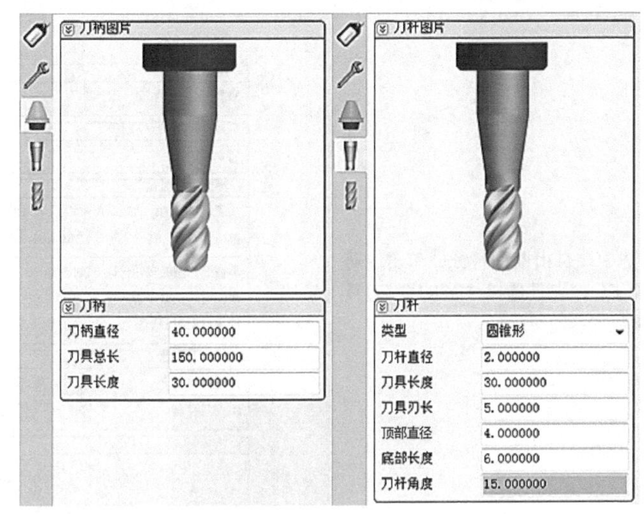
</td></tr>
</table>

2. 创建凸台精铣的自由曲面特征

<table>
<tr><th>软件操作步骤</th><th>操作过程图示</th></tr>
<tr><td>1）单击自由曲面特征，按住<Shift>，右击凸台的边线，快速拾取相连的曲面，如右图所示

小贴士：1. 使用鼠标右键可以切换选择的元素
2. 如果误选其中一面，可以按住<Ctrl>再选一次，即可取消
3. 必须“点亮”右下角的“HI”和“子元素”，右键才能来回切换选择元素</td><td>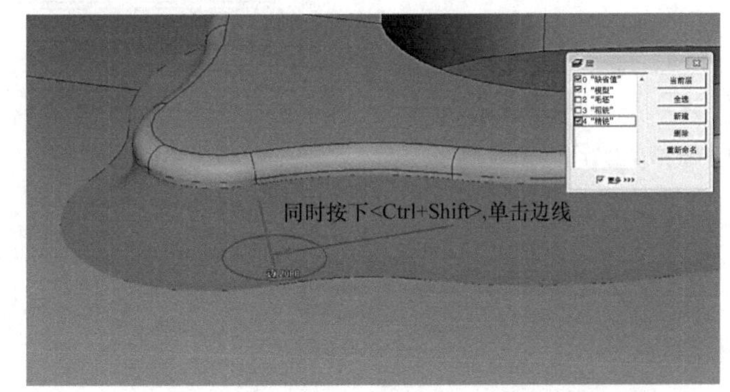
</td></tr>
<tr><td>2）用同样的方法，将两个凸台的外侧曲面全部选中，单击选中实体模型，作为该特征的“保护面”，如右图所示</td><td>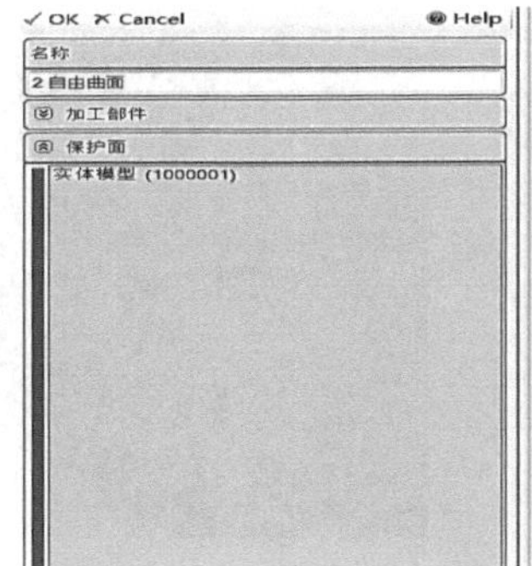

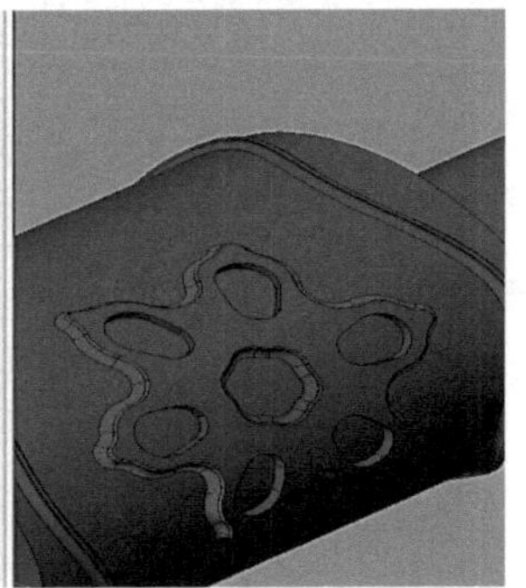</td></tr>
</table>

3. 等高精铣轧辊凸台侧壁

软件操作步骤	操作过程图示
1）选中该自由曲面特征，单击“等高精加工”，刀具选择“D2R1”，刀具路径参数如右图所示	一般设定 刀具路径 边界 连接 碰撞检查 5轴 操作名称 模具 等高精加工 刀具选择 D2R1 转速及进给 加工转速 RPM, SPM 6366 120 进给率 PM, PT 1273.20C 0.10000C 垂直下刀进给率百分比 30.000000 横向进刀进给率百分比 100.000000 使用KBM进给转速 否 NC代码输出 刀位点输出 刀尖 3D刀具补偿 否 注释 一般设定 刀具路径 边界 连接 碰撞检查 5轴 加工精度 加工公差 0.005000 径向余量 0.000000 轴向余量 0.000000 限制点之间距离 否 深度 切削深度计算 加工残留高度 加工残留高度 0.005000 最大切削深度 1.000000 刀具路径 加工优先级 区域优先 加工策略 顺铣 刀路切向延伸 0.000000 改变刀路起始点 是 最小斜率角度 15.000000 最大毛坯余量 6.000000 高速加工 螺旋切削 是
2）刀具路径参数如右图所示	一般设定 刀具路径 边界 连接 碰撞检查 5轴 模型边界 模型限定刀具位置 接触点在边界上 保护面边界 保护面限定刀具位置 刀具中心点 边界 边界限定刀具位置 内侧 在边界内进刀 是 一般设定 刀具路径 边界 连接 碰撞检查 5轴 底部曲面/曲线驱动 底部曲面驱动 是 点分布 限制刀轴角度变化 否 底部曲面 驱动对象类型 圆柱 圆柱缝接点X, Y, Z 0.00 0.00 0.00 轴起始点X, Y, Z -3.0 0.00 0.00 轴结束点X, Y, Z 113. 0.00 0.00 NC代码输出 开启RTCP 是 Z 高度限制 启用Z限制 否
3）生成的刀路和仿真效果如右图所示	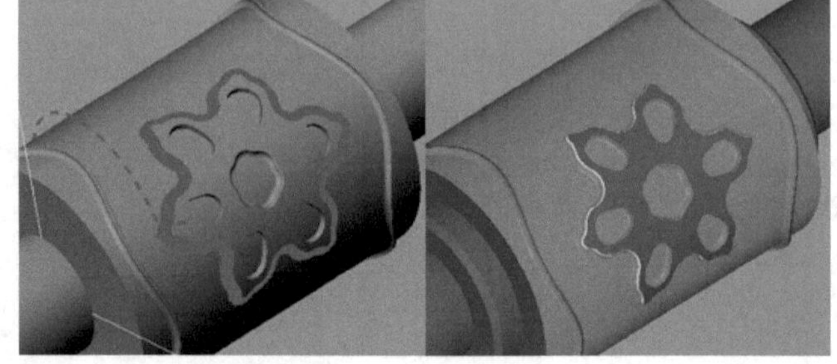

任务 4.4　轧辊凸环精铣

1. 创建凸环的自由曲面特征

软件操作步骤	操作过程图示
新建图层“精铣环”，单击自由曲面特征，按住 <Shift>，右击凸环的边线，用同样的方法快速拾取相连的曲面，如右图所示	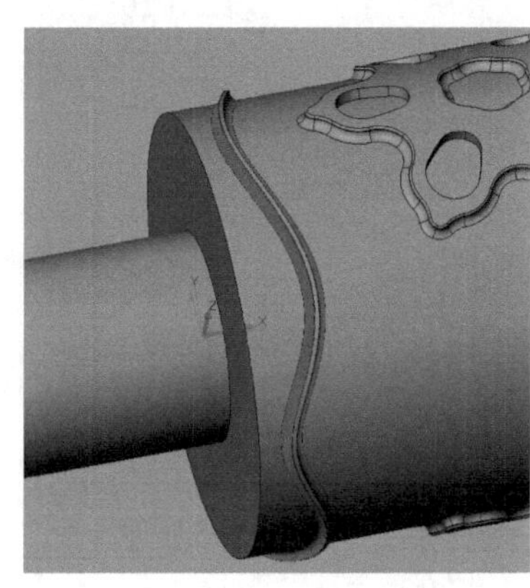

2. 等高精铣轧辊凸台侧壁

软件操作步骤	操作过程图示
1）选中该自由曲面特征，仍采用同样的“等高精加工”策略，修改 Z 轴高度限制，其余参数默认设置，直接计算生成刀具路径，如右图所示	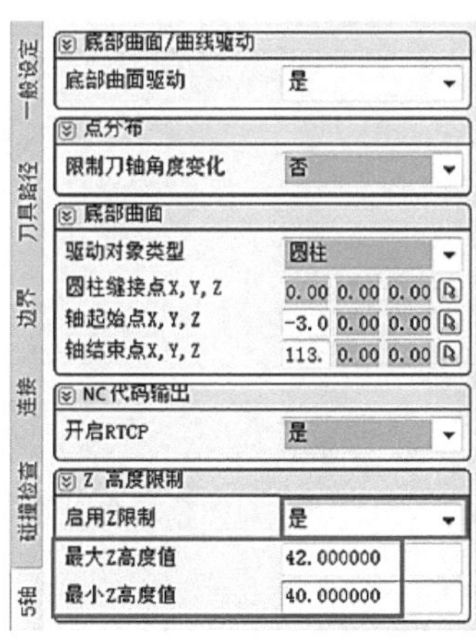 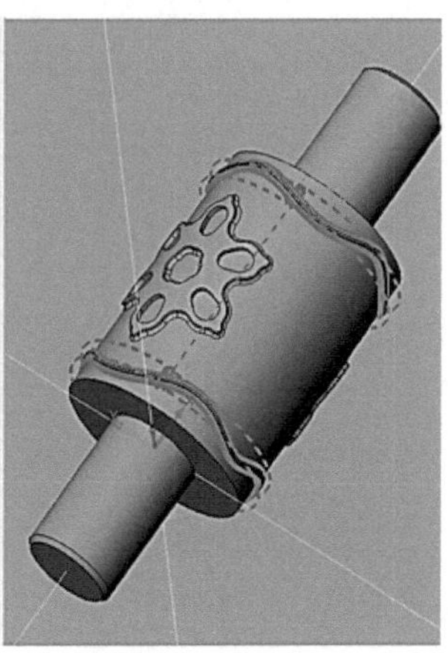
2）单击模拟仿真，效果如右图所示	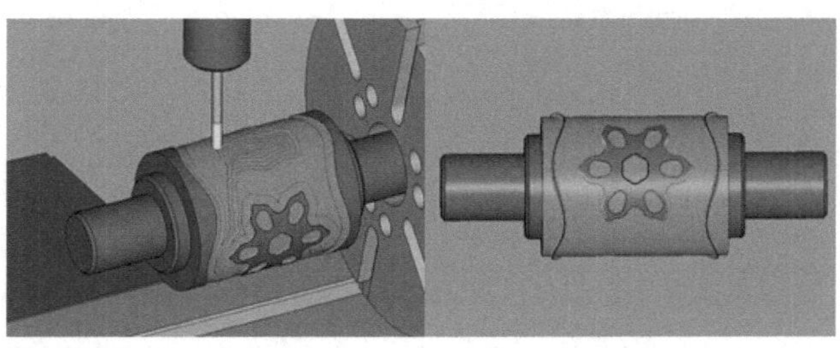

【任务拓展】

请利用 ESPRIT 软件，完成下图所示 KN95 口罩机齿模的编程与仿真加工。

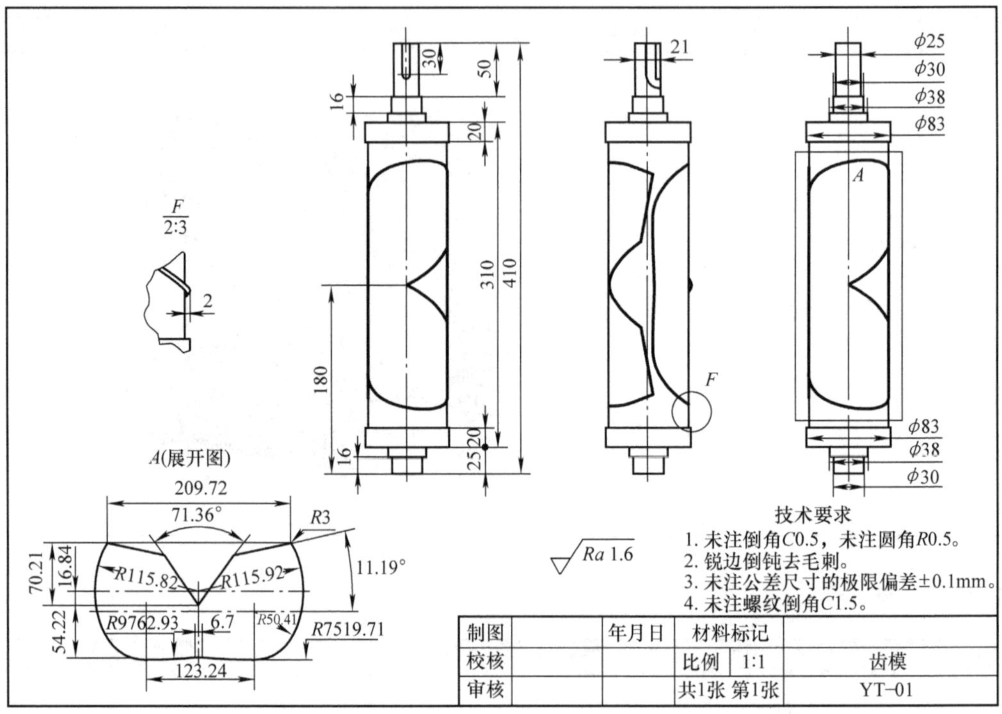

技术要求
1. 未注倒角C0.5，未注圆角R0.5。
2. 锐边倒钝去毛刺。
3. 未注公差尺寸的极限偏差±0.1mm。
4. 未注螺纹倒角C1.5。
制图
年月日
材料标记
校核
比例
1:1
齿模
审核
共1张 第1张
YT-01
A(展开图)

模块三

动力刀座车铣复合编程

车铣复合机床中最常见的是装备动力刀座的回转刀塔式车削中心，通过动力刀座能实现钻、攻、铣等功能。本模块主要介绍 ESPRIT 中最常用的车铣复合功能，通过本模块的学习能够完成常规动力刀座车铣复合机床的 C 轴及 Y 轴编程。

项目五

夹具分度轴套的车铣复合编程

夹具分度轴套零件包含了内外圆车削、外六方铣削、径向钻孔、端面钻孔及圆周刻字等常见的车铣复合加工方式，具有较强的代表性。

【任务描述】

校办工厂接单，要求完成如图 5-1 所示夹具分度轴套零件，50 件。零件材料为 45 钢，毛坯为 ϕ100×90 的棒料，在具备 C 轴及动力刀座的简易车铣复合机床上加工。

本项目建议理论学时：6 学时　实操学时：20 学时。

【任务目标】

通过本任务的学习，学生应掌握以下目标：

1）完成动力刀座 C 轴定位钻孔编程。

2）完成动力刀座 C 轴联动铣削编程。

3）完成零件调头编程。

4）旋转复制刀路。

【任务实施】

任务 5.1　编程准备

任务 5.2　内外圆车削

任务 5.3　动力刀座钻孔

任务 5.4　光刀去毛刺、调头车削

任务 5.5　动力刀座铣六方

任务 5.6　动力刀座刻字

夹具分度轴套的三维图和零件图分别如图 5-1 和图 5-2 所示，完成该零件的加工方案及刀具如图 5-3 所示。

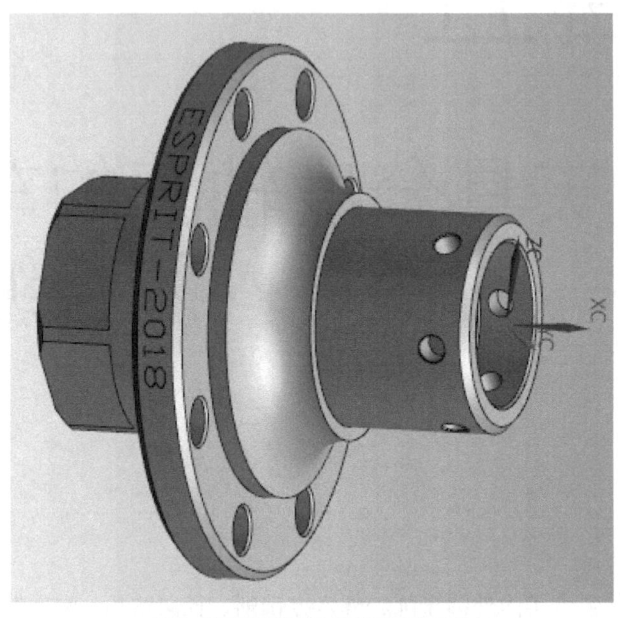

图 5-1　夹具分度轴套三维图

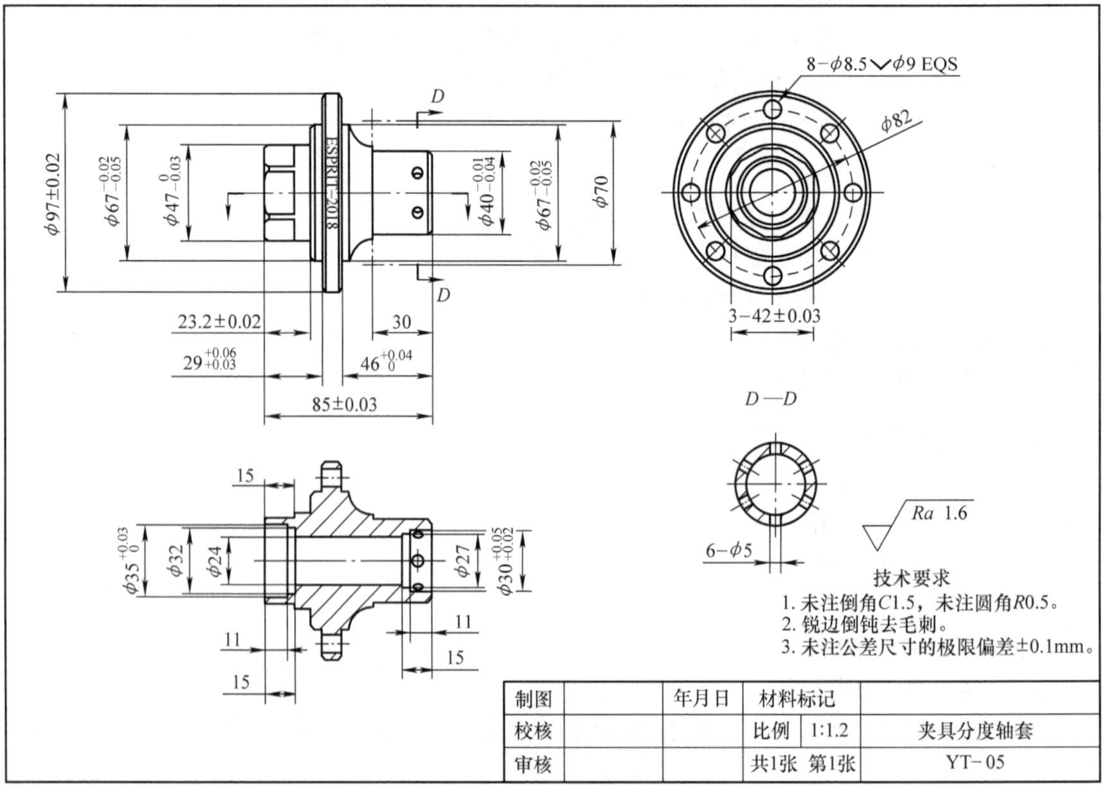

8−ϕ8.5 ⌵ ϕ9 EQS

ϕ82

ϕ97±0.02　$\phi67^{-0.02}_{-0.05}$　$\phi47^{0}_{-0.03}$　$\phi40^{-0.01}_{-0.04}$　$\phi67^{-0.02}_{-0.05}$　ϕ70

D　D

23.2±0.02　30　$29^{+0.06}_{+0.03}$　$46^{+0.04}_{0}$　85±0.03

3−42±0.03

D—D

15　$\phi35^{+0.03}_{0}$　ϕ32　ϕ24　ϕ27　$\phi30^{+0.05}_{+0.02}$　11　15　11　15

6−ϕ5

Ra 1.6

技术要求

1. 未注倒角C1.5，未注圆角R0.5。
2. 锐边倒钝去毛刺。
3. 未注公差尺寸的极限偏差±0.1mm。

制图		年月日	材料标记		
校核			比例	1:1.2	夹具分度轴套
审核			共1张	第1张	YT−05

图 5-2　夹具分度轴套零件图

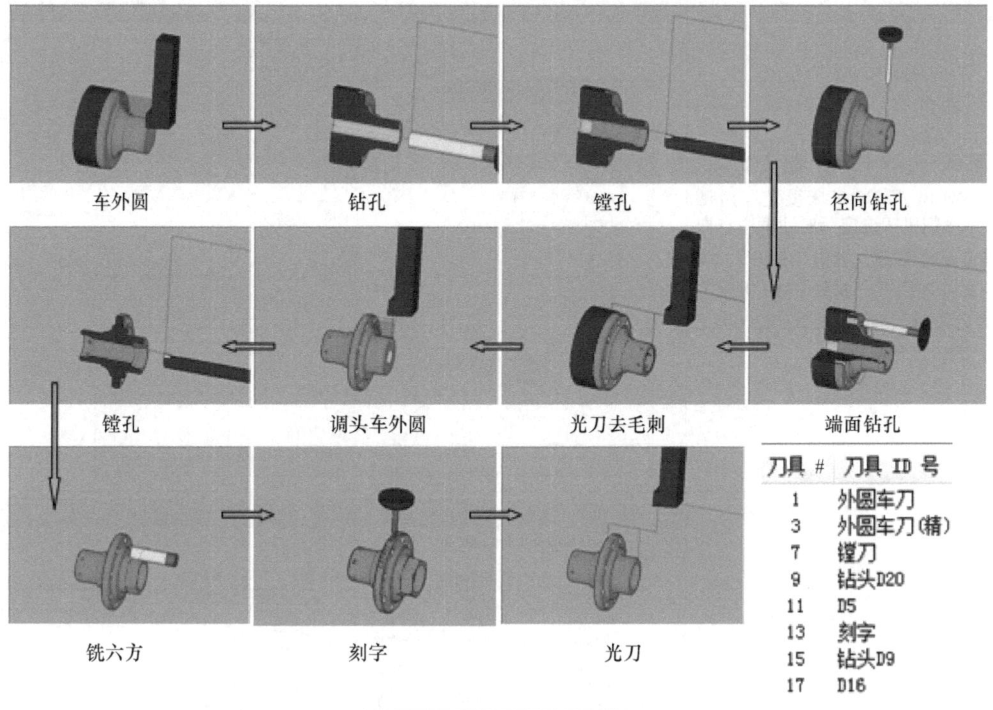

刀具 #	刀具 ID 号
1	外圆车刀
3	外圆车刀(精)
7	镗刀
9	钻头D20
11	D5
13	刻字
15	钻头D9
17	D16

图 5-3　加工方案及刀具

任务 5.1　编程准备

1. 导入机床

软件操作步骤	操作过程图示
1）本次任务使用了 NLX2000SY 车铣复合机床，该机床具备 C 轴定位功能和 C 轴联动功能，具备 X 轴向和 Z 轴向的动力刀座，可以安装 20 把刀具	

（续）

软件操作步骤	操作过程图示
2）新建一个文件，单击“机床设置”，弹出“车削机床设定”对话框，在“车削机床设定”对话框中空白位置单击鼠标右键，选中“打开”，弹出打开文件对话框，找到EMS机床文件“动力刀座C轴车铣NLX2000SY.EMS”，单击打开	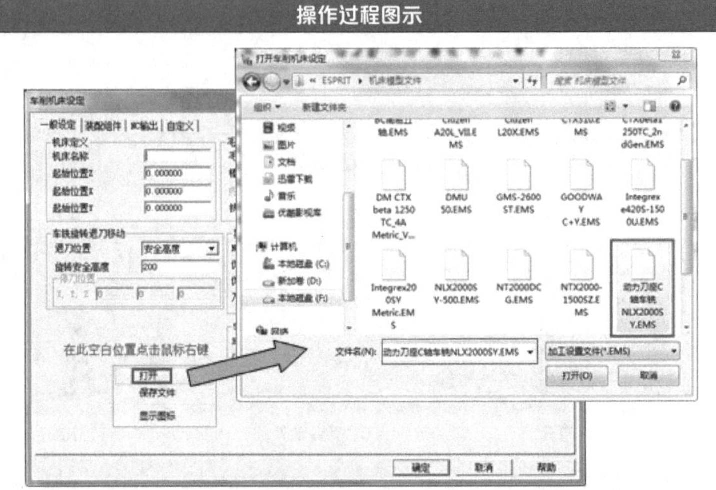
3）设置毛坯尺寸及毛坯原点的起始位置（注：“装配组件”中的“机床原点XYZ”可以控制卡盘夹持毛坯的尺寸距离）	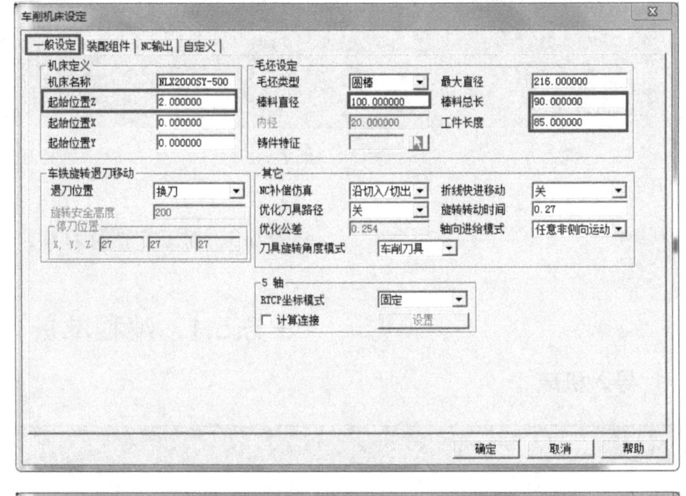

2. 导入刀具

本次加工需要使用多种刀具，CTX310机床的数控回转刀架一共有12个刀位，刀具名称、型号及建议参数见表5-1。

表5-1 刀具清单

编号	刀具名称	刀片型号	刀杆型号	切削速度	进给量
1	外圆车刀（1）	VCMG160404	SVJCR-R2020K11	260~350m/min	0.15mm/r
2	外圆车刀（2）	VCMG160404	SVJCR-R2020K11	260~350m/min	0.1mm/r
3	镗刀	CCMT09T304	S16Q-SCLCR09	100~200m/min	0.1mm/r
4	平铣刀		D16	100~200m/min	0.1mm/r

（续）

编号	刀具名称	刀片型号	刀杆型号	切削速度	进给量
5	钻头 1		D20	30~60m/min	0.15mm/r
6	钻头 2		D9	20~40m/min	50~100mm/min
7	钻头 3		D5	20~30m/min	40~80mm/min
8	刻字刀			根据实际情况调整	

软件操作步骤	操作过程图示
1）本次任务使用了 8 把刀具，在“项目管理”栏中单击刀具栏，在空白处单击右键，选择文件，打开“项目 5.etl”刀具文件	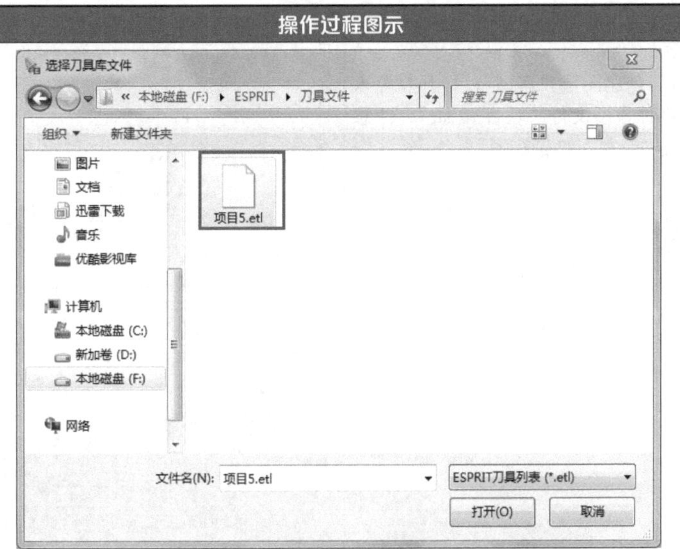
2）本次任务的刀具可以在“项目管理器”中的“刀具”栏中检查和修改，也可以按照实际情况重新定义刀具。其中较为重要的是每把刀具的装配方向必须与刀具的实际使用方向一致，车刀和钻头（铣刀）的装配方向如右图所示，本次机床上的外圆车刀为 V3 方向，镗刀为 H2 方向，钻头铣刀为 Z+ 方向和 X+ 方向	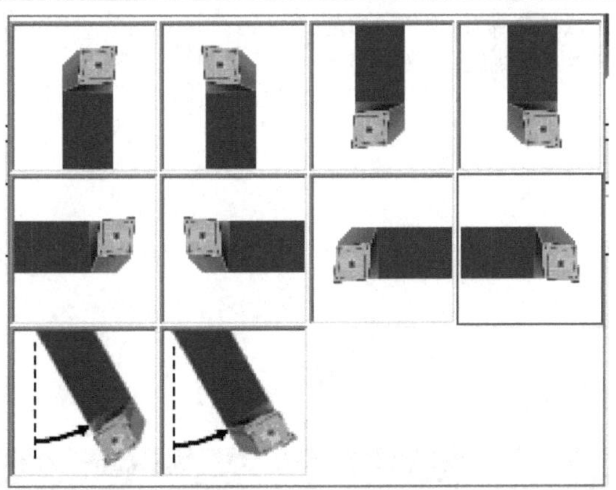 a) 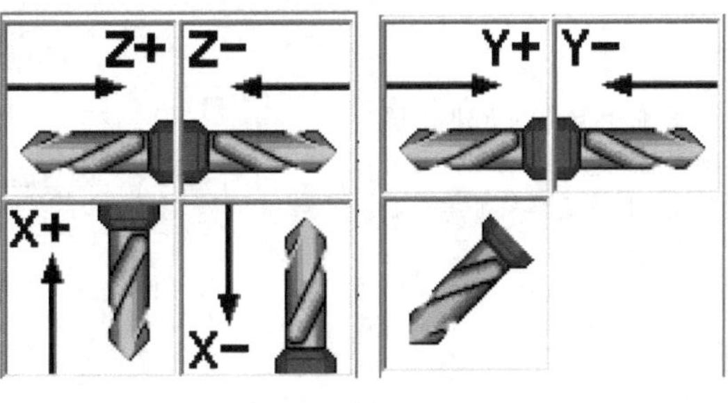 b)

任务 5.2　内外圆车削

1. 提取轮廓几何线段

软件操作步骤	操作过程图示
1）创建图层“模型”，打开要导入的零件模型文件“项目五 .stp”，注意勾选“合并”如右图所示	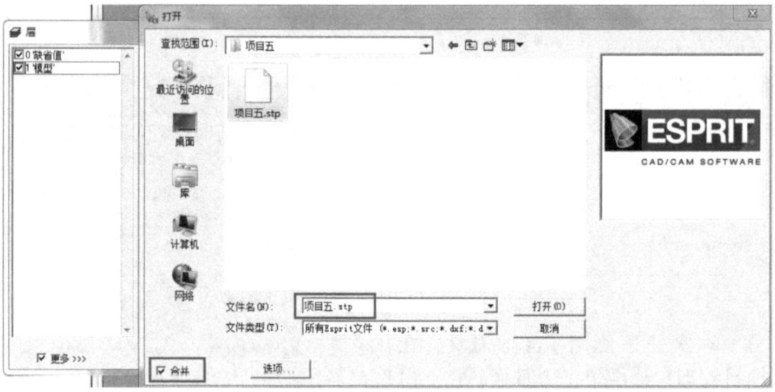
2）创建图层“轮廓”，使用“车削轮廓”提取模型的轮廓线，如右图所示	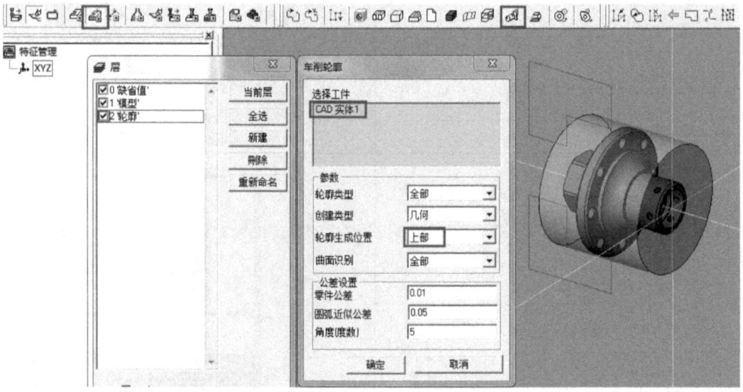

2. 端面车削

软件操作步骤	操作过程图示
1）屏蔽“车削毛坯”，新建图层“端面”，绘制端面线起点（0，50，0），提取端面轮廓线，用手动链特征生成端面链特征，如右图所示	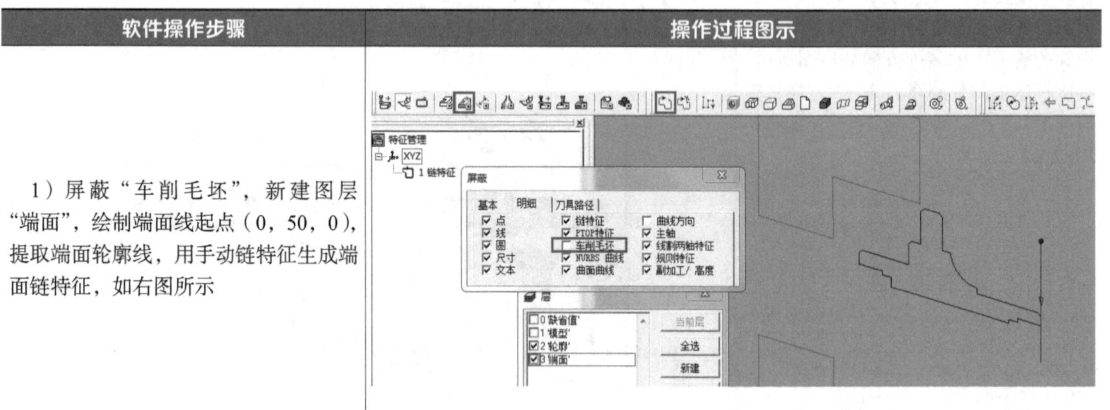

（续）

软件操作步骤	操作过程图示
2）选中链轮廓，单击“粗车”，刀具选择“外圆车刀”，其他参数设置如右图所示，生成端面车削刀具路径。如右图所示	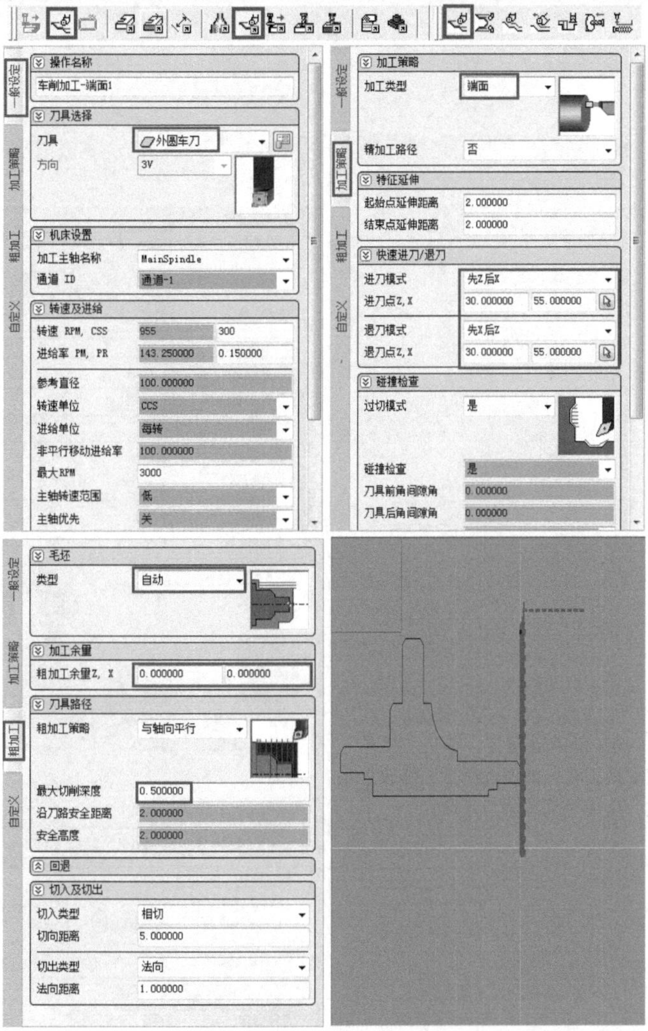

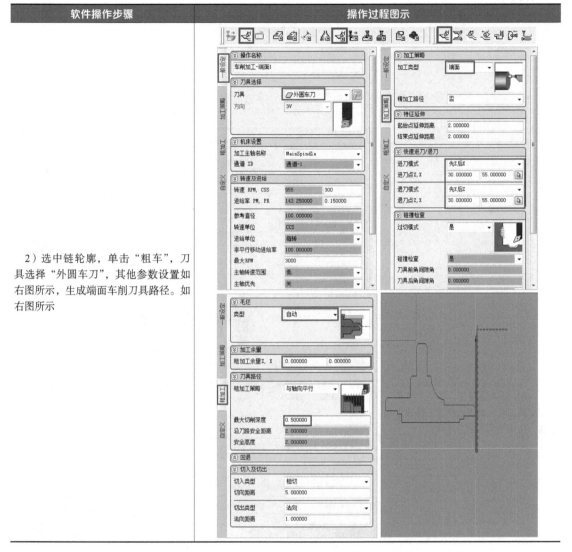

3. 外圆车削

软件操作步骤	操作过程图示
1）新建图层“外圆”，关闭图层“端面”；使用自动链特征，拾取外轮廓线段，使用特征反向功能，将链特征反向改正，如右图所示 （注：右下角 HI 已经打开时，如果点选的部位存在多个对象，则可以通过鼠标右键来切换要选择的对象）	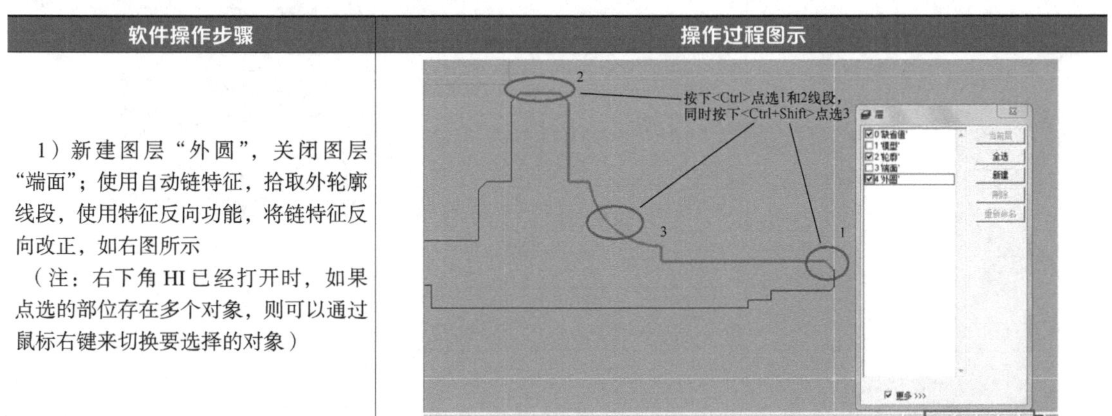

（续）

软件操作步骤	操作过程图示
2）选中外圆链特征，单击“粗车”，不用更换刀具，如右图所示，修改策略参数，生成外圆车削刀具路径	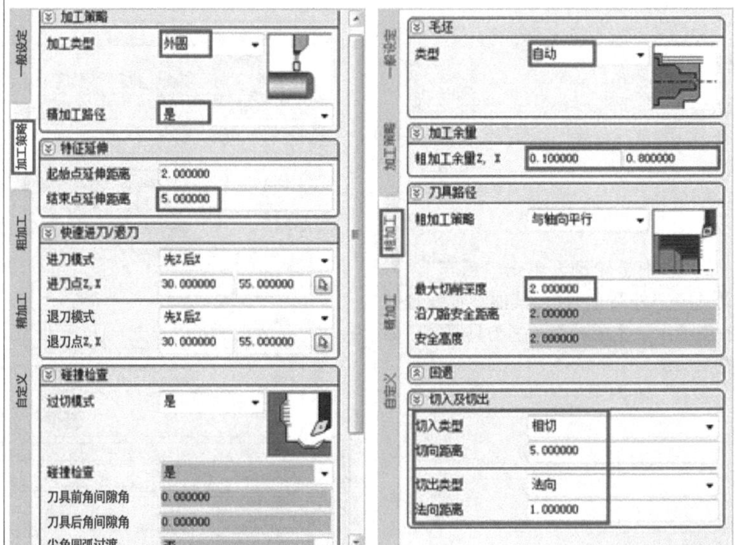 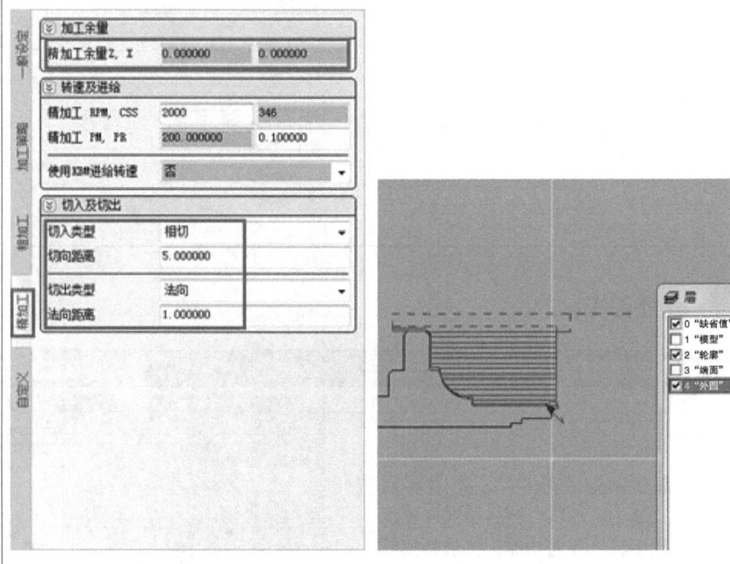

4. 中心钻孔

软件操作步骤	操作过程图示 
1）关闭图层“轮廓”和“外圆”，打开图层“模型”，新建图层“中心钻孔”；使用“孔特征（旧版）”，使用“手动选取”拾取孔的侧壁，生成孔特征，注意检查特征的方向，如果发现反向，可用特征插件中的“反转孔方向”来修正，如右图所示	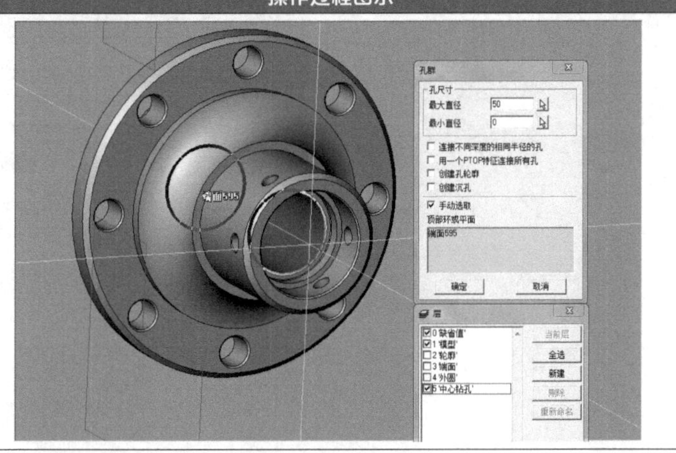
2）选中孔链特征，单击“钻孔加工”，选用钻头 D20 刀具，按右图所示修改策略参数，生成外圆车削刀具路径	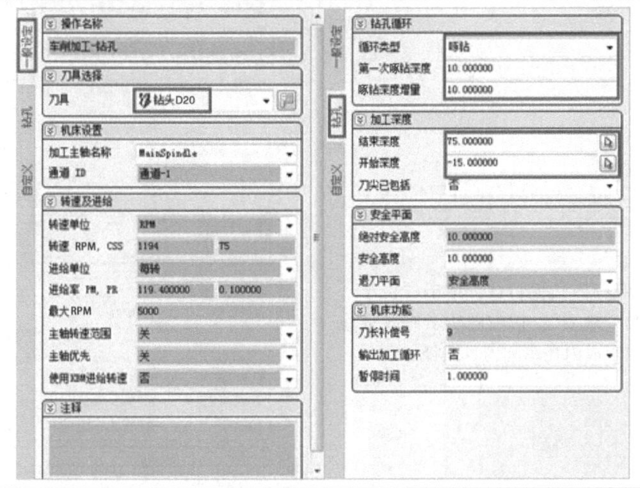

5. 镗孔

软件操作步骤	操作过程图示
1）关闭图层“模型”和“中心钻孔”，打开图层“轮廓”，新建图层“镗孔”；使用自动链功能，生成内孔的特征，如右图所示	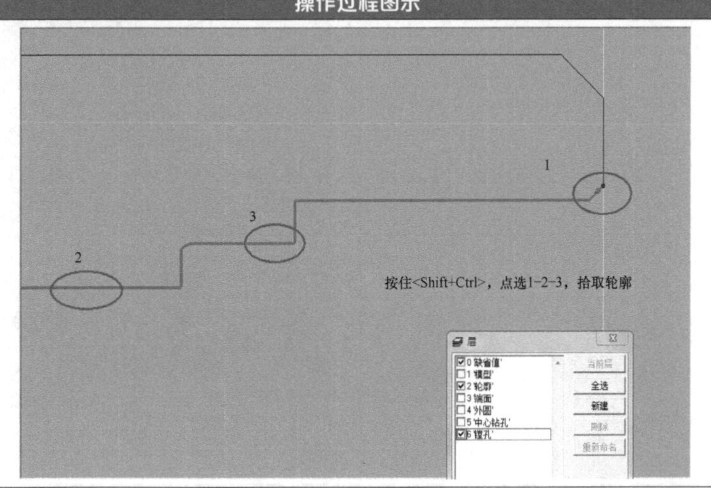

（续）

软件操作步骤	操作过程图示
2）选中内孔链特征，单击“粗车”，换刀具“镗刀”，按右图所示修改策略参数，生成内孔车削刀具路径	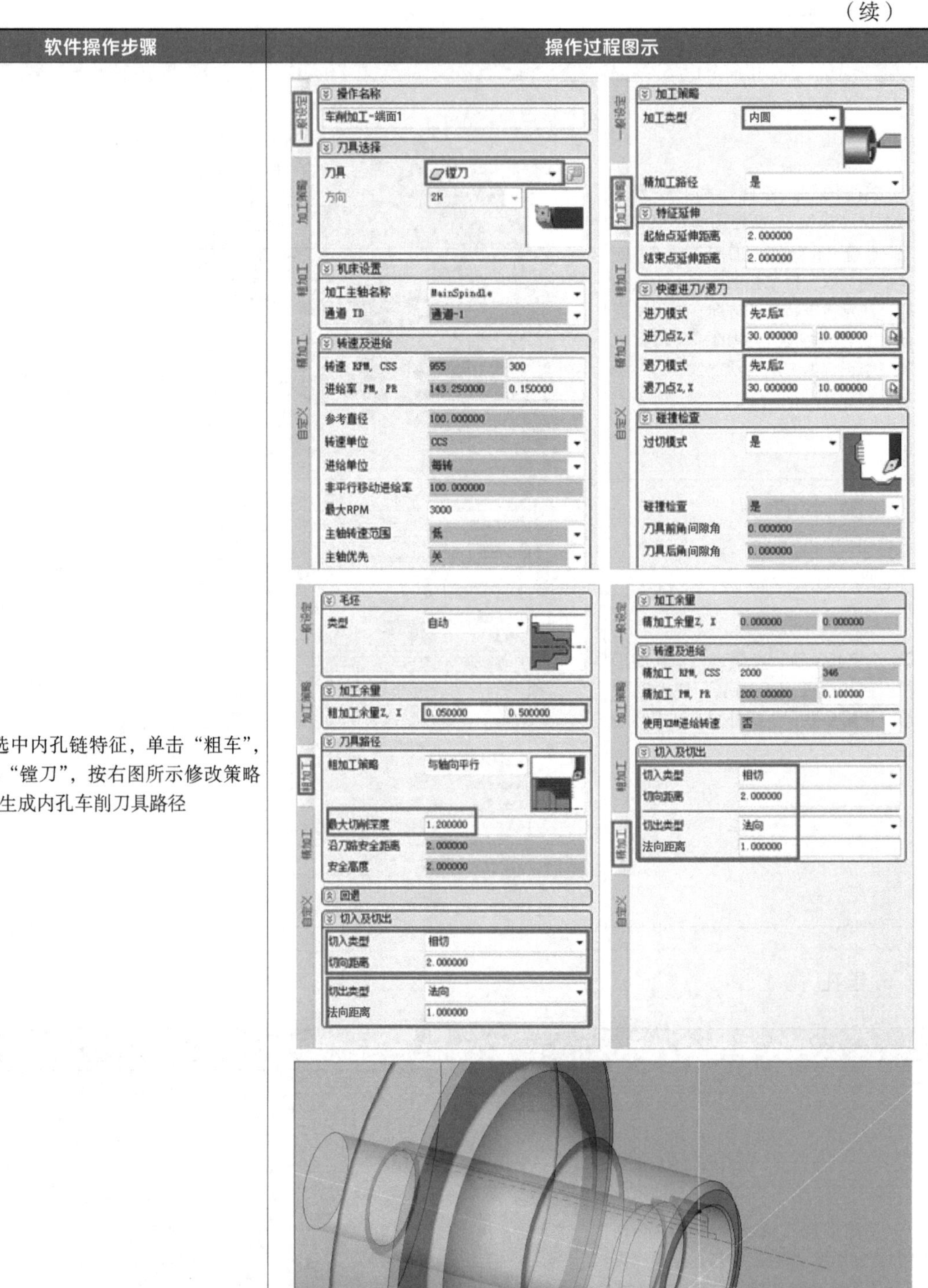

6. 仿真

软件操作步骤	操作过程图示
单击软件界面左侧“项目管理器”的“操作”页面，选中要仿真的工序操作，调整视角，单击仿真，进行刀路模拟仿真，如右图所示	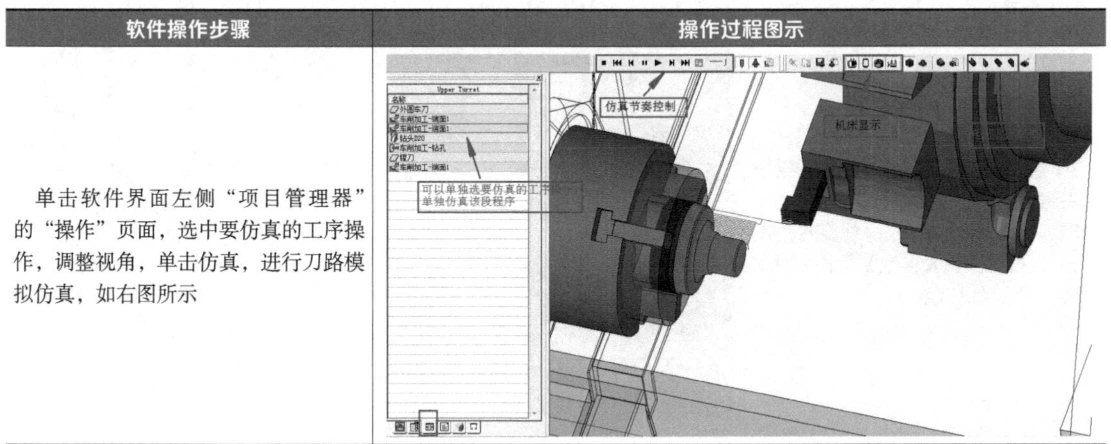

任务 5.3　动力刀座钻孔

1. 径向钻孔

软件操作步骤	操作过程图示
1）关闭图层“轮廓”，打开图层“模型”，新建图层“径向钻孔”；使用“孔特征（旧版）”，使用“手动拾取”拾取其中一个径向孔的侧壁，生成孔特征，如右图所示	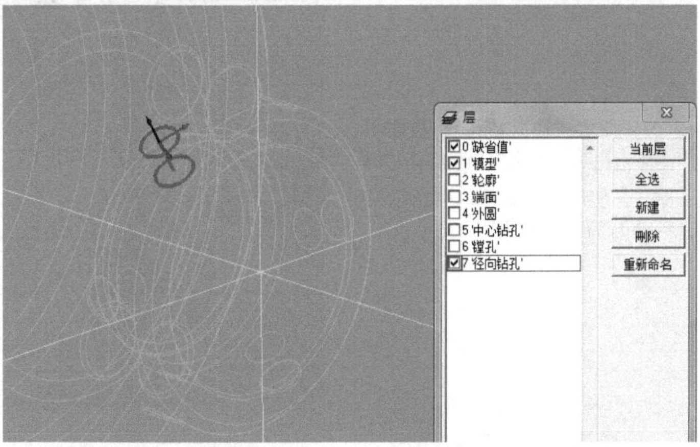
2）使用车铣复合加工中的“缠绕钻孔加工”，选用 D5 铣刀，生成单个径向孔刀路，如右图所示	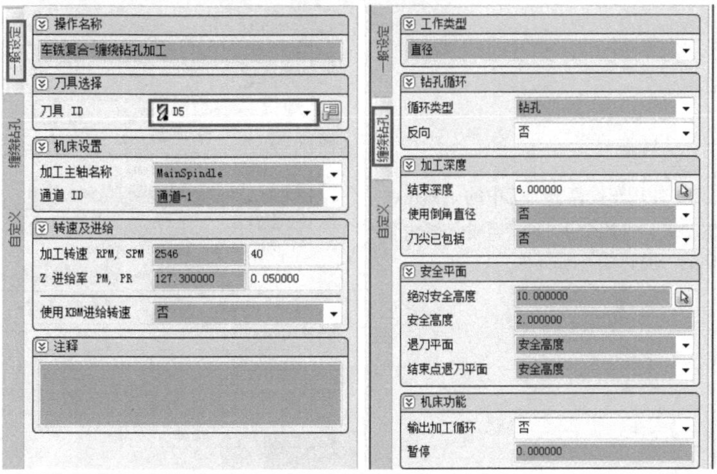

（续）

软件操作步骤	操作过程图示
3）选中径向钻孔刀路，在视图空白区右击，选中“复制”，设置变换类型“旋转”，复制数量“5”，总旋转角度“360”，按右图设置参数，单击零件Z轴线，生成径向刀路	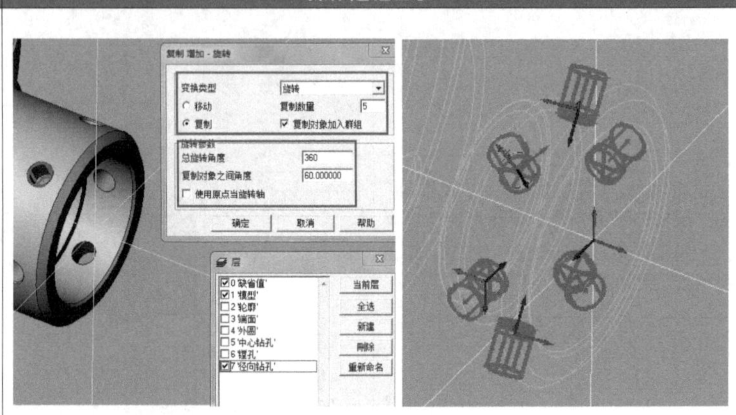

2. 端面钻孔

软件操作步骤	操作过程图示
1）关闭图层“径向钻孔”，新建图层“端面钻孔”；单击使用“孔特征（旧版）”，使用“手动拾取”拾取端面，生成孔特征，如右图所示	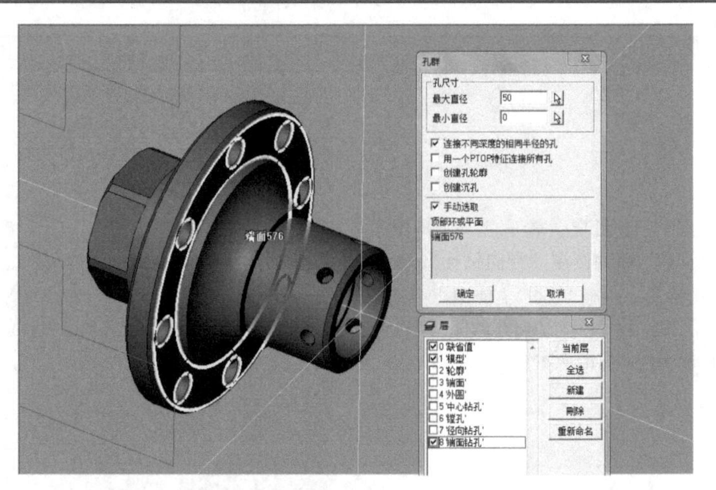
2）使用车铣复合加工中的“钻孔加工”，选用钻头D9，生成全部端面孔的刀路，如右图所示	操作名称：车铣复合-钻孔加工 刀具选择：刀具 ID 钻头D9 机床设置：加工主轴名称 MainSpindle；通道 ID 通道-1 转速及进给：加工转速 RPM, SPM 1061 30；Z 进给率 PM, PR 1061.000000 1.000000；使用KBM进给转速 否 注释 钻孔循环：循环类型 钻孔；反向 否 加工深度：结束深度 11.000000；开始深度 0.000000；使用倒角直径 否；刀尖已包括 否 安全平面：绝对安全高度 10.000000；安全高度 2.000000；退刀平面 安全高度；结束点退刀平面 安全高度 机床功能：输出加工循环 否；暂停 0.000000

（续）

软件操作步骤	操作过程图示
2）使用车铣复合加工中的“钻孔加工”，选用钻头 D9，生成全部端面孔的刀路，如右图所示	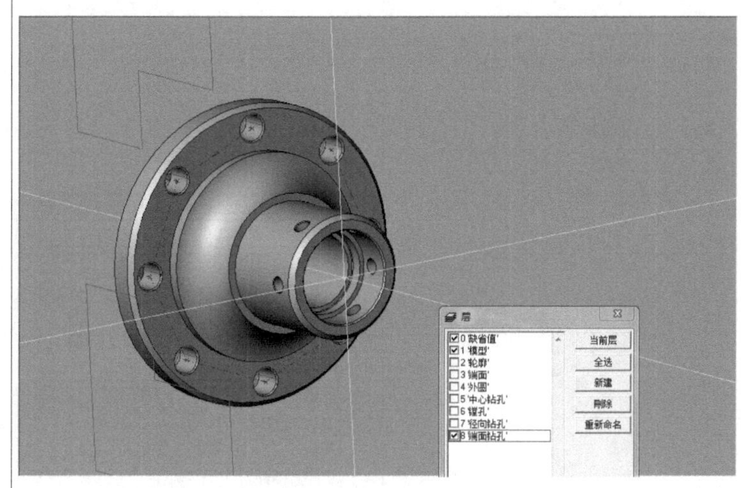
3）动力刀座钻孔的模拟仿真，如右图所示	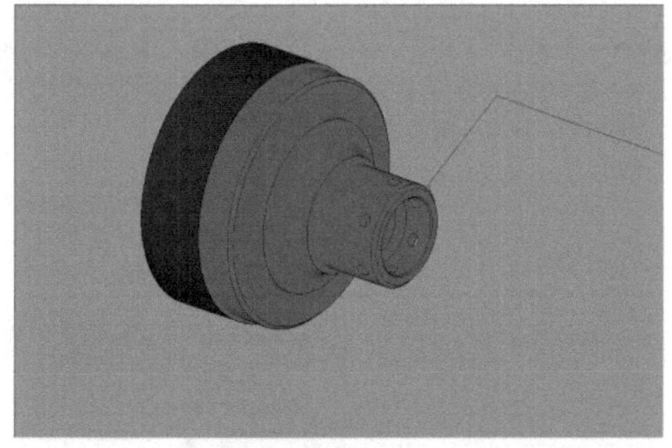 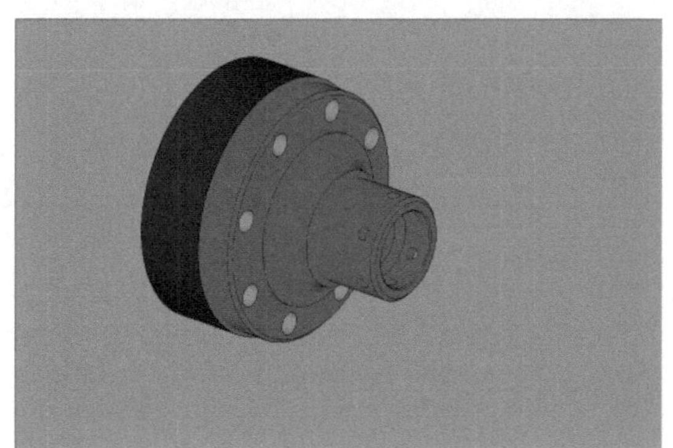

任务 5.4　光刀去毛刺、调头车削

1. 光刀去毛刺

软件操作步骤	操作过程图示
1）钻完孔后再精车外圆和内孔可以去除零件表面的毛刺，可以新建图层“光刀”，选中“2 链特征”，单击“轮廓加工 ”，选择“外圆车刀（精）”，设置参数如右图所示，产生外圆精车刀路，如右图所示	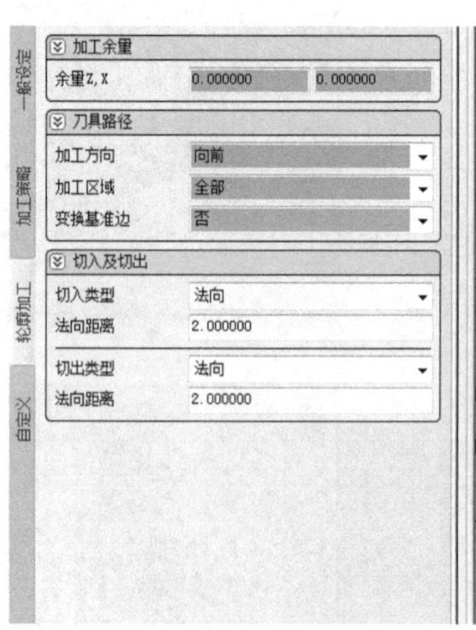 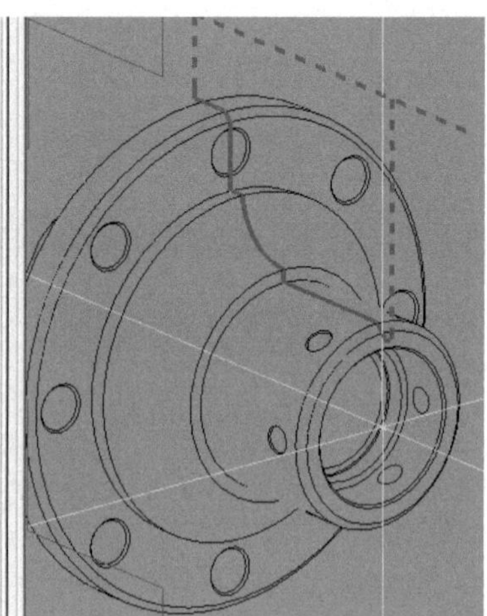

（续）

软件操作步骤	操作过程图示
2）选中“3 链特征”，单击“轮廓加工”，选择“镗刀”，设置参数，注意修改进退刀点，最后生成内孔刀路，如右图所示	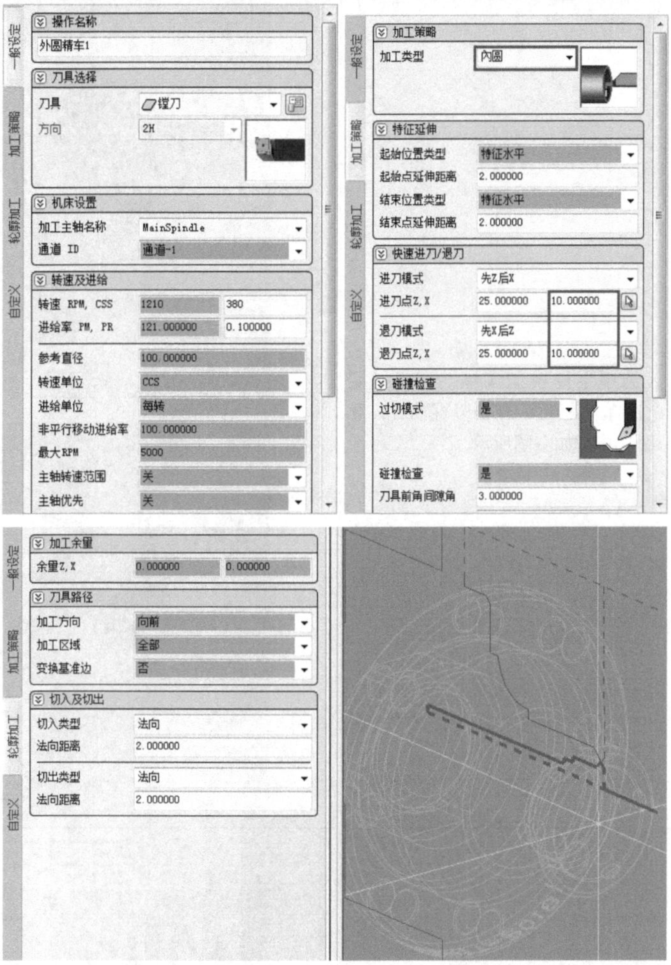

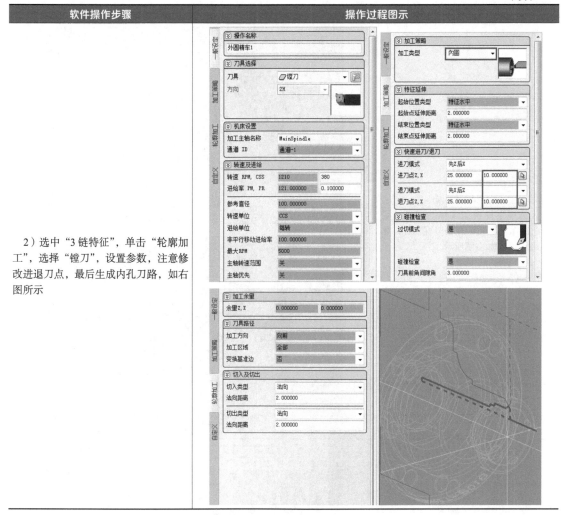

2. 调头车削

零件至此已完成一头加工，可以调头装夹完成剩余部分的加工，调头使用软爪以防夹伤已完成表面，本例采用的机床需要人工调头装夹，ESPRIT 可以模拟此过程。

软件操作步骤	操作过程图示
1）新建图层“调头”，单击菜单“加工”/“加工插件”/“翻转车削实体”，如右图所示设置参数	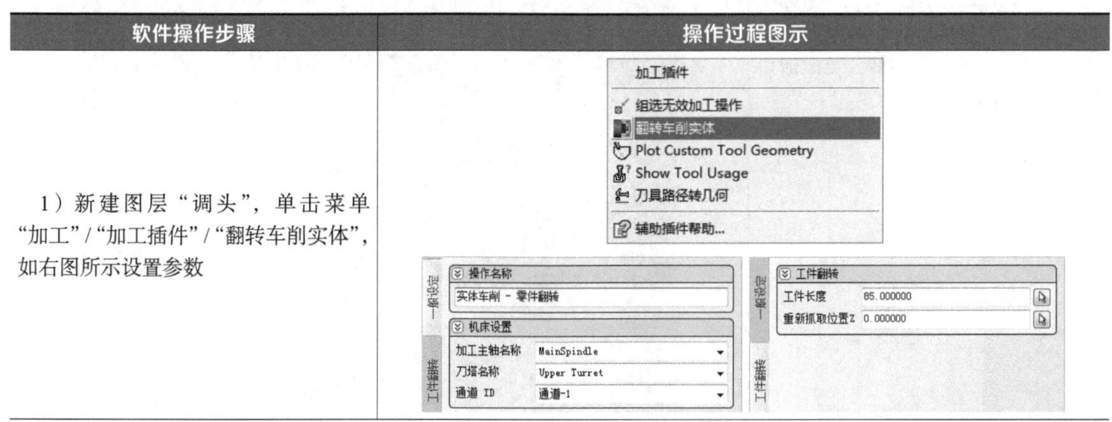

（续）

软件操作步骤	操作过程图示
2）选中零件模型实体，右击“复制”，选择“旋转”，单击竖直轴线，复制一个实体，如右图所示	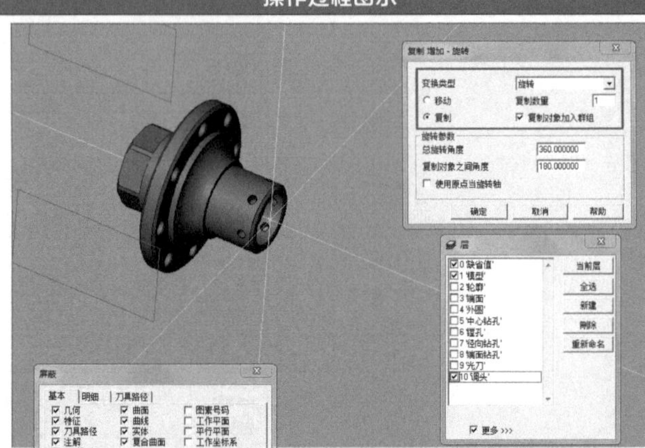 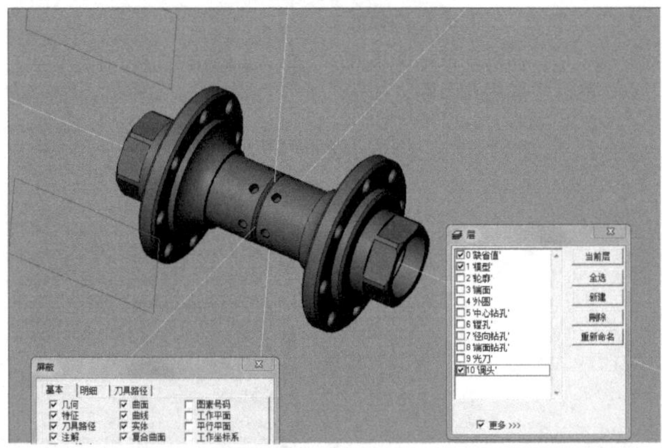
3）选中复制的实体，右击“复制”，选择移动，将坐标切换至“YZX”，在平移参数Z中输入“-85”，关闭图层“模型”，如右图所示	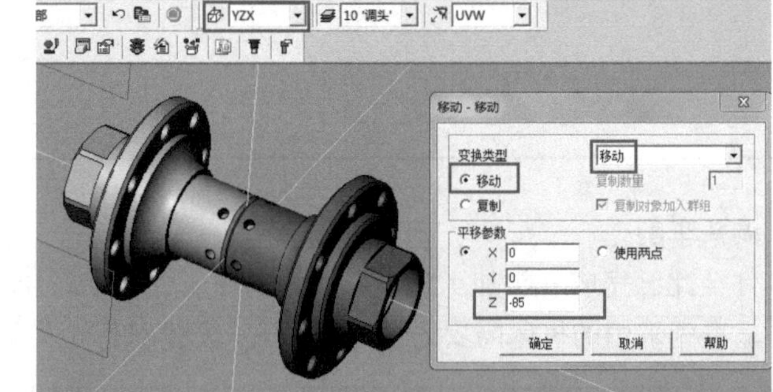 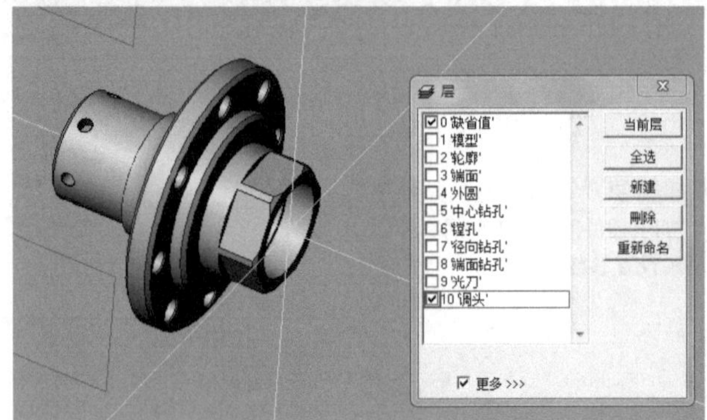

（续）

软件操作步骤	操作过程图示
4）新建图层“轮廓 2”，将坐标平面切换至“XYZ”，单击车削轮廓，选中实体，生成调头后的轮廓，如右图所示	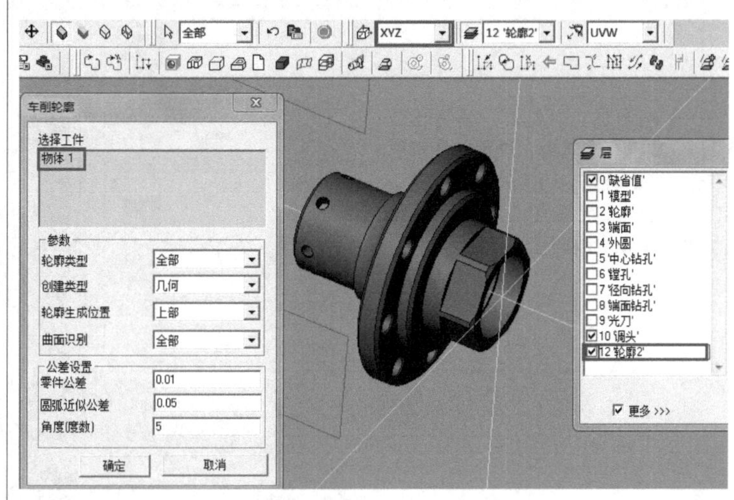
5）新建图层“端面 2”，参考任务 5.2 中的提取轮廓几何线段，生成端面链轮廓，设置端面车削策略，注意在粗加工策略中需要将类型改为“长度”，毛坯长度为端面的余量 3mm，编制端面刀路，如右图所示	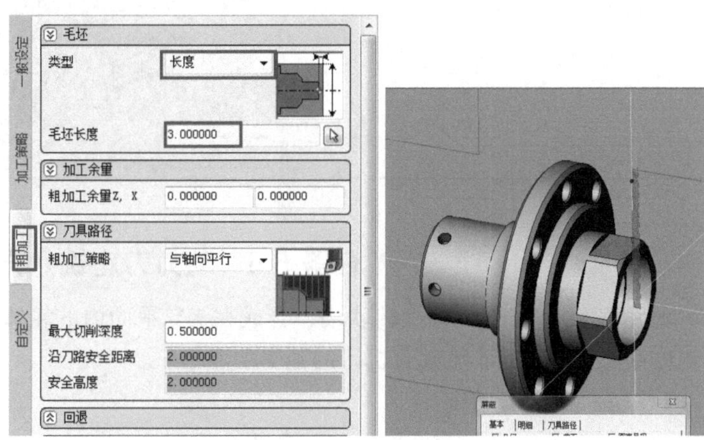
6）新建图层“外圆 2”，参考任务 5.2，生成外圆链轮廓，设置外圆车削策略，注意在粗加工策略中需要将类型改为“直径”，毛坯直径为 100mm，编制端面刀路如右图所示	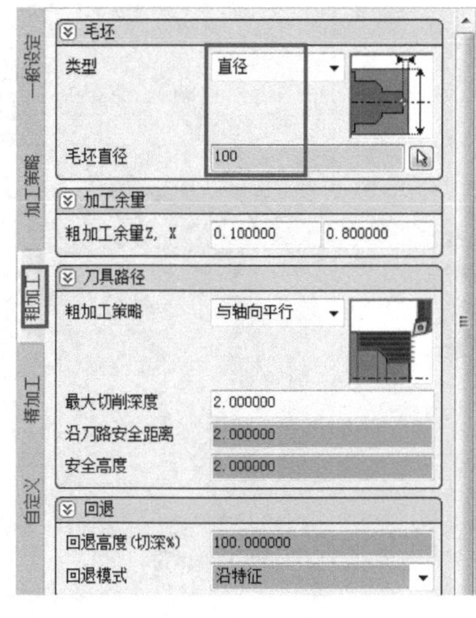 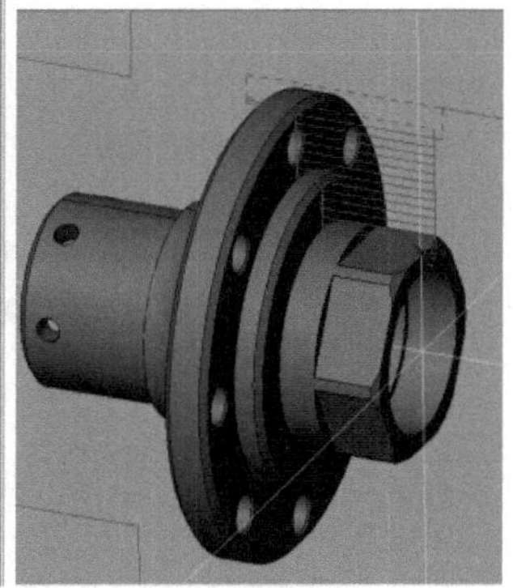

（续）

软件操作步骤	操作过程图示
7）新建图层“内孔 2”，参考任务 5.2，生成内孔链轮廓，设置内孔车削策略，注意在粗加工策略中需要将类型改为“直径”，毛坯直径为 20mm，编制端面刀路的参数设置如右图所示	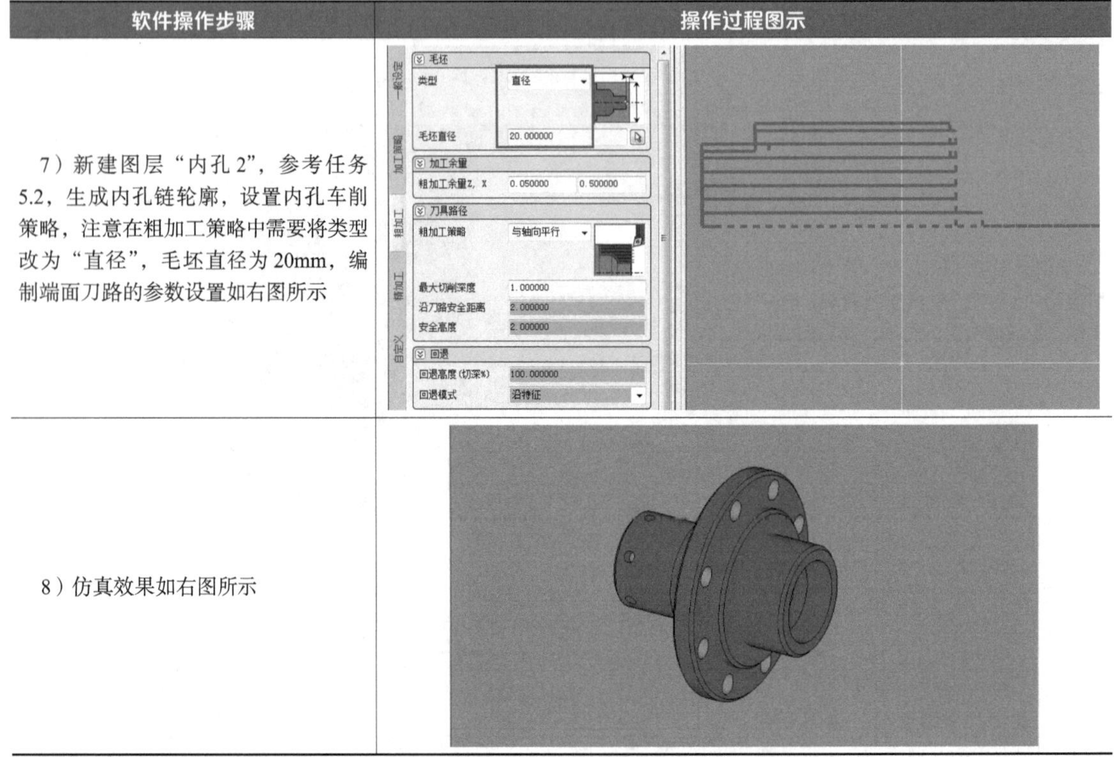
8）仿真效果如右图所示	

任务 5.5　动力刀座铣六方

利用 X 轴直线与 C 轴旋转联动，合成在 XY 平面内的轮廓运动，动力刀座可以实现 XY 平面内的简单铣削，是车铣复合机床的基本功能之一。

1. 生成六方型腔特征

软件操作步骤	操作过程图示
新建图层“铣六方”，单击型腔特征，选择六方的一个侧壁底面，生成特征如右图所示 （注：选择侧壁底面时应避免选择最上方的侧壁或直接选择侧壁）	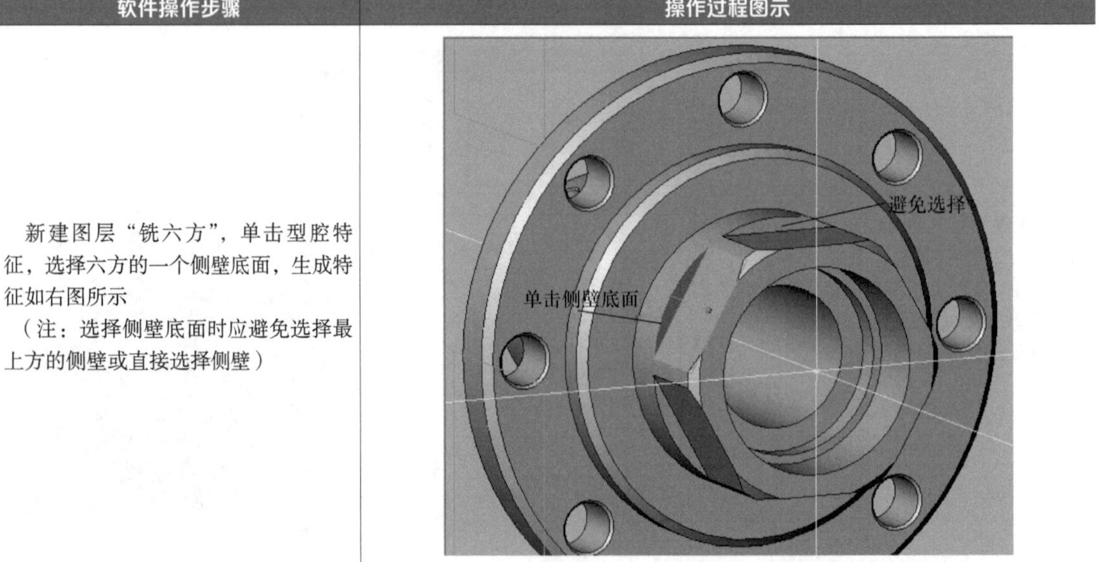

2. 创建旋转端面型腔加工刀路

软件操作步骤	操作过程图示
1）选择刚生成的型腔特征，选择车铣复合功能中的“旋转端面型腔加工 ”进入策略参数设置界面。选择D16铣刀，如右图所示	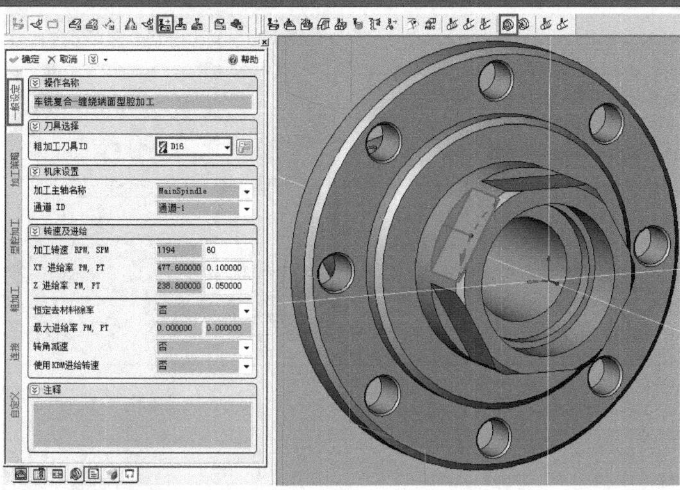
2）如右图所示设置参数，本案例使用的ProfitMilling侧刃铣削，直接用铣刀侧刃最大切深铣削六方侧壁，比传统底刃切削效率更高，但需要根据铣削功率和刀具性能选择合适的铣削步距，本例选用的是1mm步距、16mm切深	粗加工,侧壁和底面精加工 粗加工路径 是 侧壁精加工路径 否 底面精加工路径 否 粗加工和底面精加工 刀具路径样式 ProfitMilling 变换切削方向 否 过渡进给率% 200 最小. 摆线圆弧,% 0.000000 40 % 最大. 摆线宽度,% 0.000000 400 % 最小角落圆角 6.400000 加工余量 径向余量 0.000000 轴向余量 0.000000 加工深度 结束深度 15.000000 切削深度 16.000000 开始深度 0.000000 内部回退 顶部安全高度 切深变量计算 变化 开放型腔 变换切削方向 否 开放边缘补偿值,半径百分比% 8.800000 110 % 切入距离 5.000000 切出距离 5.000000 拔模角度设置 从特征中导入锥度 是 岛屿特征 加工策略 加工策略 顺铣 步距,直径% 1.000000 6 % 进刀/退刀 进刀模式 沿路径斜向进刀 最小宽度 4.000000 最大宽度 32.000000 斜向角度 10.000000 边缘安全间隙 1.000000 若下刀失败 掠过 退刀模式 斜向 退刀距离 2.000000 安全平面 绝对安全高度 10.000000 安全高度 1.000000 退刀平面 安全高度 回退平面 安全高度 加工顺序 加工优先级 区域优先 快速退刀 是 加工顺序 R | AW | AF 一般设定 加工策略 型腔加工 粗加工 连接 自定义

（续）

软件操作步骤	操作过程图示
3）选中刀路右击旋转复制，得到六方的加工刀路，如右图所示	
4）单击仿真，六方铣削仿真效果如右图所示	

任务 5.6　动力刀座刻字

1. 生成链特征1

软件操作步骤	操作过程图示
螺夹具分度轴套外径有一圈文字，需要使用动力刀座加工，选用专用刻字刀结合 C 轴联动即可完成刻字加工。新建图层“刻字”，选中外圆面（包括文字中的外圆面），单击“自动链特征 ”，生成如右图所示的文字轮廓链特征	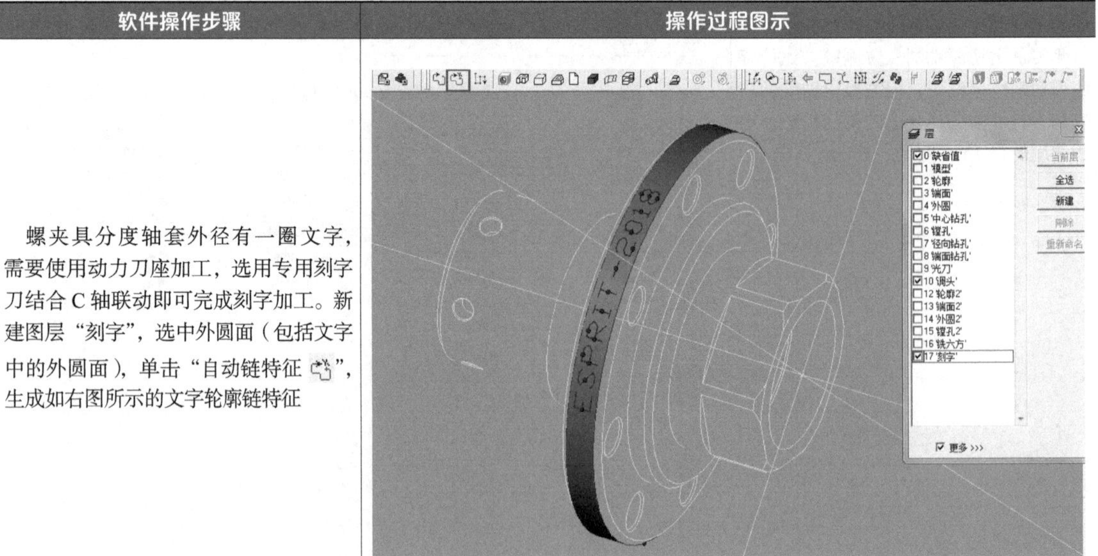

2. 生成链特征2

软件操作步骤	操作过程图示
选中除外圆的全部文字链特征，单击“轮廓缠绕加工 ”，设置参数如右图所示	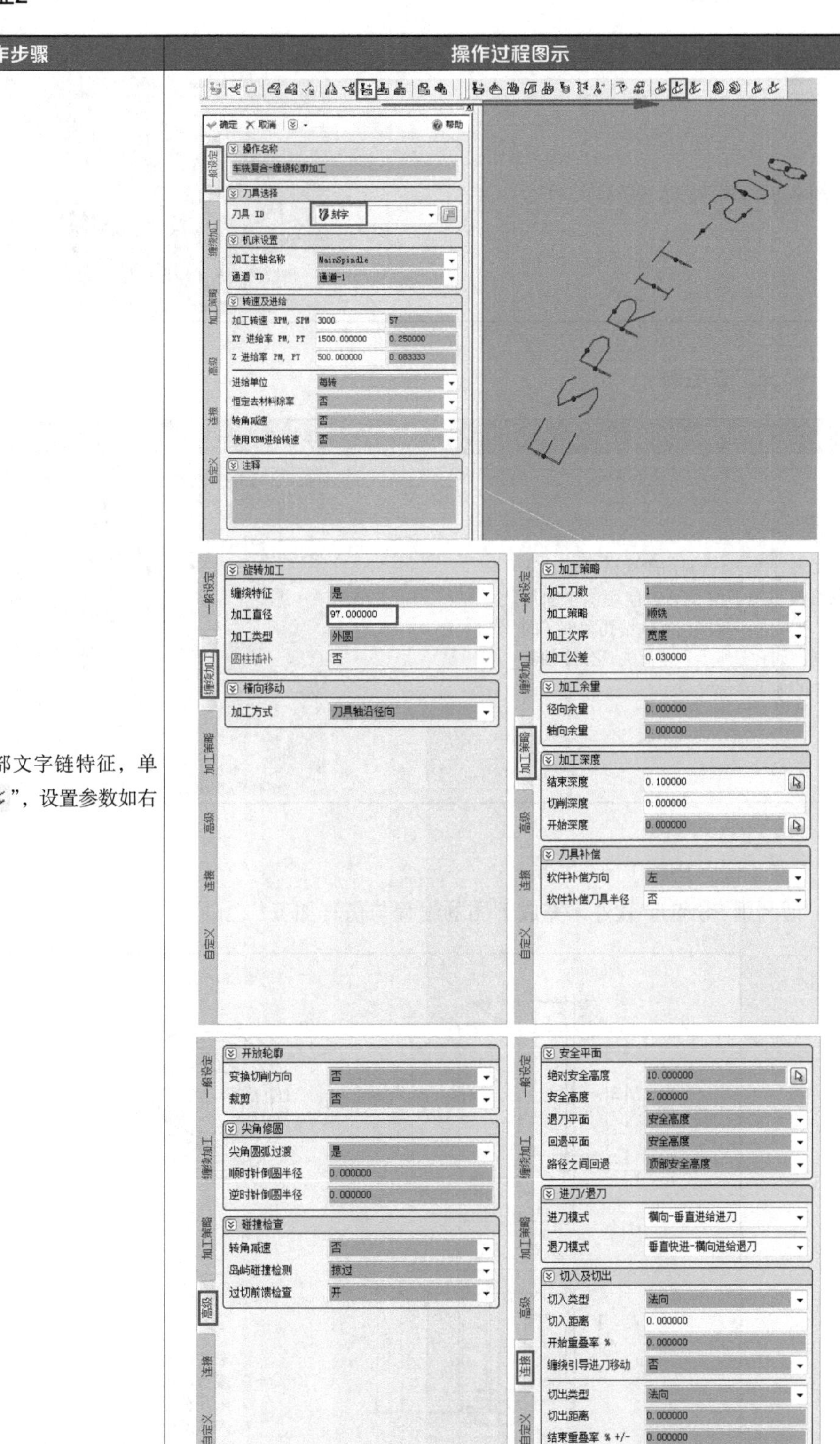

3. 刻字仿真

软件操作步骤	操作过程图示
刻字仿真的效果如右图所示	

4. 光刀去毛刺

软件操作步骤	操作过程图示
参考任务 5.4，调用轮廓链特征，注意修改进退刀的位置，使用“轮廓加工”生成精车程序，去除钻孔和刻字的毛刺，如右图所示。至此夹具分度轴套零件的加工全部完成	

【任务拓展】

请利用 ESPRIT 软件，完成下图的编程与仿真加工。

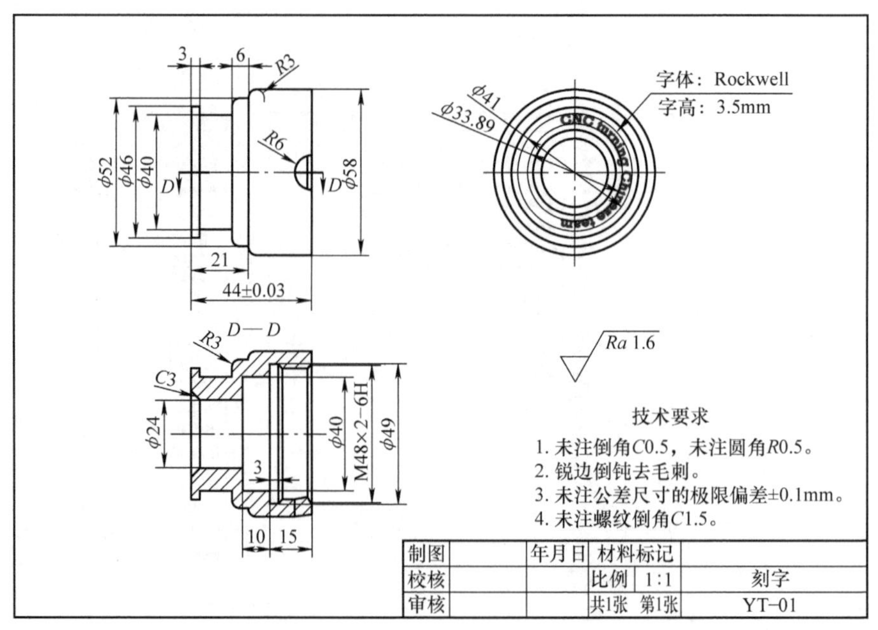

项目六

转接头的车铣复合编程

转接头零件包含了内外圆车削、Y 轴铣削、切断等常见车铣复合加工方式，具有较强的代表性。

【任务描述】

校办工厂接单，要求完成如图 6-1 和图 6-2 所示转接头零件加工，零件材料为 6061 硬铝合金，毛坯为 ϕ100×200 的棒料，计划在具备 Y 轴及 C 轴动力刀座的车铣复合机床上加工。

本项目建议理论学时：6 学时　实操学时：20 学时。

【任务目标】

通过本任务的学习，学生应掌握以下目标：

1）完成动力刀座的 Y 轴铣削编程。

2）完成 C 轴联动的轮廓铣削编程。

【任务实施】

任务 6.1　编程准备

任务 6.2　外圆车削及钻孔

任务 6.3　内孔车削

任务 6.4　外圆铣槽

任务 6.5　倒角及切断

转接头零件图如图 6-1 和图 6-2 所示。

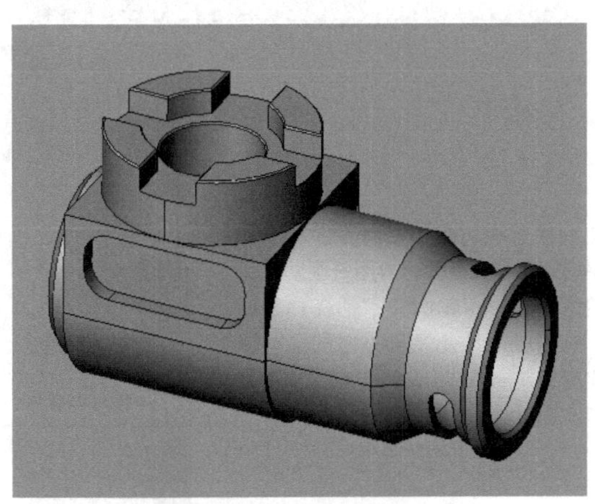

图 6-1　转接头零件图（1）

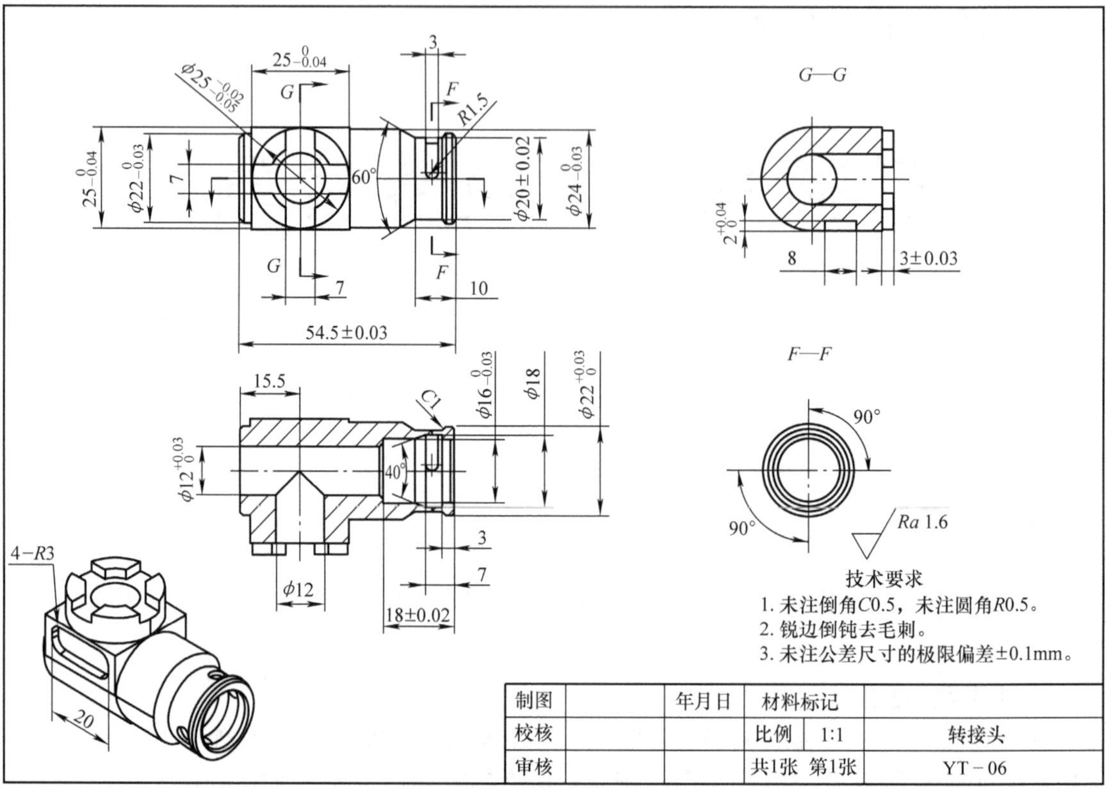

G—G

F—F

技术要求

1. 未注倒角C0.5，未注圆角R0.5。
2. 锐边倒钝去毛刺。
3. 未注公差尺寸的极限偏差±0.1mm。

制图		年月日	材料标记	
校核			比例 1:1	转接头
审核			共1张 第1张	YT－06

图 6-2 转接头零件图（2）

任务 6.1 编程准备

1. 工艺分析

软件操作步骤	操作过程图示
先利用车削功能加工出零件前端和十字槽部分最大外圆，再用铣削功能完成轮廓铣削，因轮廓并不是绕C轴展开，铣刀必须具备Y轴方向的运动插补才能完成全部铣削加工，本次加工方案如右图所示	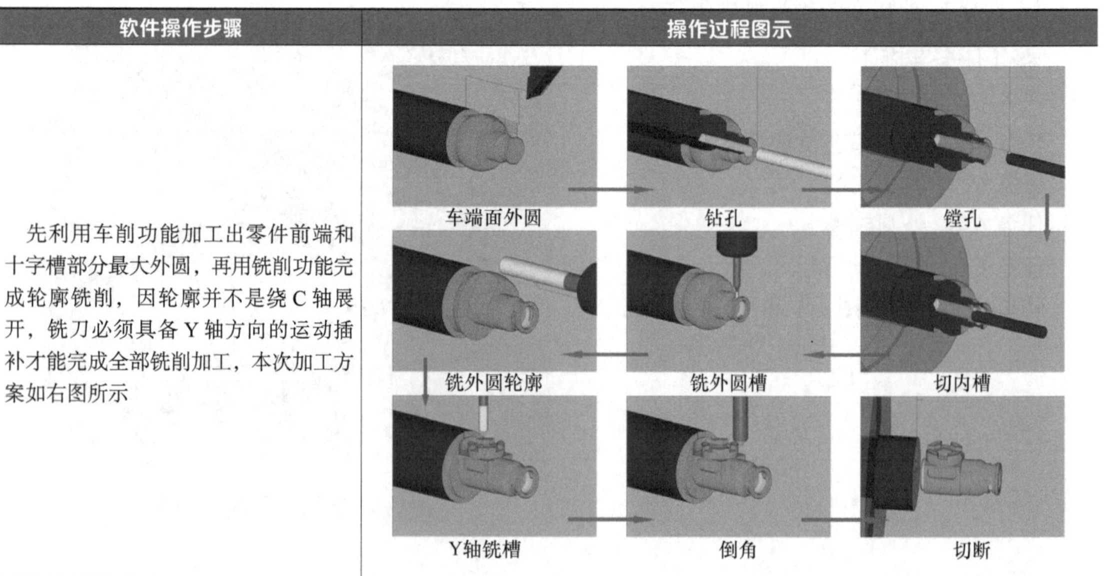

2. 导入工件、机床并设置毛坯

软件操作步骤	操作过程图示

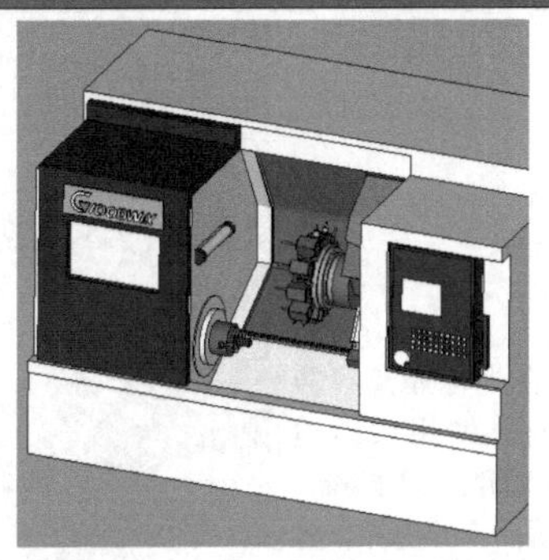

1）本次任务使用了GOODWAY车铣复合机床，该机床具备C轴及Y轴联动功能，可安装X轴向和Z轴向的动力刀座，刀塔共有12个刀位，如右图所示

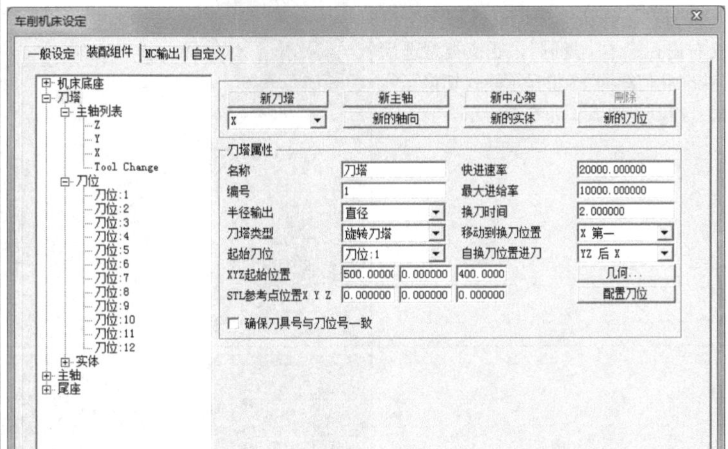

2）新建一个文件，单击“机床设置”，弹出“车削机床设定”对话框，在“车削机床设定”对话框中空白位置右击，选中“打开”，弹出打开文件对话框框，找到EMS机床文件“GOODWAY C+Y.EMS”，单击打开，设置毛坯尺寸及机床定义的起始位置，如右图所示

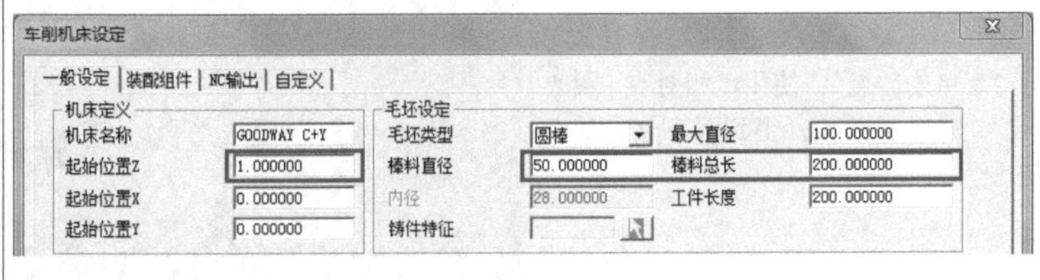

3. 创建刀具

软件操作步骤	操作过程图示

参考刀具样本设置所需刀具，也可以直接调用本项目刀具文件“项目六刀具表”，刀具表和刀具装配方向如右图所示

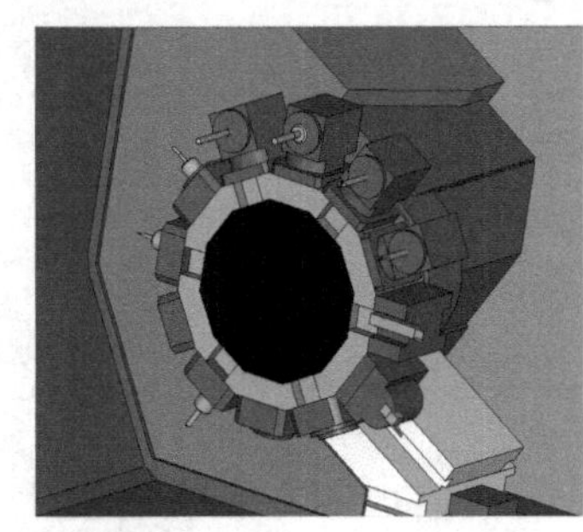

1 - 刀塔: 10 项(s)

		Id	No	Dia.	长度补偿
刀位:1		SVJR2020K16	1	0.4	1
刀位:2		MGEHR2020	2	0.2	2
刀位:5		倒角 d6	10	3	10
刀位:6		钻头D12	9	12	9
刀位:7		铣刀D2	6	2	6
刀位:8		铣刀D6	7	6	7
刀位:9		钻头D11	9	11	9
刀位:10		铣刀D12	5	12	5
刀位:11		S10K-SCLCR	5	0.4	5
刀位:12		S10K-SNGR	3	0.1	3

4. 对齐工件

软件操作步骤	操作过程图示
1）原始模型并不在坐标原点，需要移动模型对齐坐标。使用快捷键 <Ctrl+M> 屏蔽功能，关闭“车削功能”显示，鼠标左键单击端面圆的边界，再次单击左键确认选中，鼠标移至空白处右击，选中“复制”，变换类型选用“获取几何线框”，将显示模式切换至线框，得到半圆弧，如右图所示	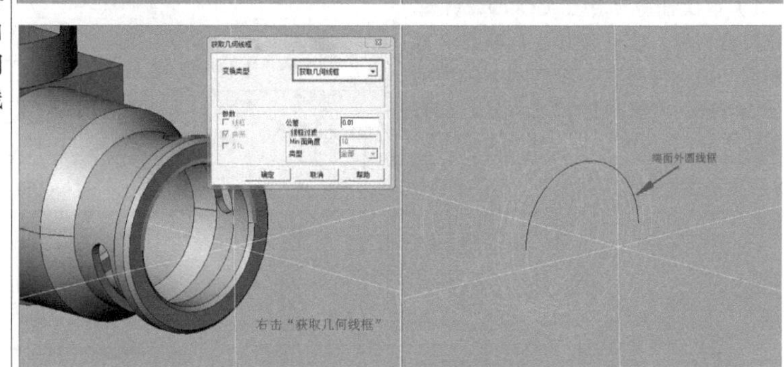
2）单击“点”，使用“相对点 / 圆心点”，选中半圆弧，得到圆心点，如右图所示	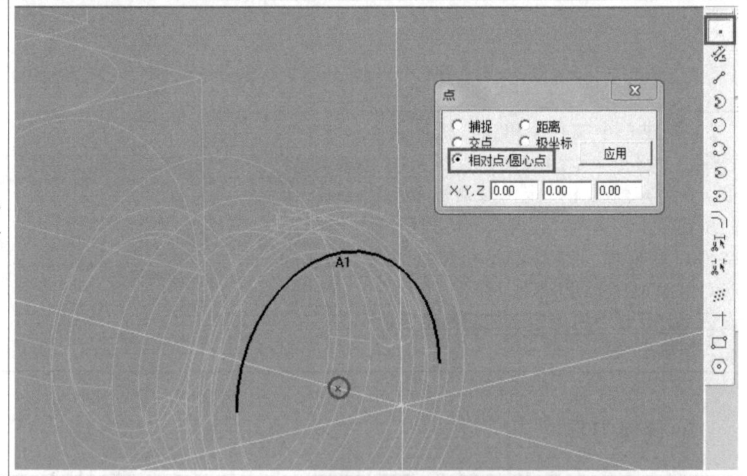
3）菜单栏单击“编辑”/“移动原点”，选中产生的圆心点，将工件调整至坐标原点对齐，完成零件编程准备，如右图所示	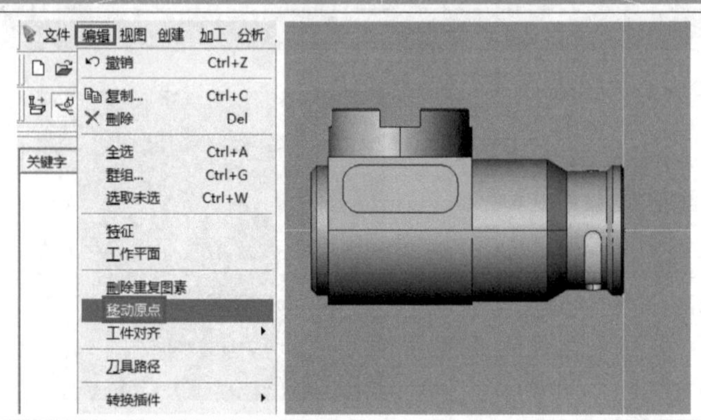

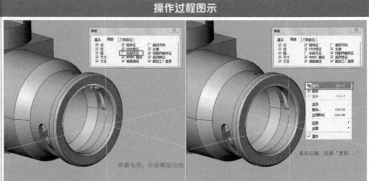

任务 6.2　外圆车削及钻孔

1. 提取轮廓几何线段

软件操作步骤	操作过程图示
参照前几次任务，建立“模型”、“轮廓”、“端面”和“外圆”图层，将实体模型属性的图层改为“模型”，激活图层“轮廓”，用“车削轮廓”功能获取模型的轮廓线段，如右图所示	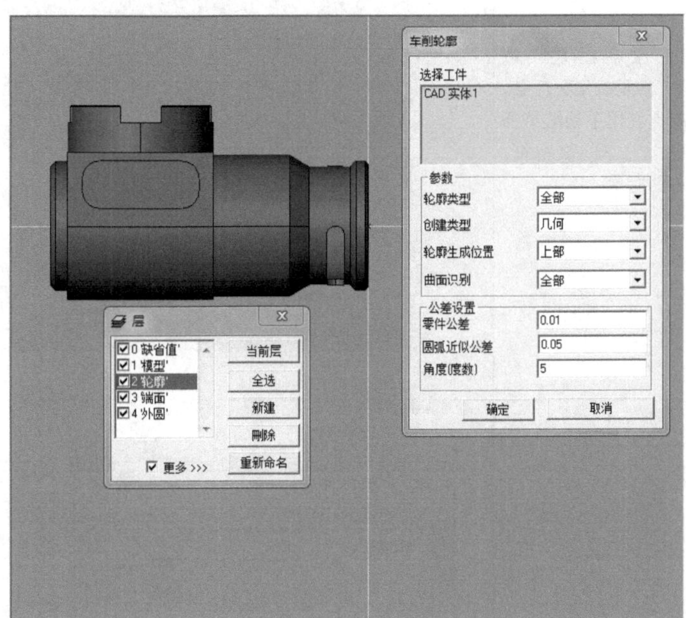 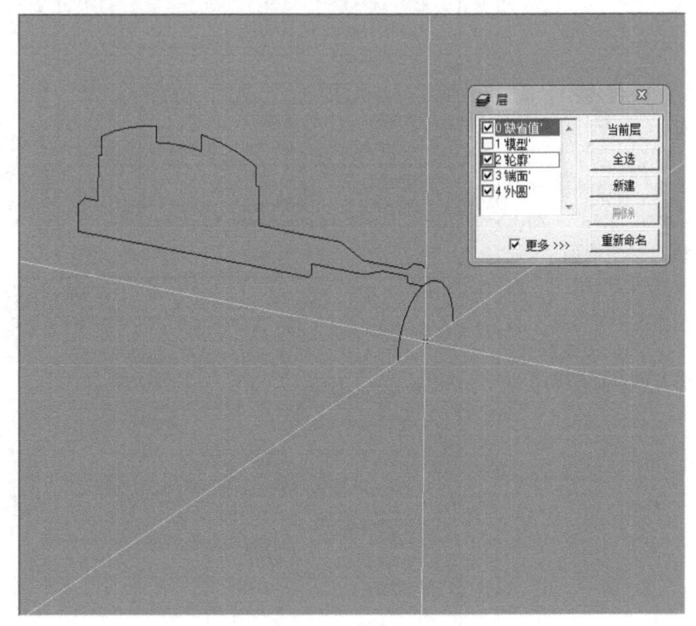

2. 端面车削

<table>
<tr><th>软件操作步骤</th><th>操作过程图示</th></tr>
<tr><td>1）激活图层“端面”，参照前几次任务，绘制点并用手动链特征创建端面车削链特征，如右图所示</td><td>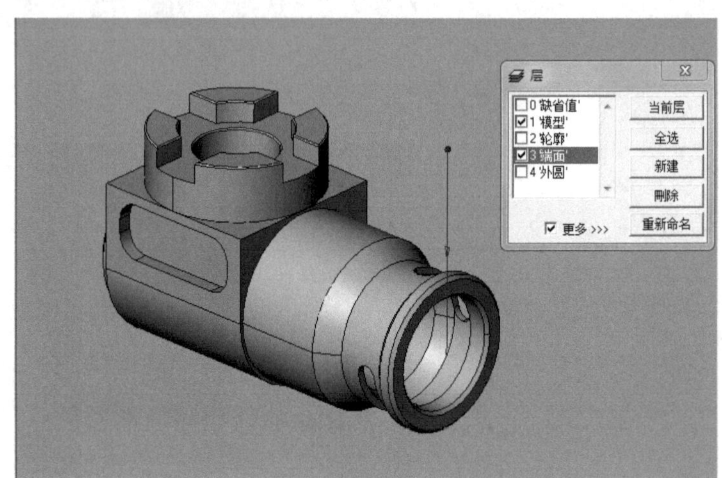
</td></tr>
<tr><td>2）选择链特征，单击“车铣复合加工”/“车削加工”/“粗加工”，选择外圆车刀“SVJR2020K16”，加工类型选择“端面”，设置快速进刀/退刀，修改“最大切削深度”为“0.5”，其余参数默认，生成刀路，如右图所示</td><td>

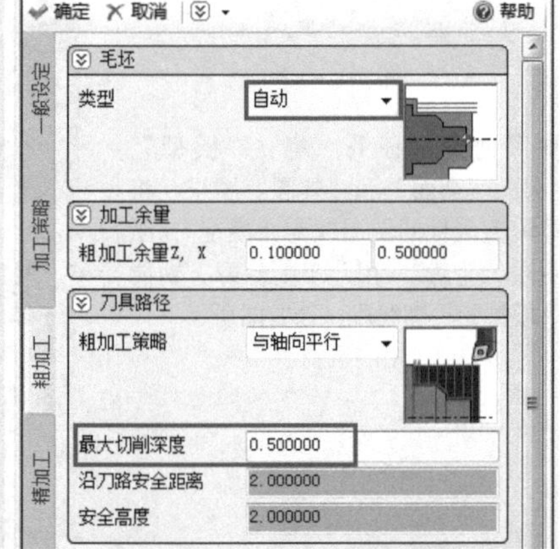

</td></tr>
</table>

3. 外圆车削

软件操作步骤	操作过程图示
1）关闭图层“模型”，打开图层“轮廓”，激活图层“外圆”，使用“线段 2”绘制辅助线段。先单击轮廓左侧圆弧端点，按住 <Alt> 同时单击左端面竖线，产生一条水平直线，如右图所示 **小贴士：**绘制两点直线时，要注意界面左下角的操作提示，按提示先选取第一个参考图素，再按 <Alt> 键选中第二个参考图素，即可绘制与参考线段相垂直或相切的辅助直线段	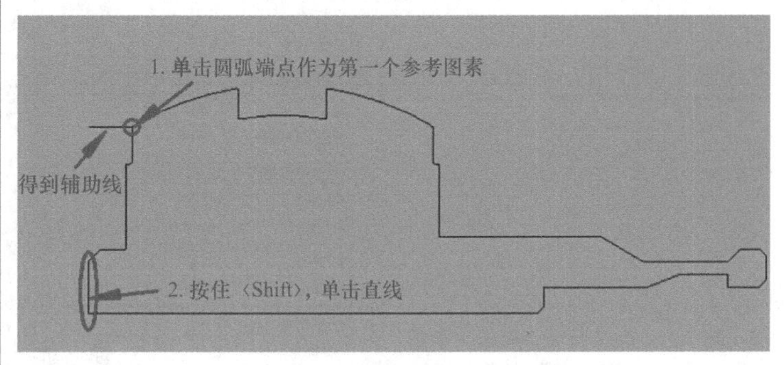
2）使用倒圆角命令，将倒圆角的半径设为“0”，依次选中两端圆弧，使圆弧延长，得到中间辅助过度圆弧，如右图所示	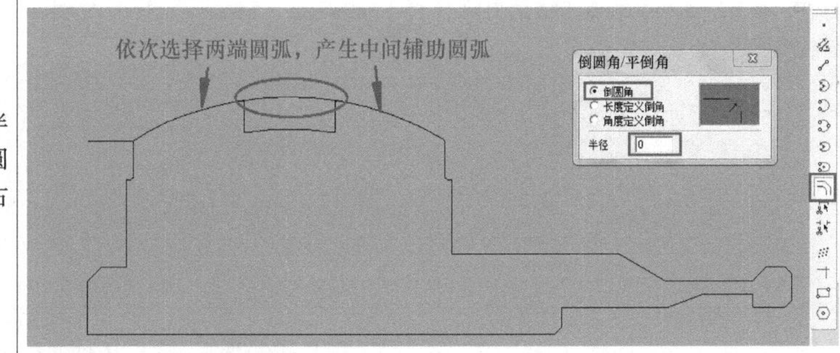
3）继续用倒圆角命令单击右端圆弧，再单击竖线，生成延长线段，如右图所示	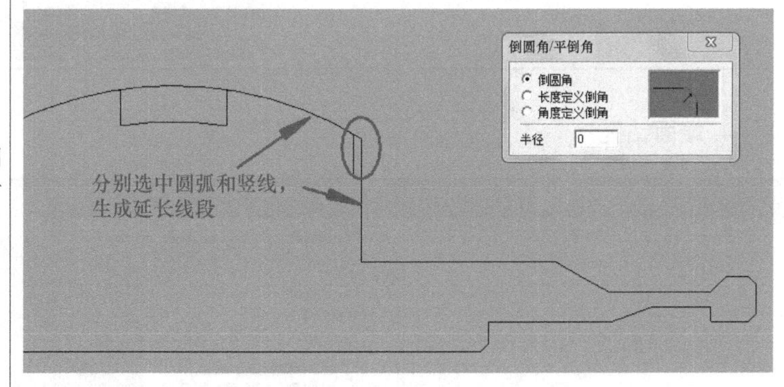
4）依次选中外圆轮廓，单击“自动链特征”，生成外圆轮廓链特征，如右图所示	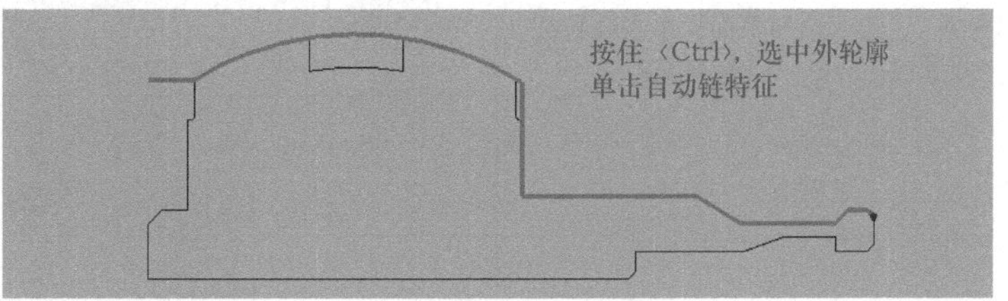

（续）

软件操作步骤	操作过程图示
5）选中产生的链特征，单击“车铣复合加工”/“车削加工”/“粗加工”，修改加工类型为“外圆”，修改“最大切削深度”为“1.5”，其余参数默认，打开“模型”图层，观察生成的刀路，如右图所示	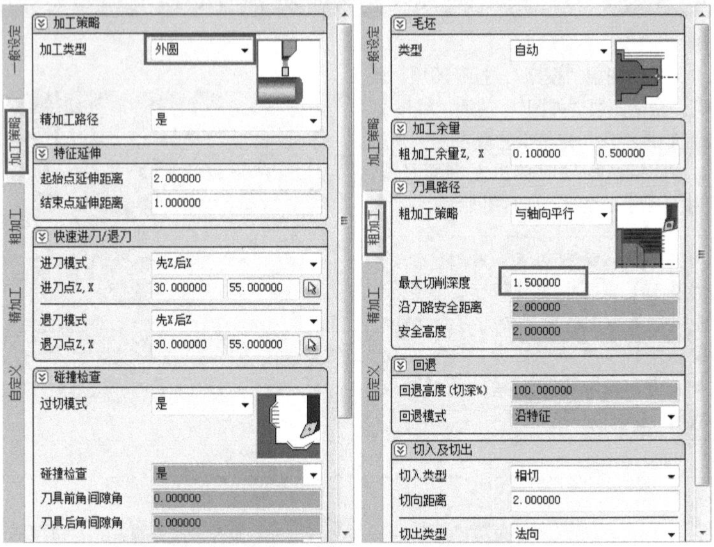 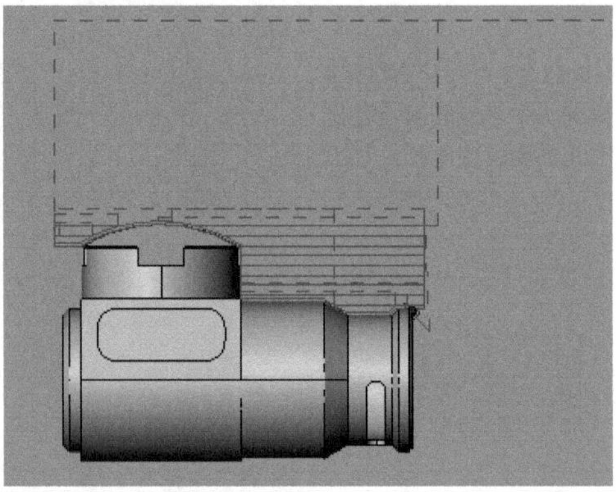

4. 端面钻孔

软件操作步骤	操作过程图示
1）关闭图层“外圆”，新建图层“钻孔”，选中端面平面，单击孔特征，产生端面孔特征，如右图所示	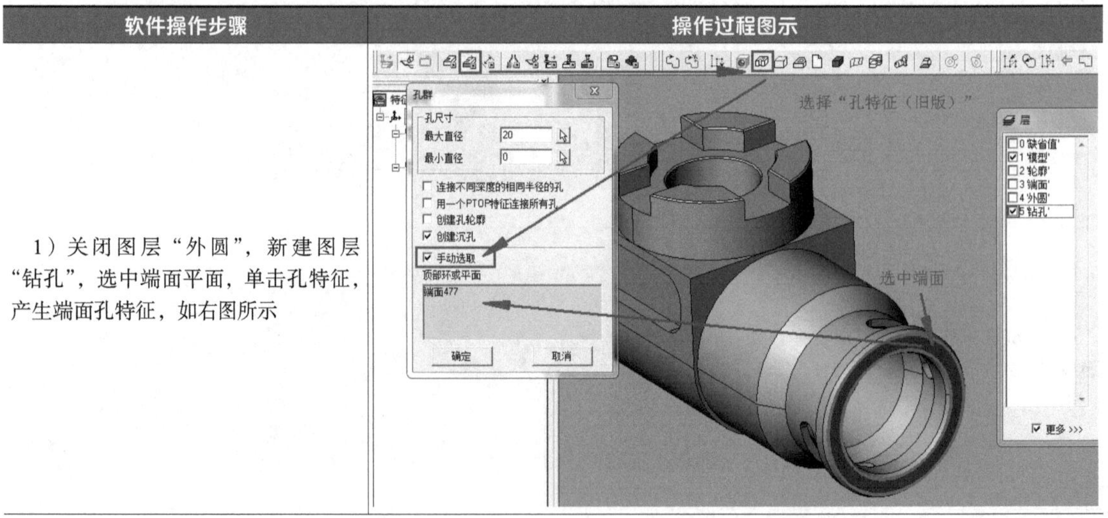

（续）

软件操作步骤	操作过程图示
2）选中产生的链特征，单击“车铣复合加工”/“车削加工”/“钻孔加工”，选择“钻头 D11”，钻孔循环的循环类型用“啄钻”，加工深度的结束深度为“55”，生成钻孔刀路，如右图所示	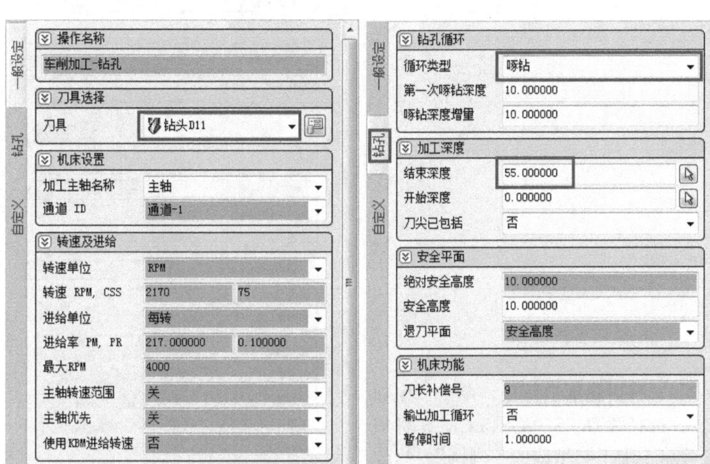

任务 6.3　内孔车削

1. 镗孔

软件操作步骤	操作过程图示
1）关闭图层“外圆”，新建图层“镗孔”，选中内轮廓，单击自动链特征，如右图所示	选中内轮廓，生成链特征

（续）

<table>
<tr><th>软件操作步骤</th><th>操作过程图示</th></tr>
<tr><td>2）选择内轮廓链特征，单击“粗加工”，选择镗刀“S10K-SCLCR”，将加工策略中加工类型改为“内圆”，修改进退刀点，其中X轴坐标不要大于前道钻孔工序的底孔半径5.5mm，将过切模式关闭，修改粗加工余量和最大切削深度，将粗加工的切出类型改为法向，法向距离改为1mm，将精加工的切出类型改为法向，法向距离改为0.5mm，生成镗孔刀路，如右图所示</td><td>
</td></tr>
<tr><td>3）生成刀路后单击仿真模拟，碰撞检查打开“刀具和刀柄”，单击仿真，如右图所示</td><td>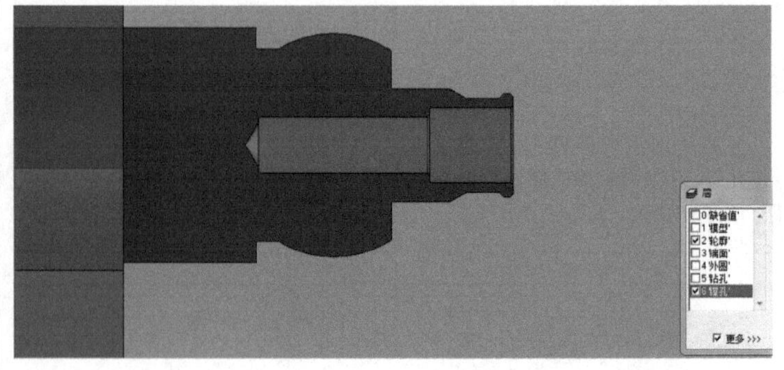</td></tr>
</table>

2. 切内槽

软件操作步骤	操作过程图示
1）关闭图层“镗孔”，新建图层“切内槽”，选择内槽轮廓，用自动链特征生成切槽链特征，如右图所示	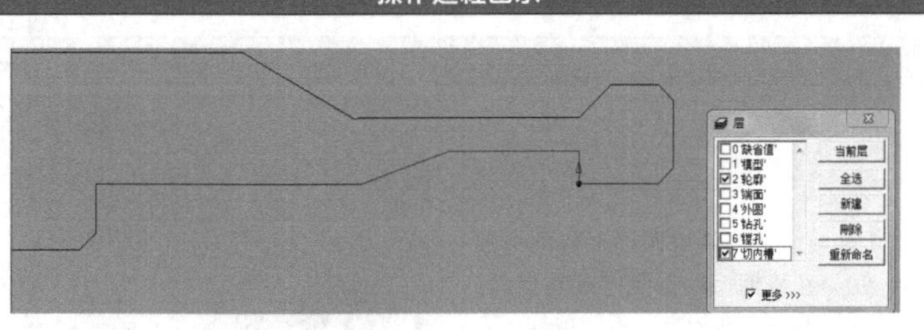
2）选择内槽链特征，单击“槽加工”，选择内槽刀“S10K-SNGR”，加工类型选择“内圆”，修改进退刀点，修改余量及步距，生成切槽刀路，如右图所示 **小贴士：** 内孔加工必须要考虑刀杆直径和底孔直径，选择合适的退刀距离，以防刀杆背部与孔壁干涉；如果是盲孔且材料易卷屑，还应设置暂停清理孔内积屑，以防在刀杆孔底被切屑挤坏	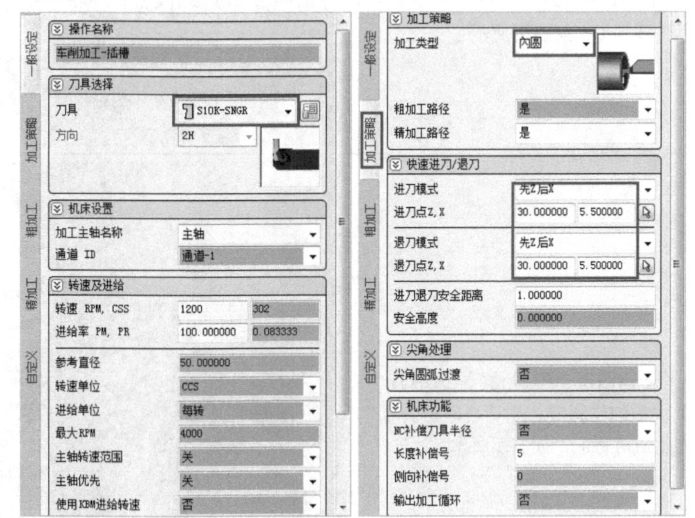 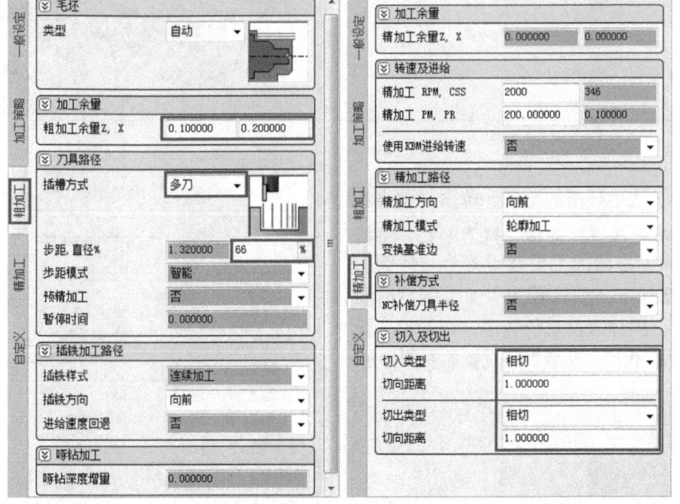 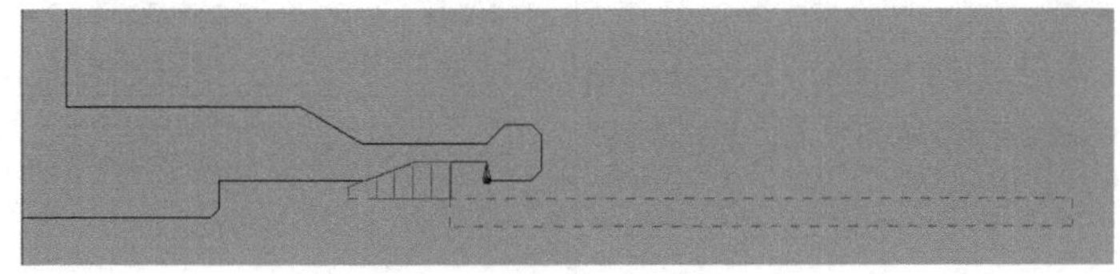

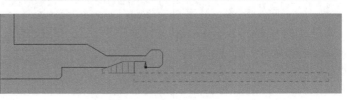

任务 6.4　外圆铣槽

1. 铣圆弧面腰槽

<table>
<tr><th>软件操作步骤</th><th>操作过程图示</th></tr>
<tr><td>1）转接头在前端外圆面上有两个腰槽，铣刀在该槽型两头侧壁圆角面时，刀具轴线不与主轴相交，不能单纯用C轴联动完成加工，需要使用Y轴偏移刀具轴线加工，如右图所示</td><td>

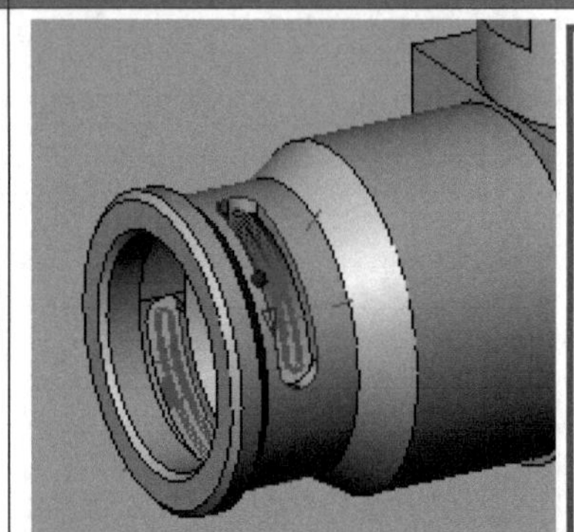
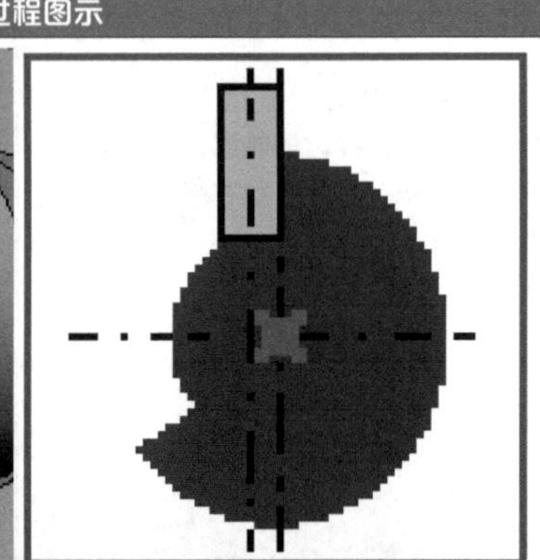

</td></tr>
<tr><td>2）新建图层“铣腰槽”，选中其中一个腰槽的轮廓线，用“自动链特征”功能生成链特征，如右图所示</td><td>

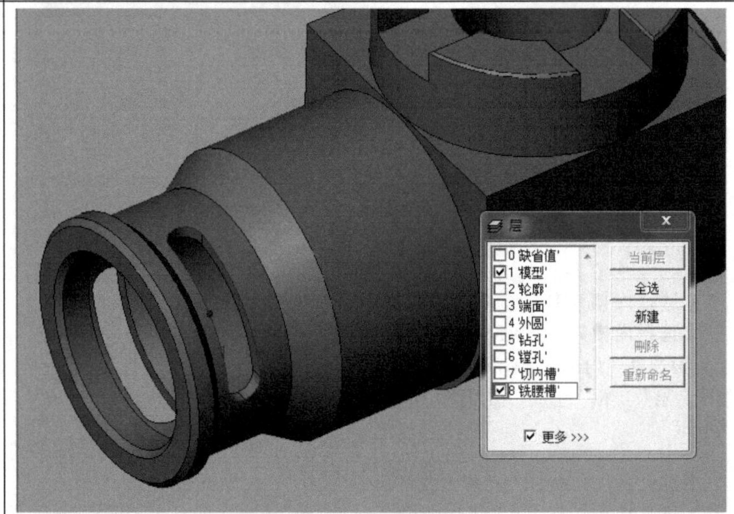

</td></tr>
<tr><td>3）选中腰槽链特征，单击“缠绕型腔加工”，选用“铣刀D2”，将旋转加工中的加工类型设置为“外圆”，侧壁加工类型设置为“加工侧壁沿径向”，因为刀具直径较小，切削深度设置为“0.1”，其余参数设置如右图所示

小贴士：“缠绕加工”中的加工类型设置为“外圆”时用于加工外凸表面，设置为“内圆”时用于加工内凹表面；“侧壁加工类型”设置为“加工侧壁沿径向”时用于有刀具轴线偏移的C+Y轴加工，设置为“刀具轴线径向”时用于无刀具轴线偏移的C轴加工</td><td>

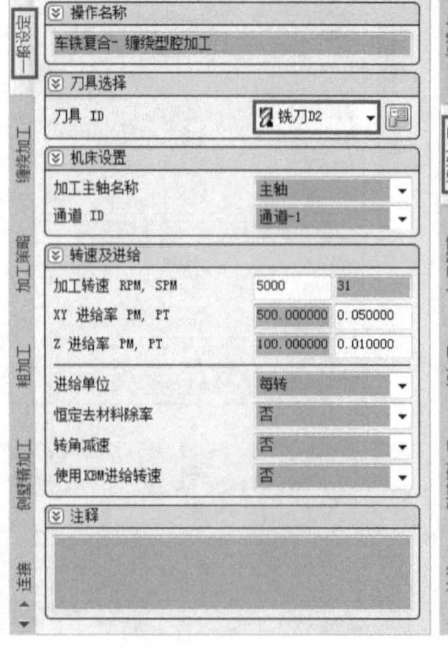

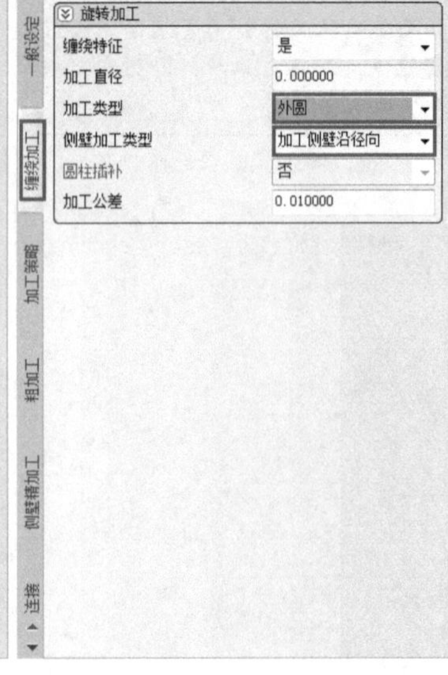

</td></tr>
</table>

（续）

软件操作步骤	操作过程图示
3）选中腰槽链特征，单击“缠绕型腔加工 ”，选用“铣刀 D2”，将旋转加工中的加工类型设置为“外圆”，侧壁加工类型设置为“加工侧壁沿径向”，因为刀具直径较小，切削深度设置为“0.1”，其余参数设置如右图所示 **小贴士：**“缠绕加工”中的加工类型设置为“外圆”时用于加工外凸表面，设置为“内圆”时用于加工内凹表面；“侧壁加工类型”设置为“加工侧壁沿径向”时用于有刀具轴线偏移的 C+Y 轴加工，设置为“刀具轴线径向”时用于无刀具轴线偏移的 C 轴加工	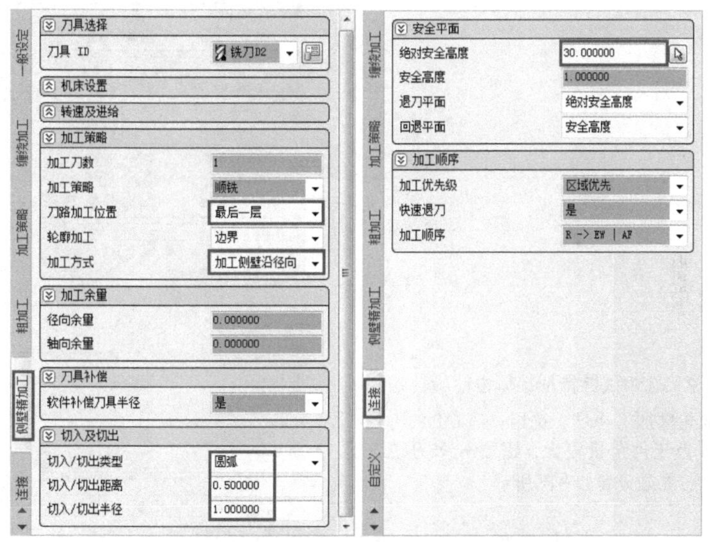
4）生成刀路后用单击鼠标右键，选择“复制”功能，以 Z 轴线为中心，旋转复制生成另一个槽的刀路，生成的刀路如右图所示	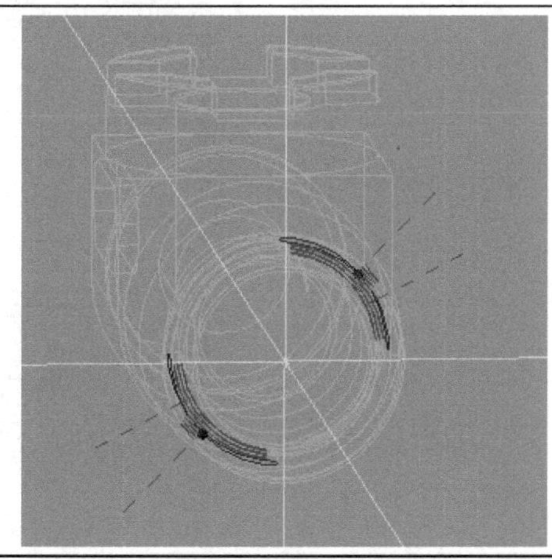

2. 铣外圆曲面轮廓

零件至此已完成一头加工，可以调头装夹完成剩余部分加工，调头使用软爪以防夹伤，本例采用的机床需要人工调头装夹，ESPRIT 可以模拟此过程。

<table>
<tr><th>软件操作步骤</th><th>操作过程图示</th></tr>
<tr><td>1）新建图层“外圆曲面”，关闭无关图层，按住 <Ctrl> 键点选零件侧壁轮廓线，需注意选择靠近原点的边线，否则特征的方向会反向，单击自动链特征，产生曲面轮廓的链特征，如右图所示</td><td>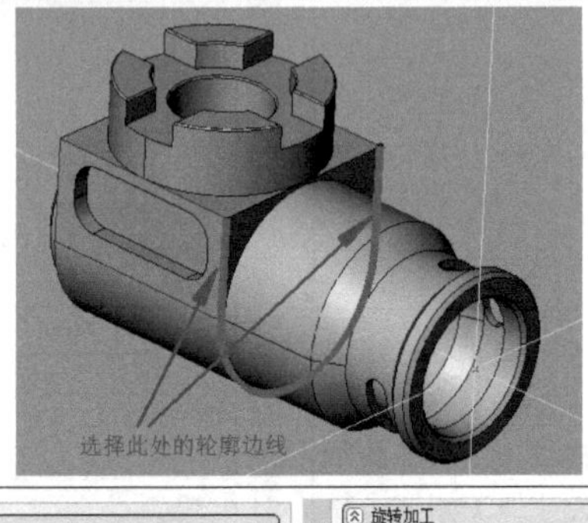
</td></tr>
<tr><td>2）选中该链特征，单击“旋转端面轮廓加工 ”，选用“铣刀 D12”，因为工件余量较大，需要分多刀铣削，参数设置如右图所示</td><td>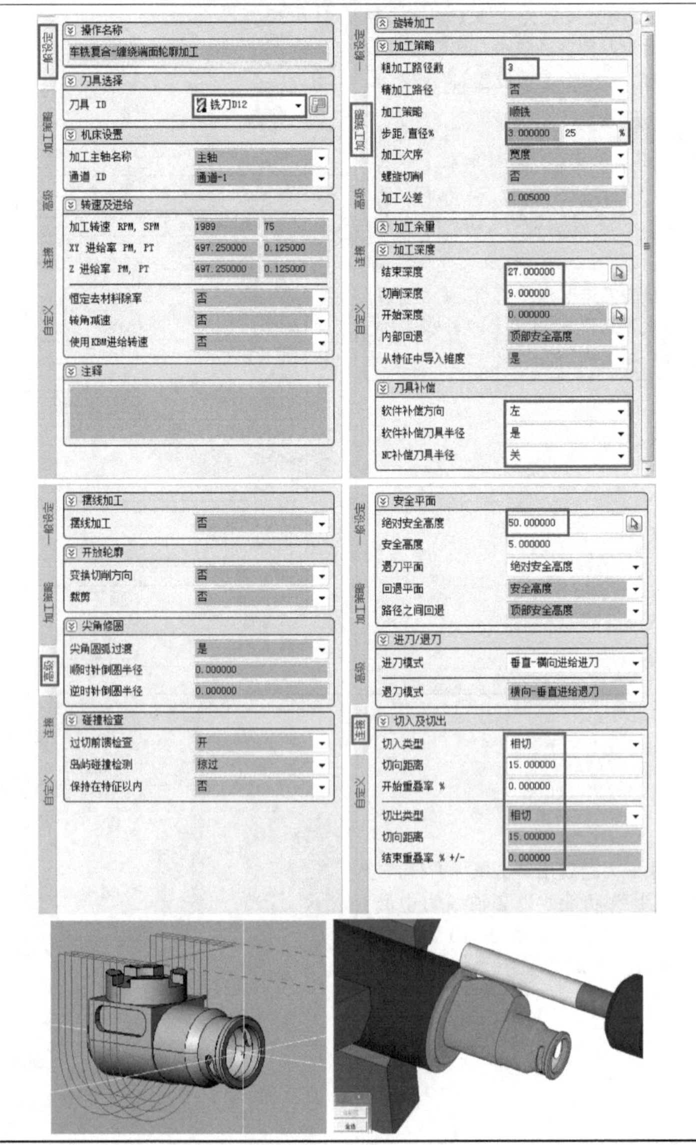
</td></tr>
</table>

3. 铣接头凸台及平面

转接头凸台及十字槽的加工与三轴数控铣床加工类似，需要同时用到X、Y、Z三个轴，利用ESPRIT车铣复合加工中的铣削功能可方便完成刀路编程。

软件操作步骤	操作过程图示
1）新建图层“凸台”，关闭无关图层，单击选中凸台侧壁，单击“侧壁特征 ”，产生一个侧壁轮廓特征，如右图所示	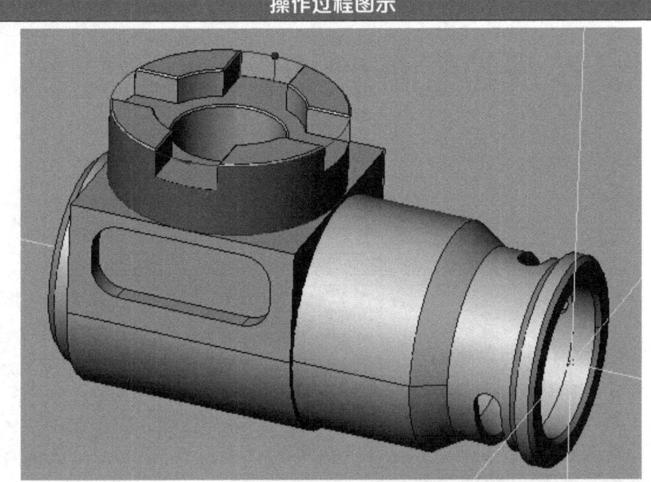
2）选中该特征，单击车铣复合加工中的“轮廓加工 ”，选用“铣刀D6”，分1次粗铣和1次精铣，加工次序设为“深度”并采用螺旋切削方式；加工深度中的“结束深度”需要单击箭头，再单击凸台底面的边角点，软件即能自动获取深度值，“开始深度”需要手动修改为“-2”，目的是让铣刀在特征上方2mm处开始铣削，“毛坯自动更新”必须设置为“否”，如右图所示	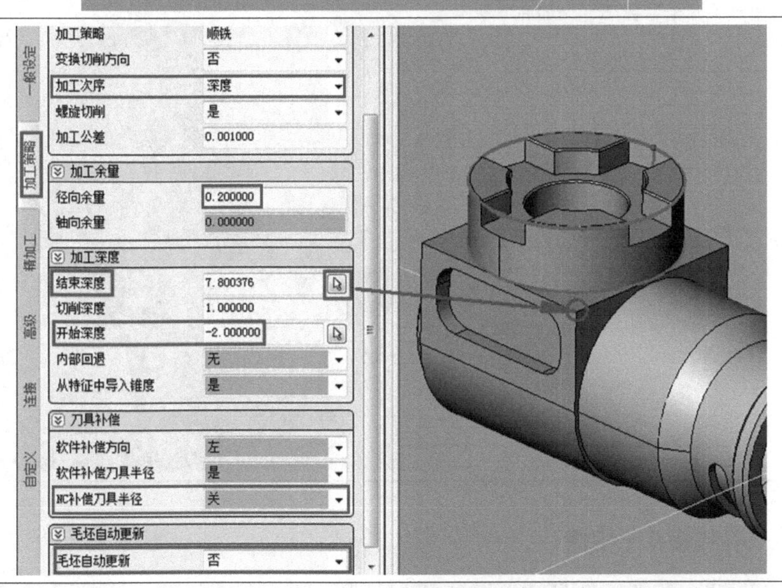
3）设置精加工，路径生成次序为“全部粗加工之后”，刀路加工位置为“最后一层”，安全高度设为“30”，其他参数可以默认不做修改，生成的刀路如右图所示	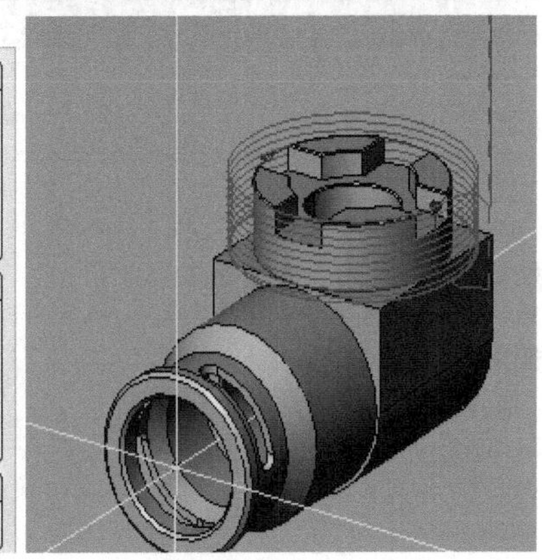

（续）

软件操作步骤	操作过程图示
 4）再次单击选中该侧壁轮廓特征，单击“面铣削”，刀具仍为“铣刀 D6”，切削深度需要单击箭头采集模型顶面的角点，其余参数不变，如右图所示	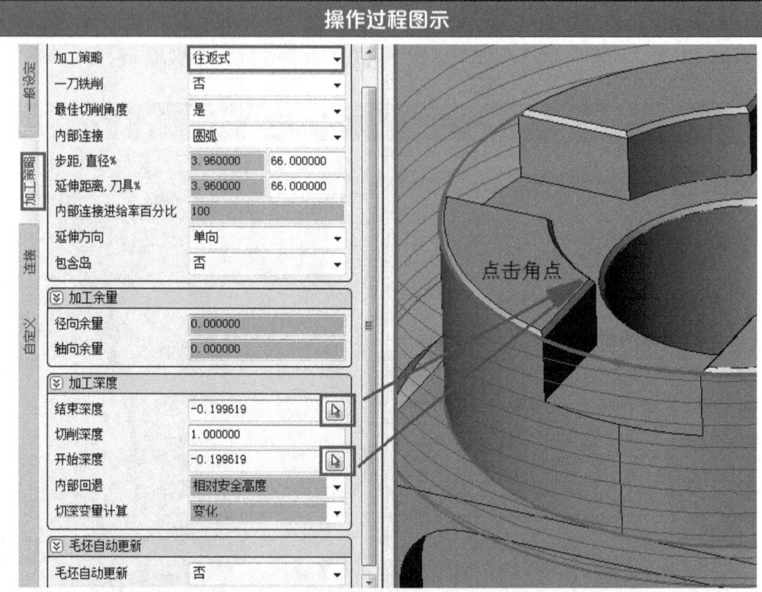 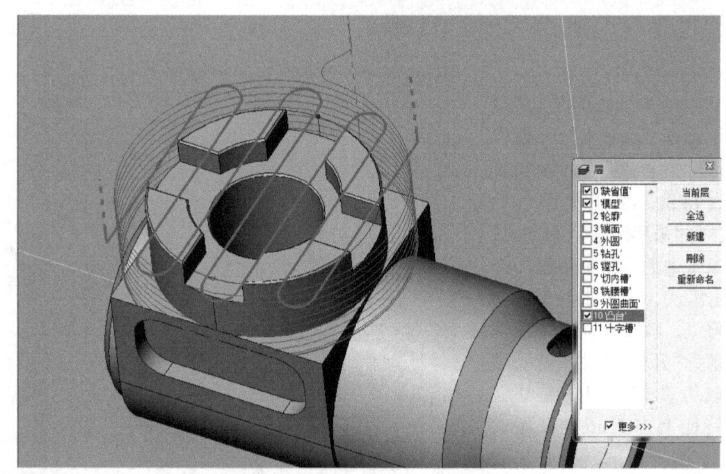

4. 铣接头十字槽

软件操作步骤	操作过程图示
1）新建图层“十字槽”，关闭无关图层，选中十字槽边线，右击切换，直至选中十字槽边线，用自动链特征生成十字槽的链特征，如右图所示	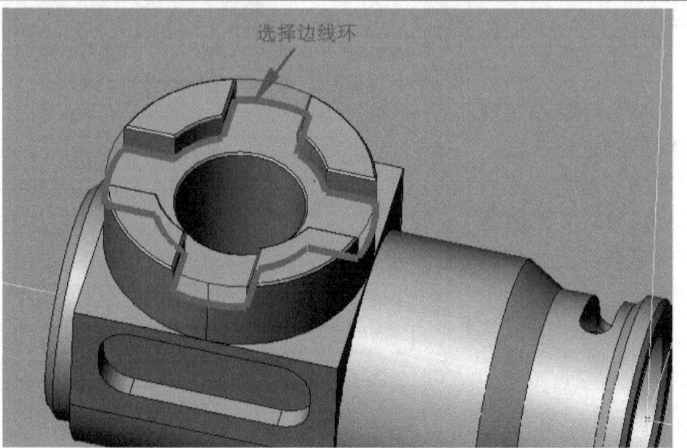

（续）

<table>
<tr><th>软件操作步骤</th><th>操作过程图示</th></tr>
<tr><td>

2）选中该特征，单击该特征底部的四个头部，在属性栏中将开放边界改为“True”，将型腔的边界设为开放，如右图所示

小贴士：调出属性栏可用快捷键 <Alt+Enter>；型腔特征边界如果开放，则铣刀可以在型腔外进刀或退刀，可以选中相应的边界进行修改

</td><td>

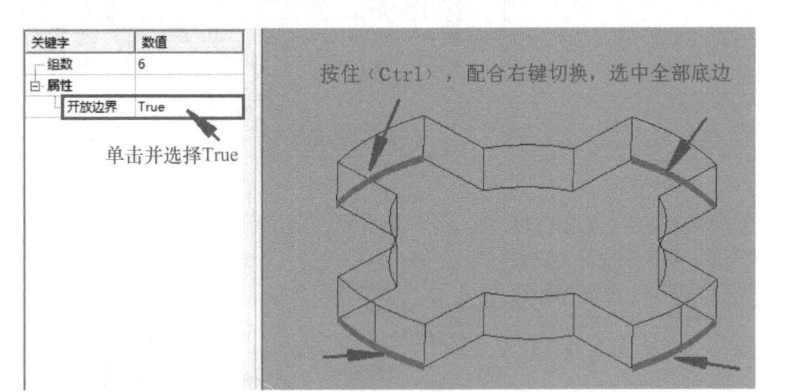

</td></tr>
<tr><td>

3）选中该特征，如果边界已经开放，特征相应的边线会由实线变为虚线，单击型腔铣削，设置参数，如右图所示

</td><td>

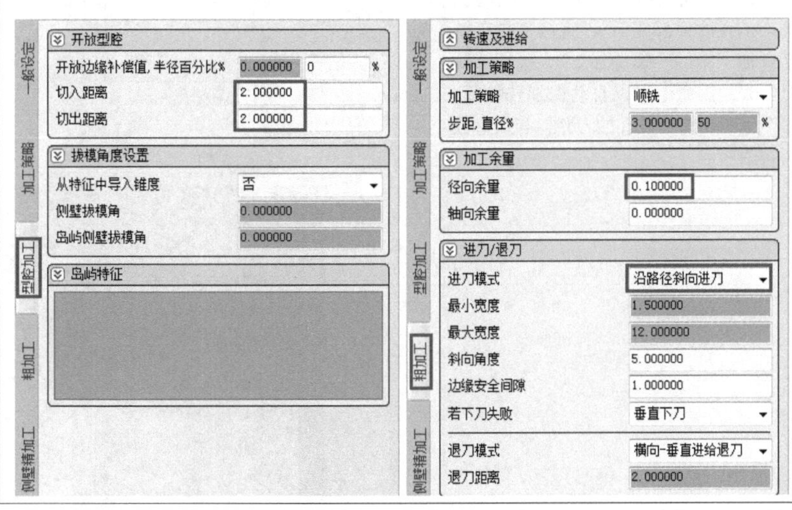

</td></tr>
</table>

（续）

软件操作步骤	操作过程图示
3）选中该特征，如果边界已经开放，特征相应的边线会由实线变为虚线，单击型腔铣削，设置参数，如右图所示	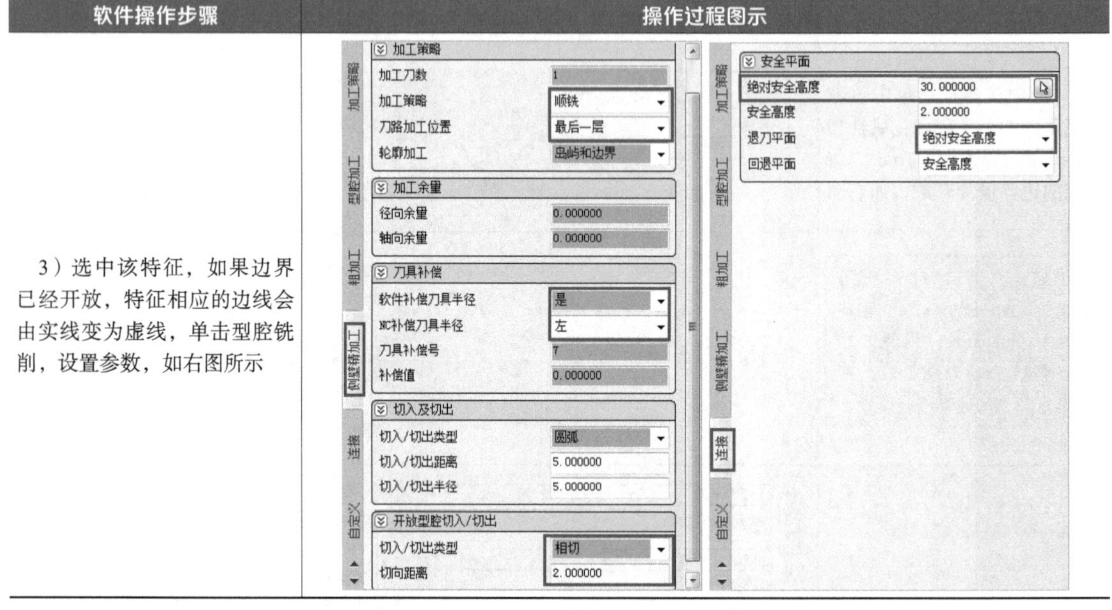

5. 铣转接孔

软件操作步骤	操作过程图示
单击十字槽端面（注：不是孔的侧壁，是孔的顶部端面），直接单击车铣复合加工中的“螺旋加工”，选用“铣刀 D6”，该命令可以自动识别孔特征，并产生一个螺旋铣孔的刀路，其余参数如右图所示	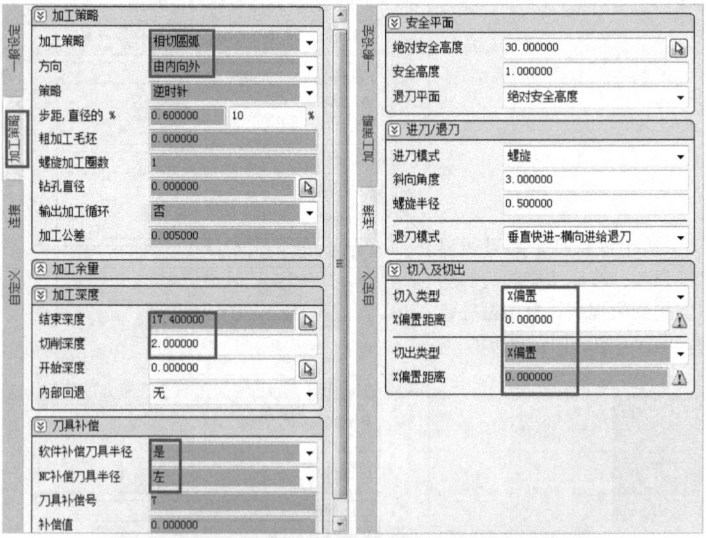 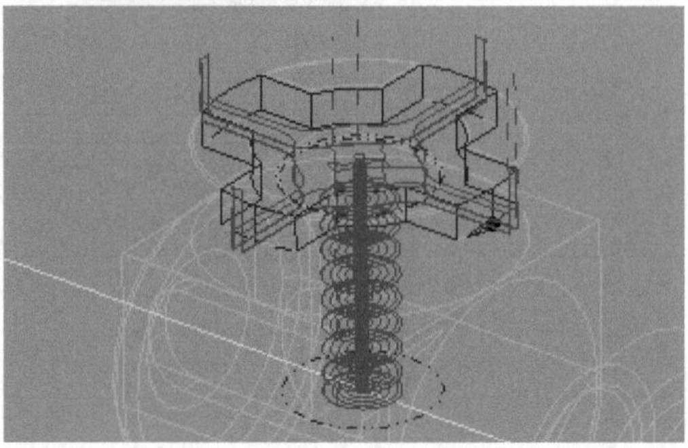

6. 铣侧壁凹槽

软件操作步骤	操作过程图示
单击零件侧面的凹槽底面，单击“型腔特征”，产生凹槽的型腔特征，选中该特征并单击型腔加工，修改切削深度为“0.5”，修改切入/切出的距离和半径均为“1”，其余不变，生成凹槽刀路，如右图所示	 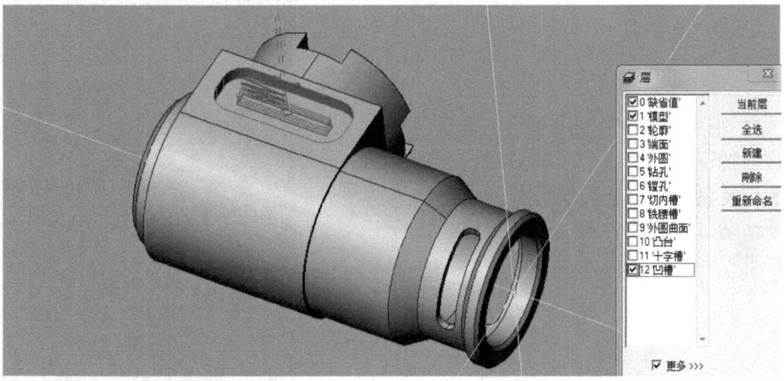

任务 6.5　倒角及切断

1. 凸台面倒角

软件操作步骤	操作过程图示
1）新建图层“倒角”，关闭其他无关图层，单击选中凸台倒角的一个边线环，使用自动链特征功能生成一个倒角轮廓的链特征，如右图所示	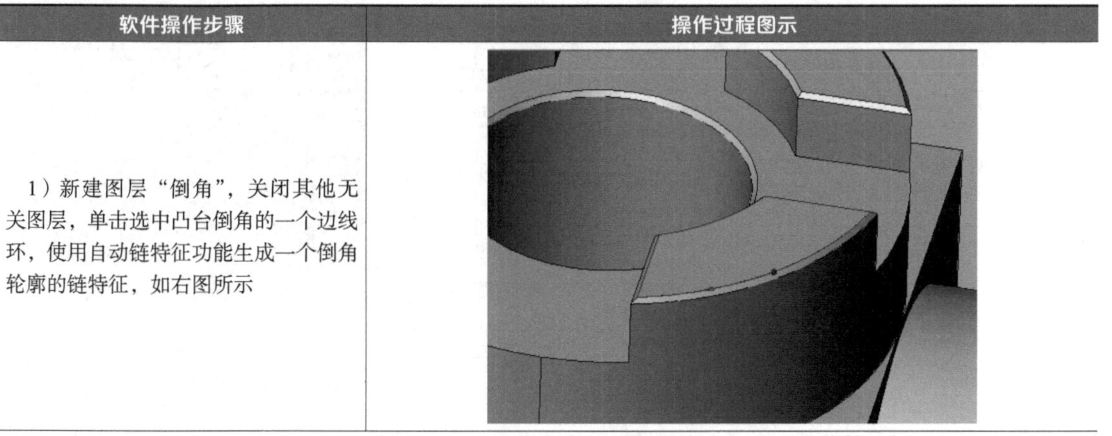

（续）

<table>
<tr><th>软件操作步骤</th><th>操作过程图示</th></tr>
<tr><td>2）选中该轮廓链特征，单击车铣复合加工中的“轮廓加工”命令，刀具选择“铣刀 D6”，加工策略中关闭精加工路径，关闭螺旋切削，其余参数设置如右图所示</td><td>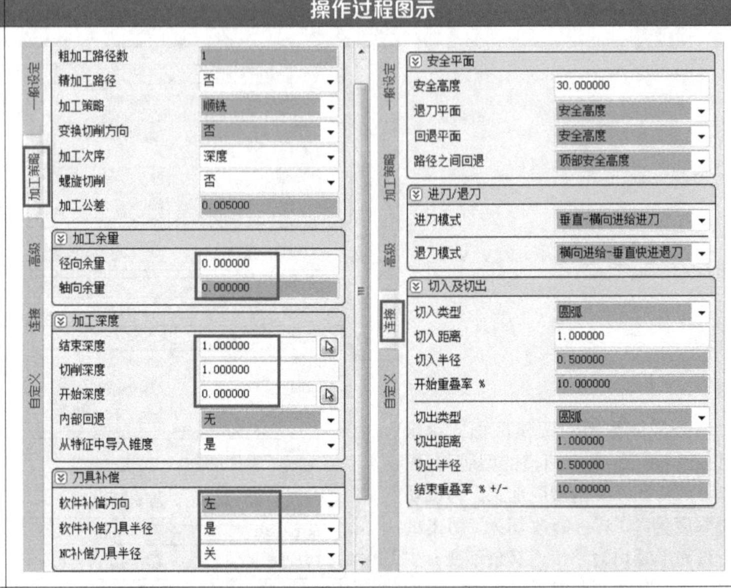
</td></tr>
<tr><td>3）用同样的方法获取其余三个凸台的链特征，选中已产生的刀路，右击选择复制，选中连轮廓特征，右击选择粘贴，得到凸台面的全部刀路，如右图所示</td><td>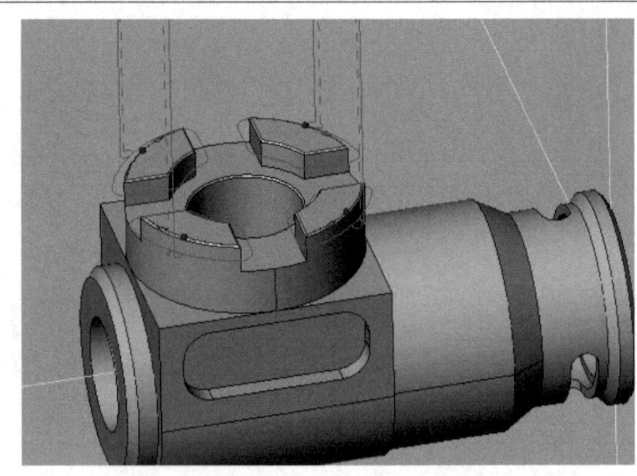</td></tr>
<tr><td>4）单击凸台中心的圆孔倒角轮廓，用自动链特征生成该倒角的链特征，单击“轮廓加工”，将加工深度中的“结束深度”和“切削深度”都修改为“4”，其余不变，生成如右图所示倒角刀路</td><td>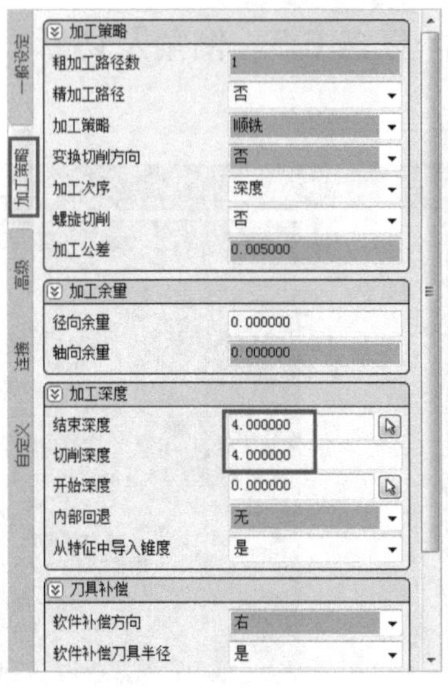

</td></tr>
</table>

2. 零件切断

<table>
<tr><th>软件操作步骤</th><th>操作过程图示</th></tr>
<tr><td>1）新建图层“切断”，恢复显示图层“轮廓”，关闭其他不用图层，选中最左端竖线，右击复制，选移动，Y方向平移“−4”，如右图所示</td><td>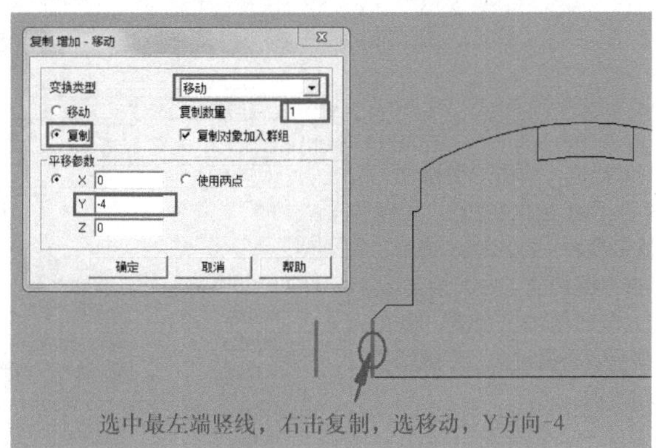
</td></tr>
<tr><td>2）用两点线把复制后的竖线与原始线段的中点连接起来，使用手动链特征选中倒角线段，产生倒角链特征，如右图所示</td><td>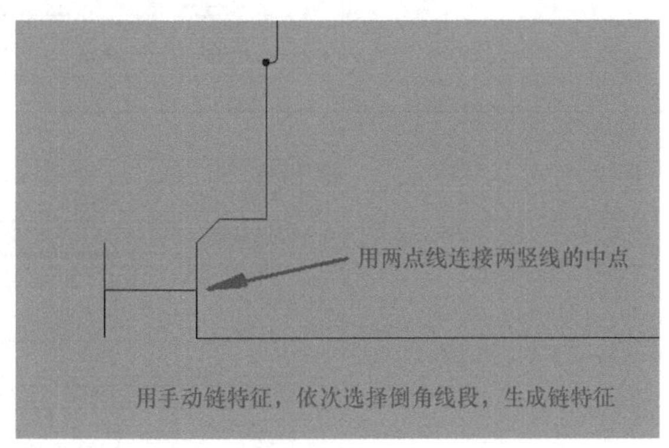
</td></tr>
<tr><td>3）选中该特征，单击“切槽加工”，选用切断刀“MGEHR2020”，注意修改进刀/退刀参数，进刀模式选用“先Z后X”，退刀模式选“先X后Z”，且不要留Z方向的精加工余量，以免刀具精车时侧壁切削量过大，生成切槽刀路，如右图所示</td><td>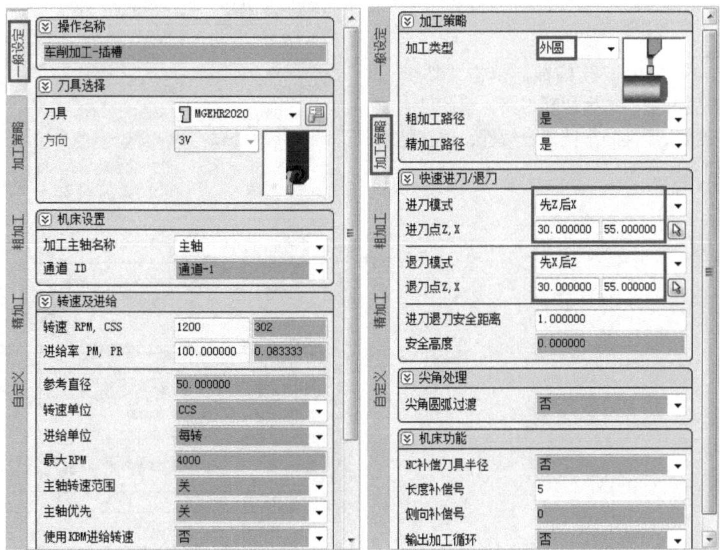
</td></tr>
</table>

（续）

<table>
<tr><th>软件操作步骤</th><th>操作过程图示</th></tr>
<tr><td>3）选中该特征，单击“切槽加工”，选用切断刀“MGEHR2020”，注意修改进刀/退刀参数，进刀模式选用“先Z后X”，退刀模式选“先X后Z”，且不要留Z方向的精加工余量，以免刀具精车时侧壁切削量过大，生成切槽刀路，如右图所示</td><td></td></tr>
<tr><td>4）选中该链特征，单击“切断”，设置参数，产生切断刀路，至此已完成转接头零件的车铣复合编程，仿真结果如右图所示</td><td>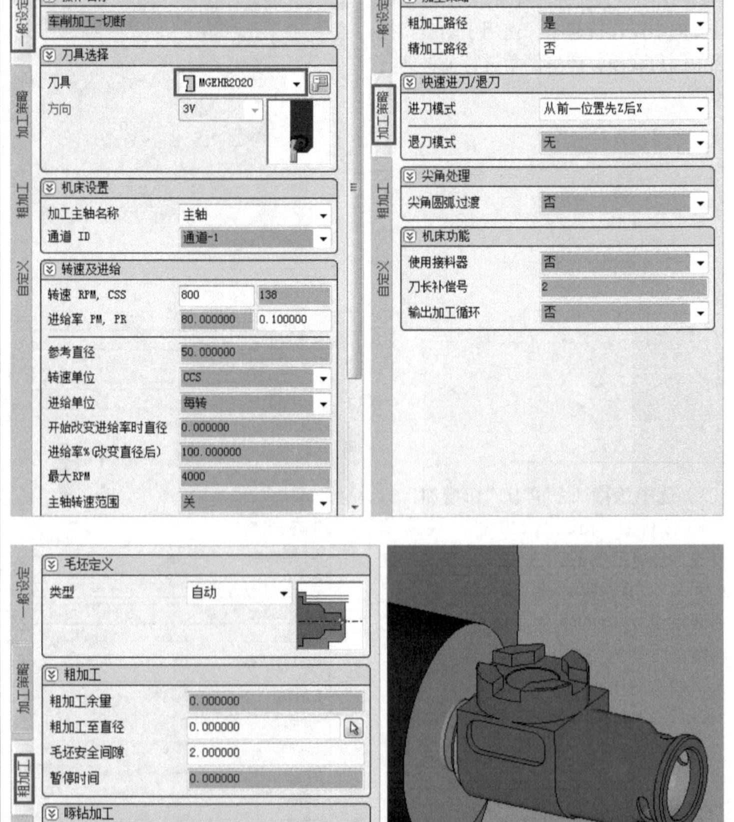
</td></tr>
</table>

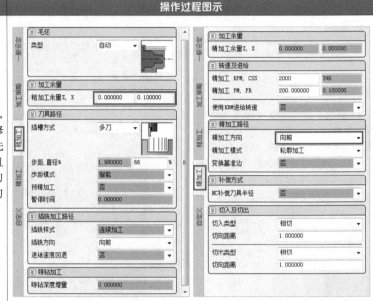

【任务拓展】

请利用 ESPRIT 软件，完成下图的编程与仿真加工。

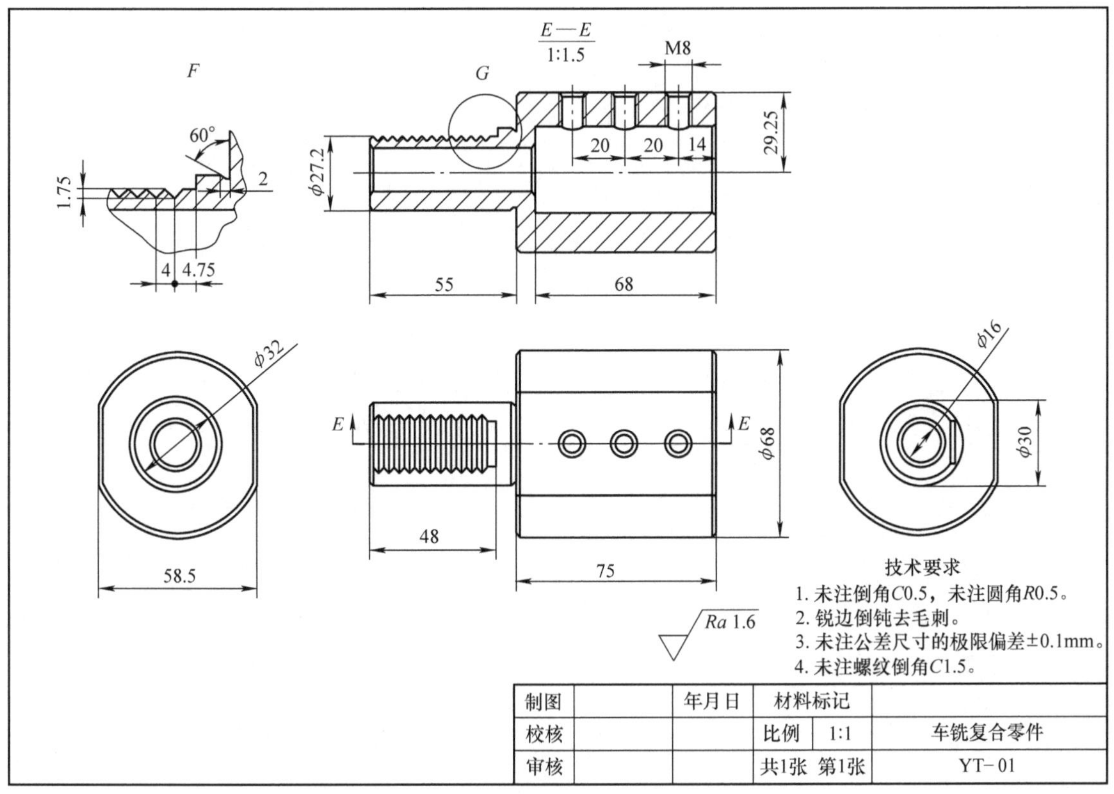

模块四

B 轴车铣复合编程

高级车铣复合机床通常具备能旋转联动的 B 轴，能够完成类似五轴加工中心的“3+2”加工和五轴联动加工，是高级车铣复合技术的运用。本模块通过 U 钻刀柄和伞齿轮的车铣复合加工编程，介绍了 ESPRIT 中 B 轴定位加工斜面斜孔、五轴粗铣、五轴联动精铣、双主轴传料、双刀塔同步加工等高级车铣复合功能。

项目七

U钻刀柄的车削编程

U 钻刀柄由多个斜面及斜孔构成，且两头有较高的同轴度要求，利用具备 B 轴定位加工功能和双主轴传料功能的车铣复合机床可以很好地满足加工精度要求，具有一定的五轴定位加工代表性。

【任务描述】

校办工厂接单，要求完成如图 7-1 和图 7-2 所示的 U 钻刀柄，零件材料为低碳合金钢，毛坯为 $\phi 52 \times 152$ 的棒料，本次项目使用的是 CTX_beta_1250TC 车铣复合加工中心，如图 7-3 所示，该机床具备双主轴和 B 轴旋转功能，利用该机床 B 轴旋转刀轴角度，加工刀柄的斜面和斜孔，利用机床副主轴完成零件的调头。

本项目建议理论学时：6 学时　实操学时：20 学时。

【任务目标】

通过本任务的学习，学生应掌握以下目标：

1）完成 B 轴定位，加工斜孔和斜面。

2）完成双主轴传料调头。

【任务实施】

任务 7.1　编程准备

任务 7.2　B 轴车削

任务 7.3　B 轴铣平面及斜面

任务 7.4　B 轴钻孔铣孔

任务 7.5　双主轴传料

任务 7.6　调头 B 轴车削

任务 7.7　调头 B 轴铣削

U 钻刀柄的零件图如图 7-1 和图 7-2 所示。

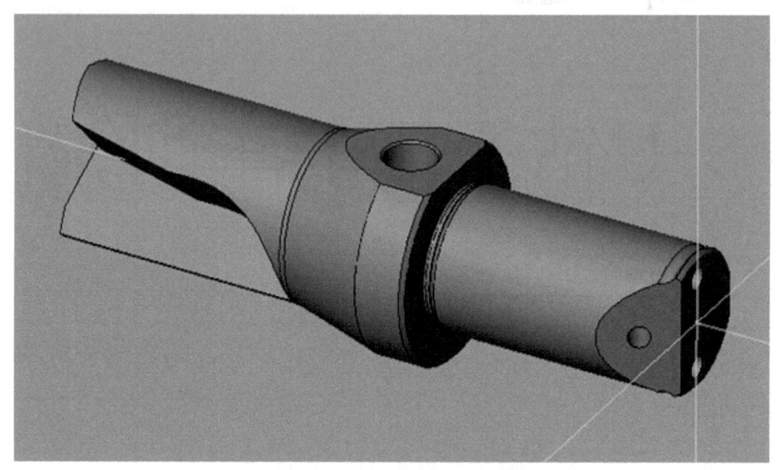

图 7-1　U 钻刀柄零件图（1）

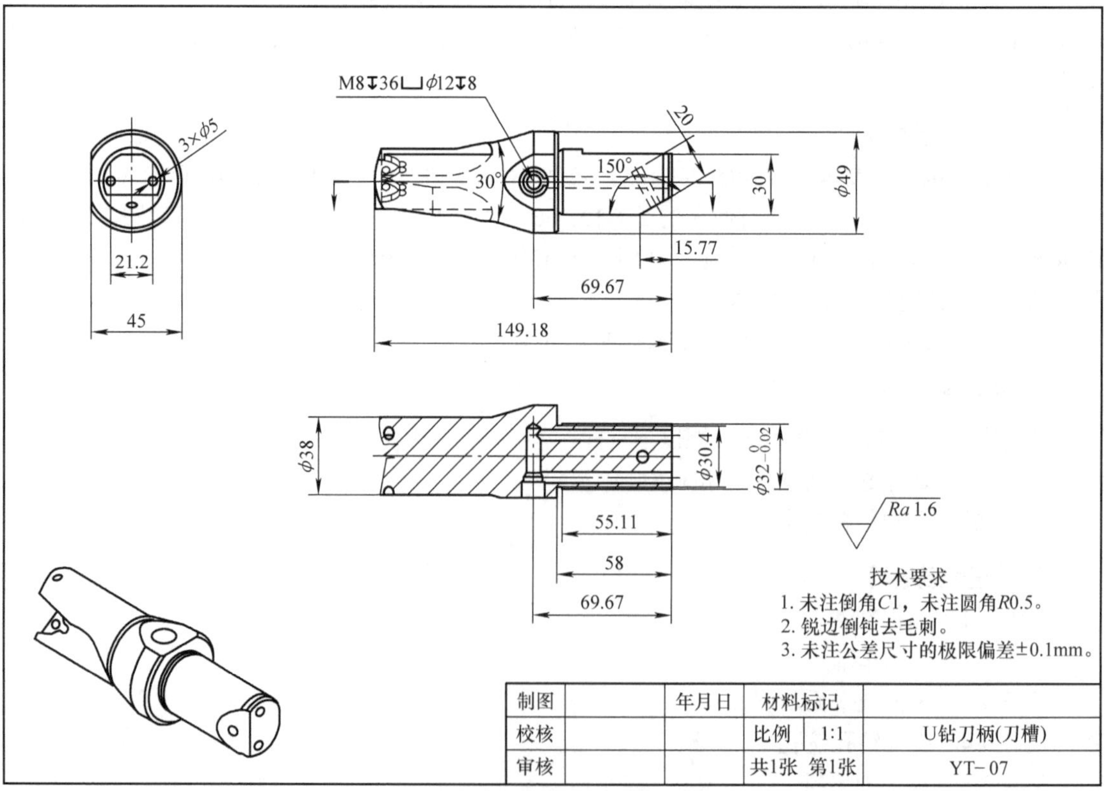

M8↧36⌴ϕ12↧8

3×ϕ5

21.2　45　30°　150°　20　30　ϕ49　15.77　69.67　149.18

ϕ38　ϕ30.4　$\phi 32_{-0.02}^{\ 0}$　55.11　58　69.67

Ra 1.6

技术要求

1. 未注倒角C1，未注圆角R0.5。
2. 锐边倒钝去毛刺。
3. 未注公差尺寸的极限偏差±0.1mm。

制图		年月日	材料标记		
校核			比例	1:1	U钻刀柄(刀槽)
审核			共1张 第1张		YT- 07

图 7-2　U 钻刀柄零件图（2）

CTX_beta_1250TC 车铣复合加工中心：

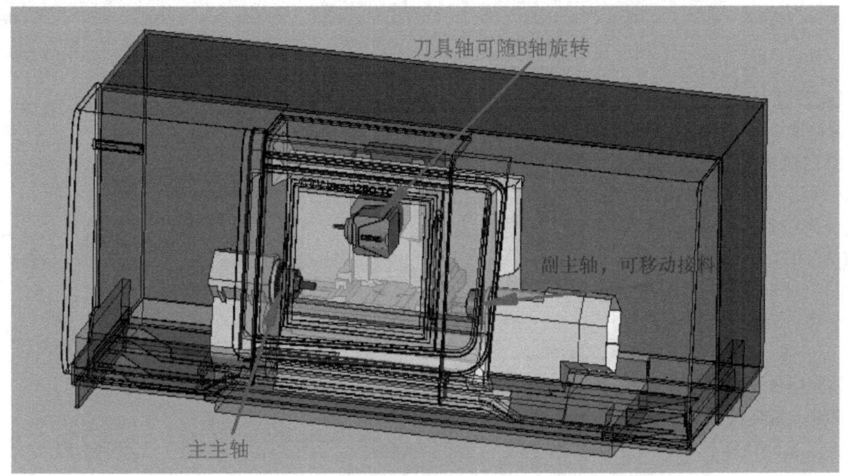

图　7-3

任务 7.1　编程准备

1. 工艺分析

软件操作步骤	操作过程图示
CTX_beta_1250TC 车铣复合加工中心具备双主轴和 B 轴旋转功能，利用该机床 B 轴旋转刀轴角度，加工刀柄的斜面和斜孔，然后使用机床副主轴完成零件的调头	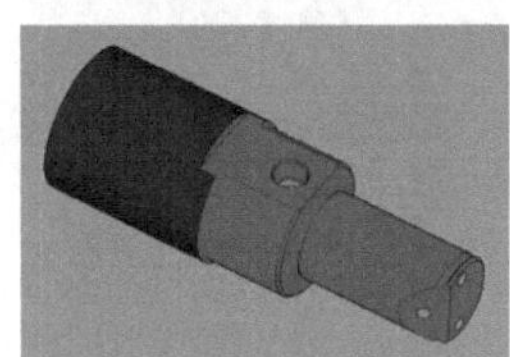 第一步，主主轴加工 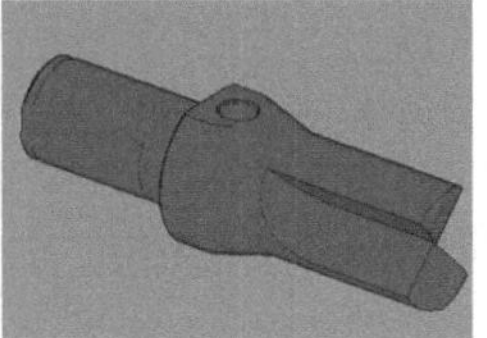 第二步，副主轴加工

2. 导入工件、机床并设置毛坯

软件操作步骤	操作过程图示
1）新建一个文件，打开项目七中的“U 钻刀柄 .stp”文件，使用项目管理器中的测量功能，分别单击刀柄模型的端面和顶部边线，用“获取最短”功能测量出零件的总长，该数值可以选中后右击复制用于设置工件总长，如右图所示	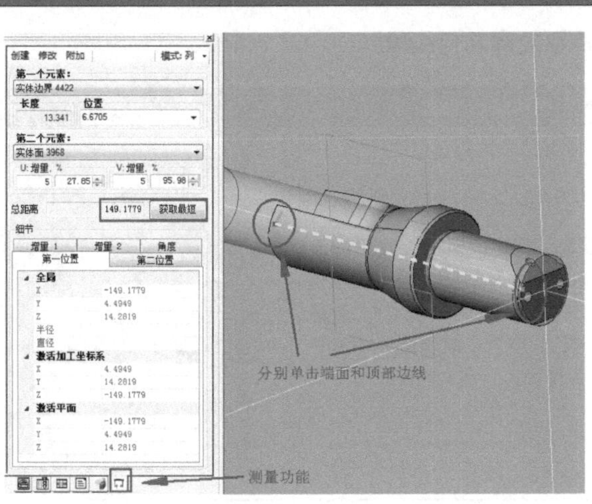

（续）

软件操作步骤	操作过程图示
2）单击“机床设置 ”，弹出“车削机床设定”对话框，在“车削机床设定”对话框中空白位置单击鼠标右键，选中“打开”，弹出打开文件对话框，在本章练习文件夹中找到EMS机床文件“CTX_beta_1250TC”，单击打开，设置毛坯尺寸及毛坯原点的起始位置，复制粘贴工件长度，“车铣旋转退刀移动”中的“退刀位置”要切换选择为“换刀”，在“装配组件”中修改“机床原点XYZ”，调整卡爪夹持位置，如右图所示	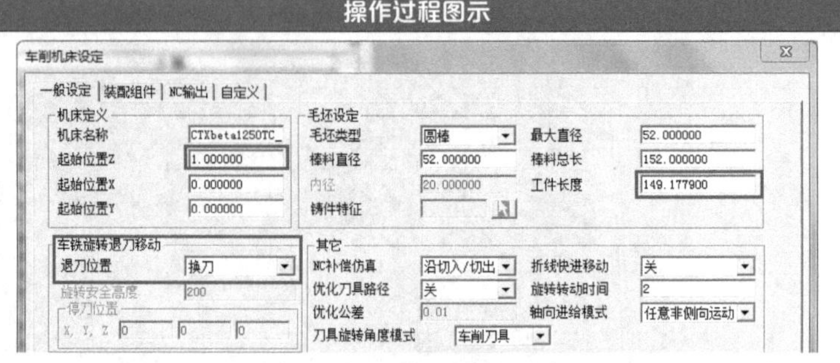 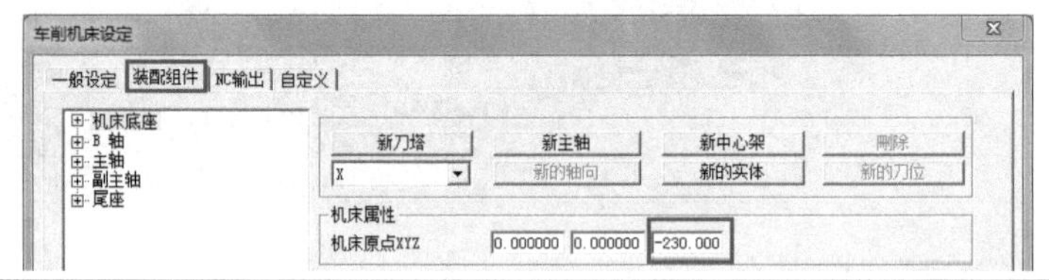

3. 导入刀具

软件操作步骤	操作过程图示
单击项目管理器中的刀具栏，右击“文件”/“打开”，选中“项目七刀具”，完成零件编程准备，如右图所示	

任务7.2　B轴车削

1. 提取轮廓几何线段

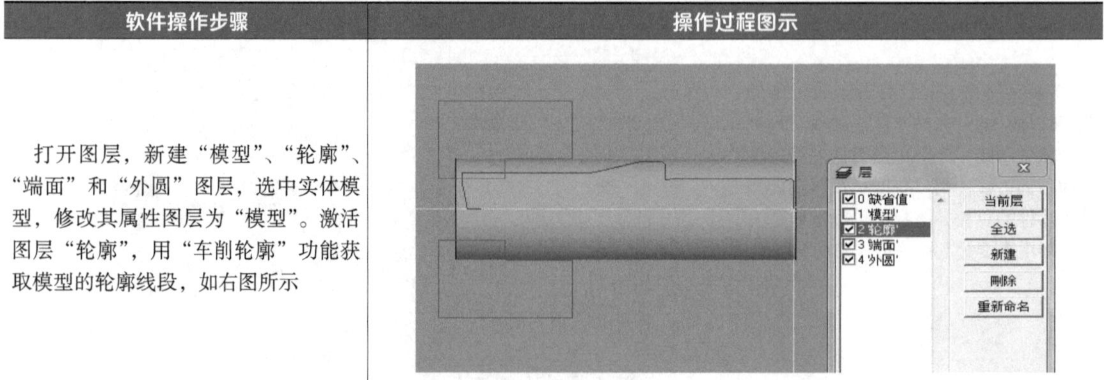

软件操作步骤	操作过程图示
打开图层，新建“模型”、“轮廓”、“端面”和“外圆”图层，选中实体模型，修改其属性图层为“模型”。激活图层“轮廓”，用“车削轮廓”功能获取模型的轮廓线段，如右图所示	

2. 端面车削

软件操作步骤	操作过程图示
激活图层“端面”，使用“点”功能绘制端面直线的起点，再用手动链特征，生成端面直线链特征，如右图所示	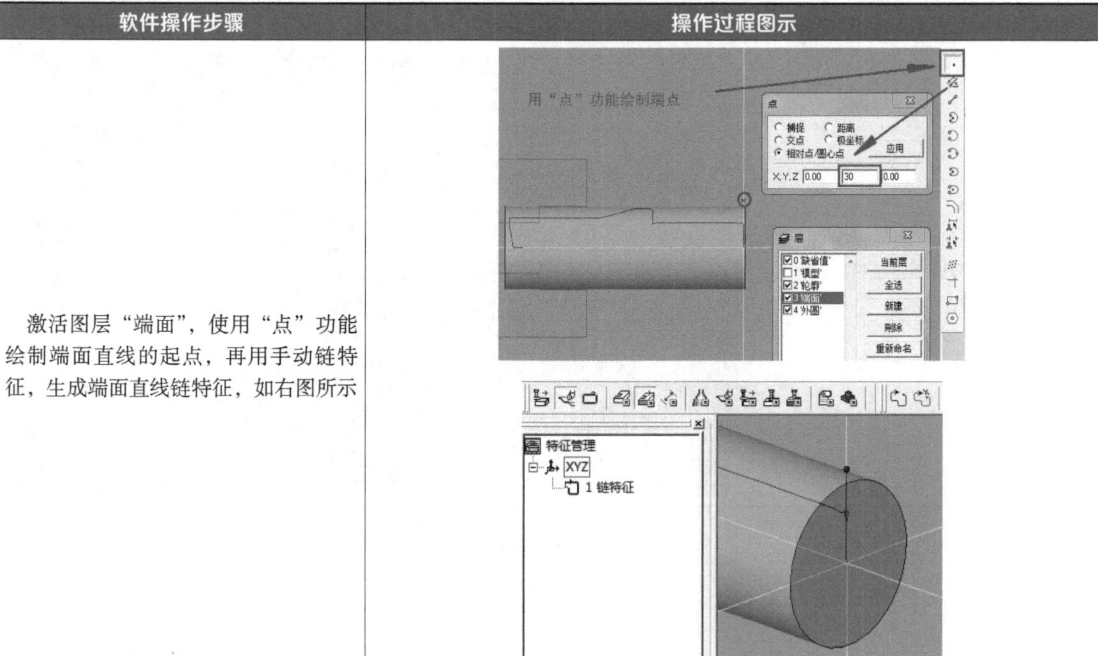

3. B轴定角度端面车削

软件操作步骤	操作过程图示
1）因为工件端面距离机床的主主轴及卡盘很近，为了避免干涉碰撞，可以利用机床B轴的旋转功能配合车刀的主偏角，将B轴上的端面车刀偏转一个合适角度，本例使用的车刀是55°刀片对中布置的车刀，刀具形状及设置参数如右图所示	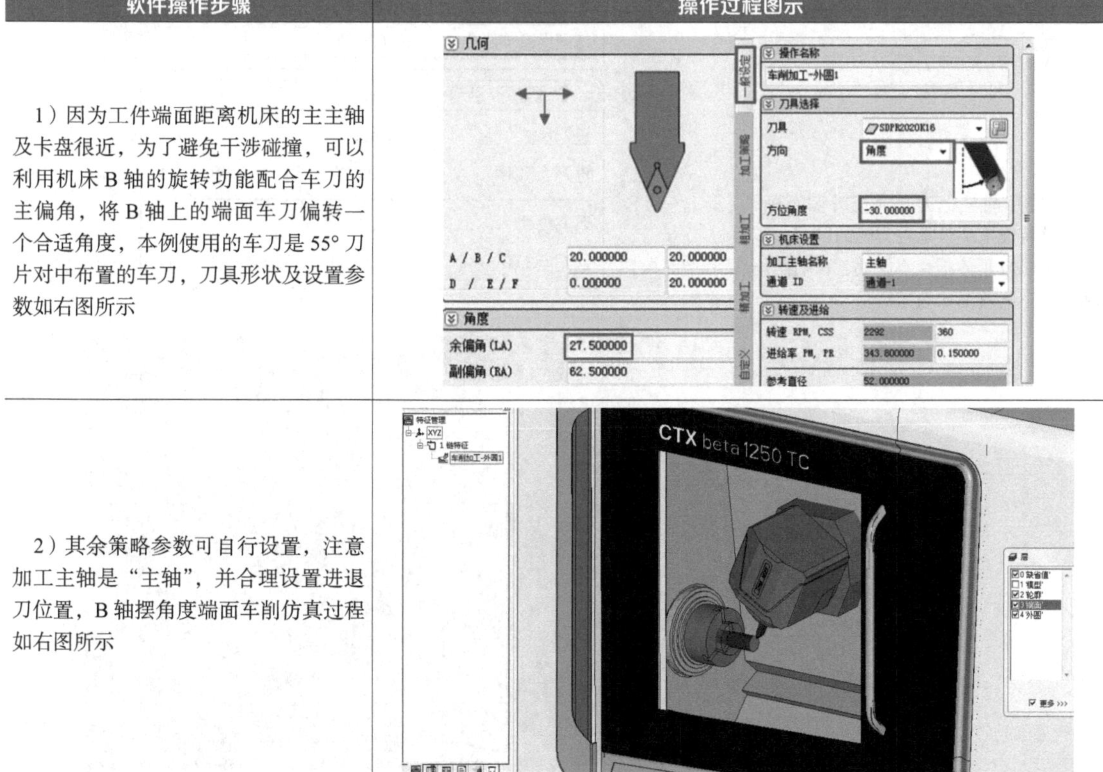
2）其余策略参数可自行设置，注意加工主轴是“主轴”，并合理设置进退刀位置，B轴摆角度端面车削仿真过程如右图所示	

4. B轴定角度外圆车削

软件操作步骤	操作过程图示
1）激活“外圆”图层，用自动链特征功能生成外圆轮廓特征链，注意链特征的方向，如右图所示	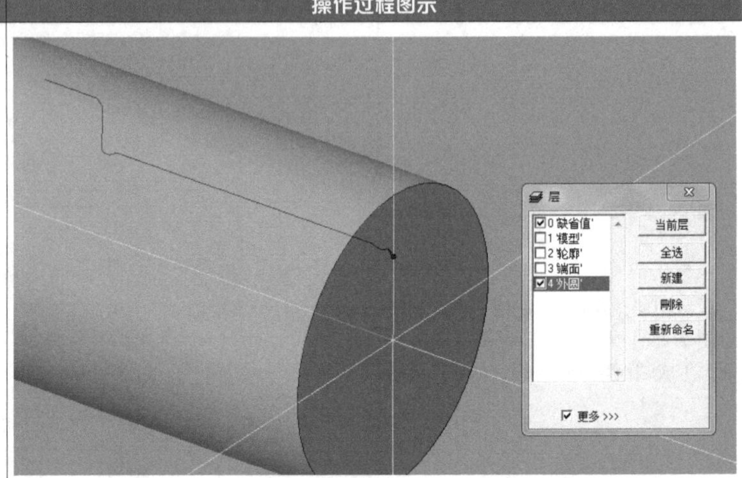
2）使用同一把刀具完成外圆车削，因为链特征末端只是在刀柄的锥部，车削外圆时应延伸结束点距离，B轴摆角度外圆车削效果如右图所示	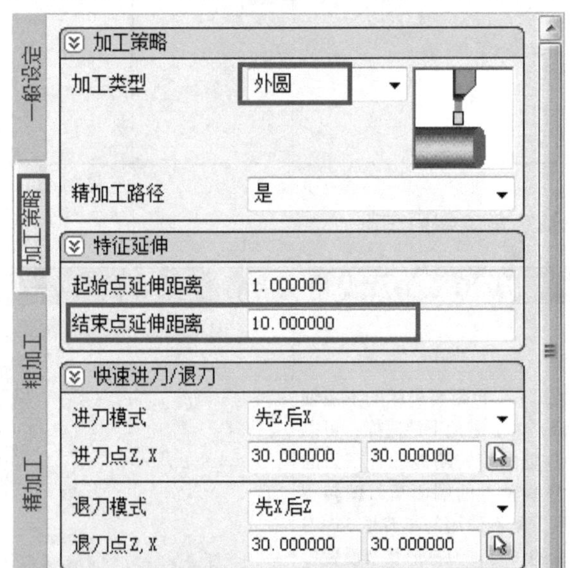 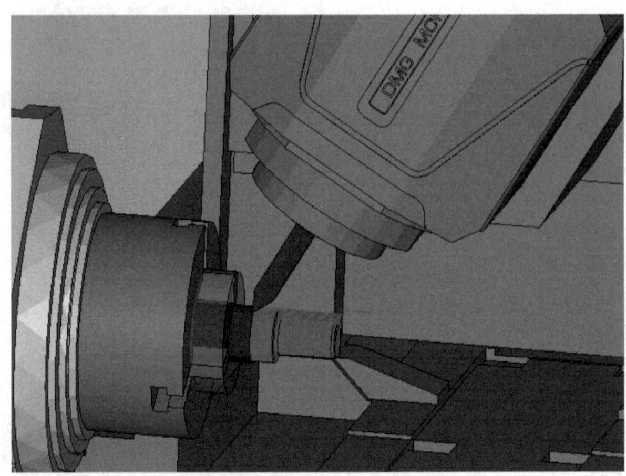

任务 7.3　B 轴铣平面及斜面

1. 刀柄固定面铣削

<table>
<tr><th>软件操作步骤</th><th>操作过程图示</th></tr>
<tr><td>选中刀柄的固定面，单击“车铣复合—型腔加工 ”，ESPRIT 能自动产生一个型腔，其他参数设置如右图所示</td><td>
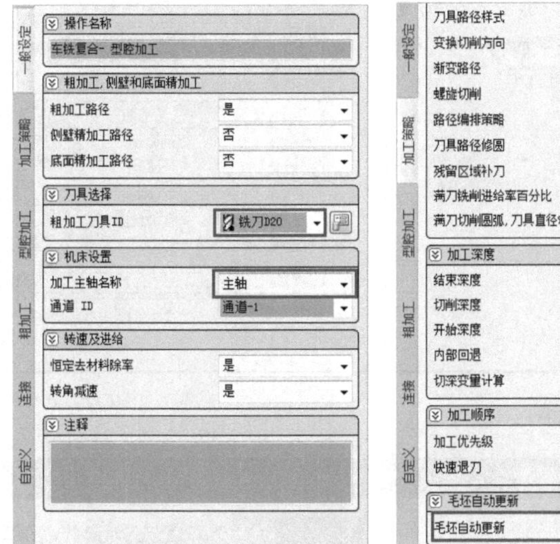

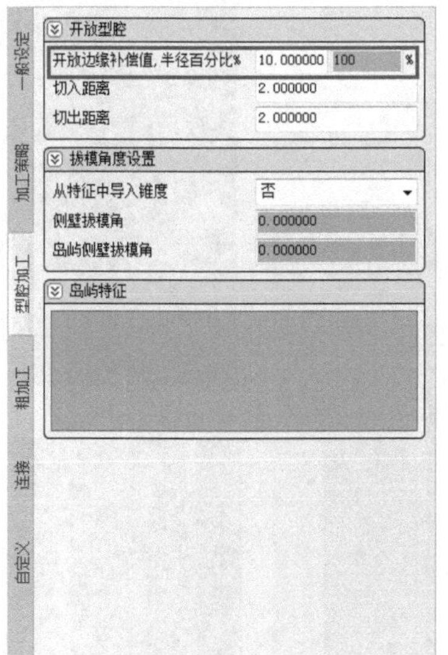

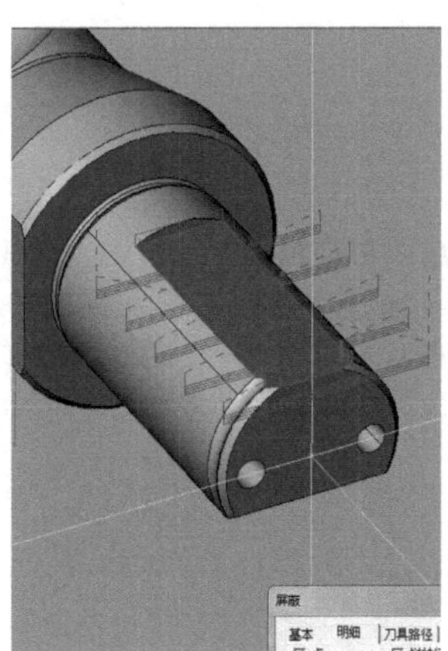
</td></tr>
</table>

2. 刀柄侧面铣削

软件操作步骤	操作过程图示
选中刀柄的侧面，单击“车铣复合—面加工 ”，该平面将产生一个岛，设置参数，如右图所示	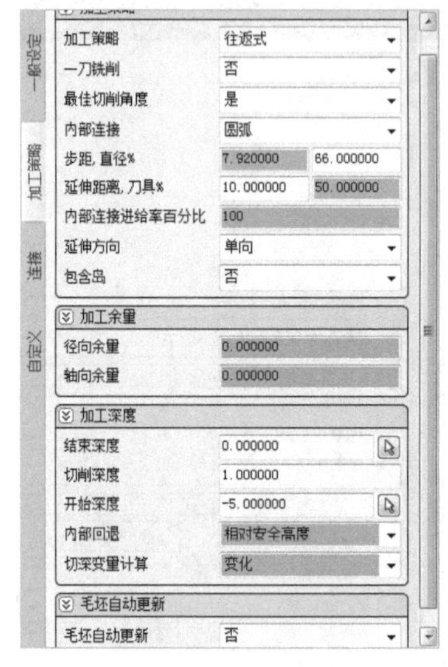 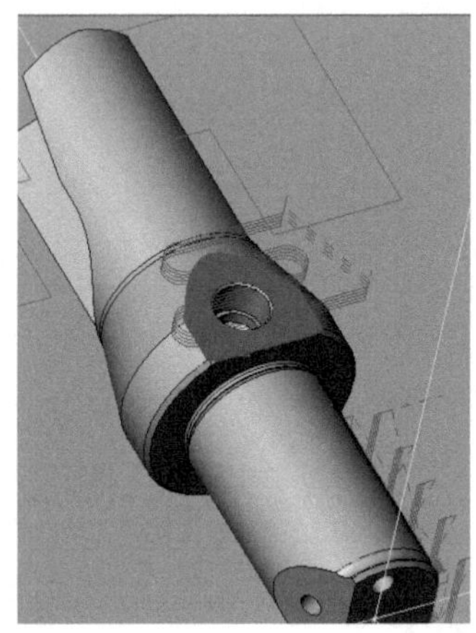

3. 刀柄斜面铣削

软件操作步骤	操作过程图示
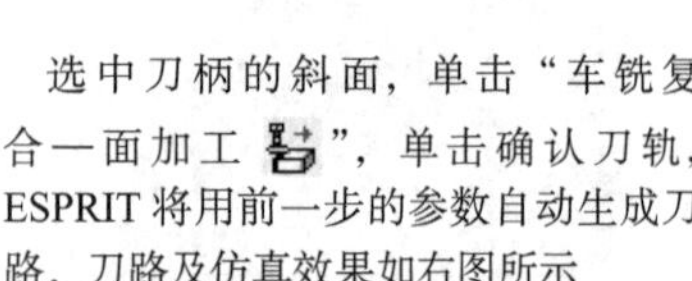 选中刀柄的斜面，单击“车铣复合—面加工 ”，单击确认刀轨，ESPRIT 将用前一步的参数自动生成刀路，刀路及仿真效果如右图所示	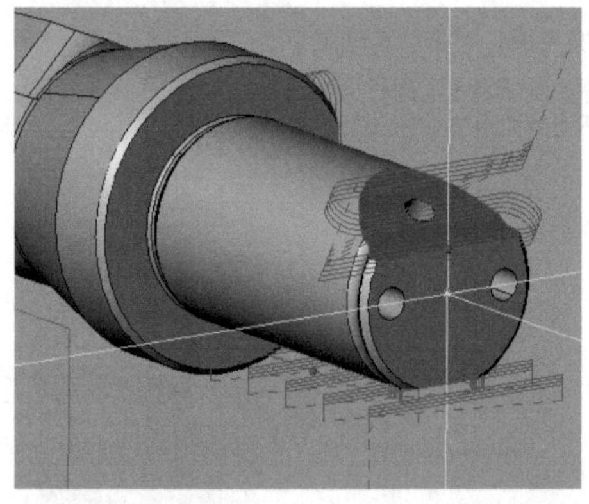 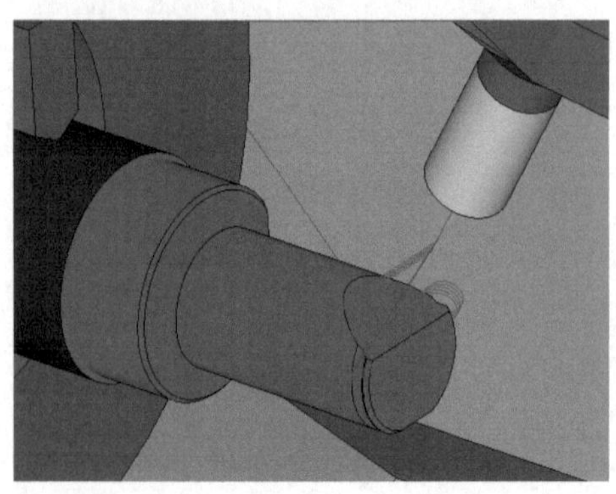

任务 7.4　B 轴钻孔铣孔

1. 钻中心孔

软件操作步骤	操作过程图示
1）打开图层，新建“中心孔”图层，关闭无关图层，单击“孔特征（旧版）”，选中零件模型，单击确定，软件将自动识别模型中小于 20mm 的孔，产生孔特征，切换显示效果至线框，生成的孔特征如右图所示	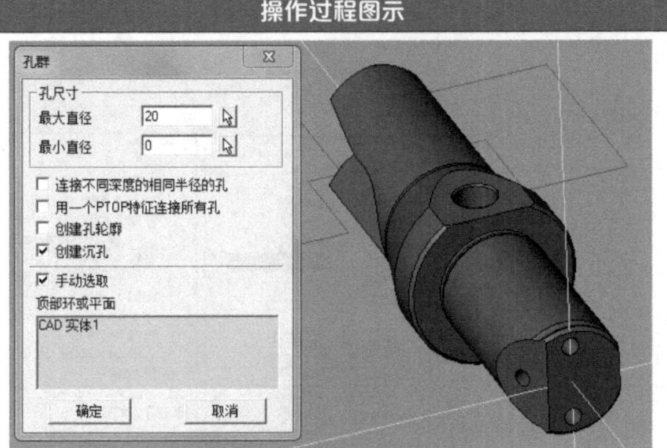 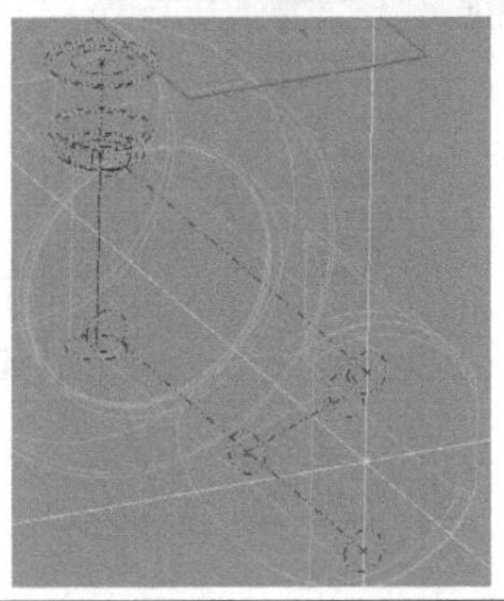
2）选中生成的孔特征（注意不要选择重复的孔特征），单击“钻孔”，设置刀具及其他参数，产生中心钻孔刀路，如右图所示	一般设定　钻孔　自定义 操作名称 车铣复合-钻孔加工 刀具选择 刀具 ID　h1-中心钻A3 机床设置 加工主轴名称　主轴 通道 ID　通道-1 转速及进给 加工转速 RPM, SPM　5457　60 Z 进给率 PM, PR　5457.000000　1.000000 使用RBM进给转速　否 注释 钻孔循环 循环类型　钻孔 反向　否 加工深度 结束深度　4.000000 开始深度　0.000000 使用倒角直径　否 刀尖已包括　否 安全平面 绝对安全高度　10.000000 安全高度　2.000000 退刀平面　安全高度 结束点退刀平面　初始安全高度 机床功能 输出加工循环　否 暂停　0.000000 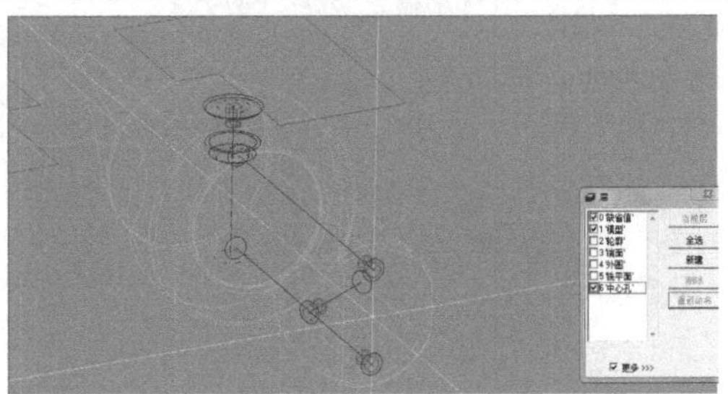

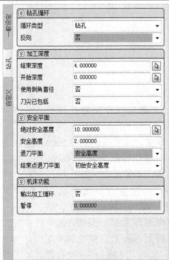

2. 钻孔5mm

软件操作步骤	操作过程图示

1）打开图层，新建“钻孔 1”图层，按 <Alt+Enter> 打开属性栏，单击前一步生成的孔特征，可以在属性栏中看见该特征的直径和深度，如右图所示

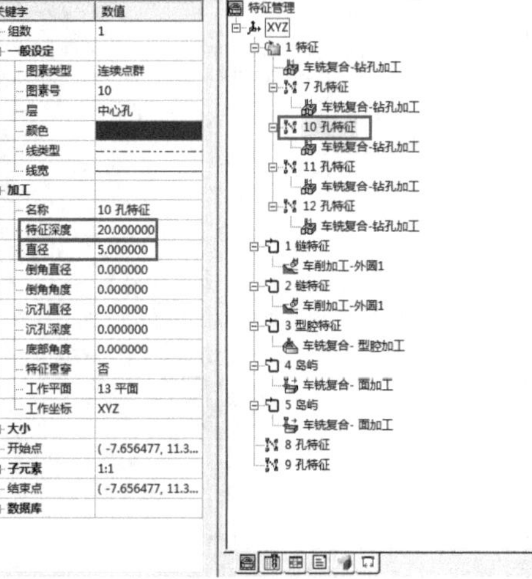

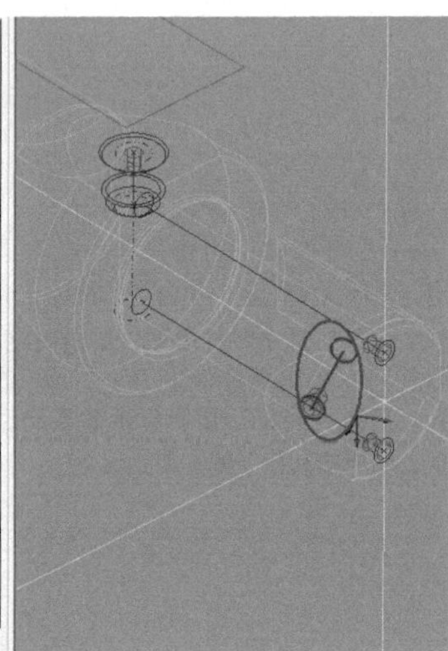

2）通过查看所有孔特征属性，可知零件的钻孔大小和深度，选中端面上的 5mm 孔，该孔深度为 67.224mm，单击“车铣复合—钻孔加工 ”，设置刀具为“钻头 D5”，采用“啄钻”加工，结束深度为“68”。同理，选中斜面上 5mm 孔，该孔的深度为 20mm，复制上一个钻孔程序，粘贴到此处，并修改刀路的结束深度为 20mm，生成钻孔刀路，如右图所示

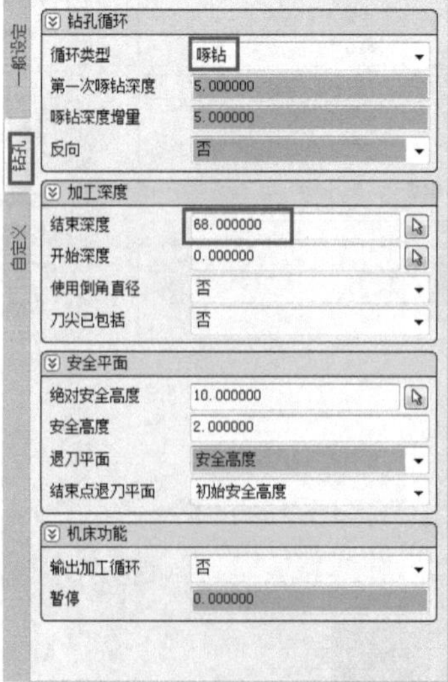

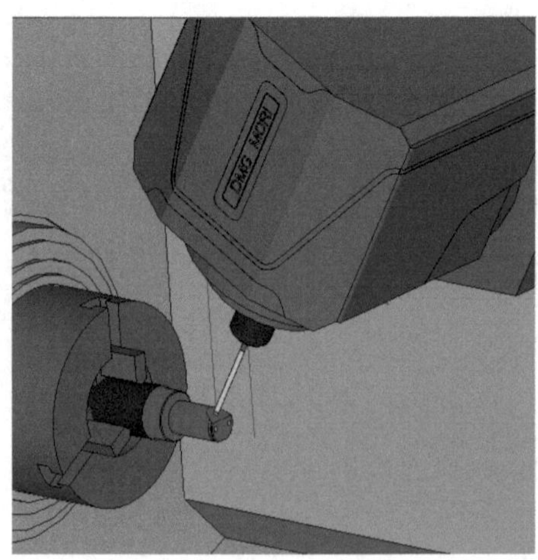

3. 钻孔7mm

软件操作步骤	操作过程图示
同理，新建图层“钻孔 2”，单击7mm 的孔特征查看孔深度为“33.979”，粘贴刀路，并修改刀具为“钻头 D7”，孔的结束深度为“34”，如右图所示	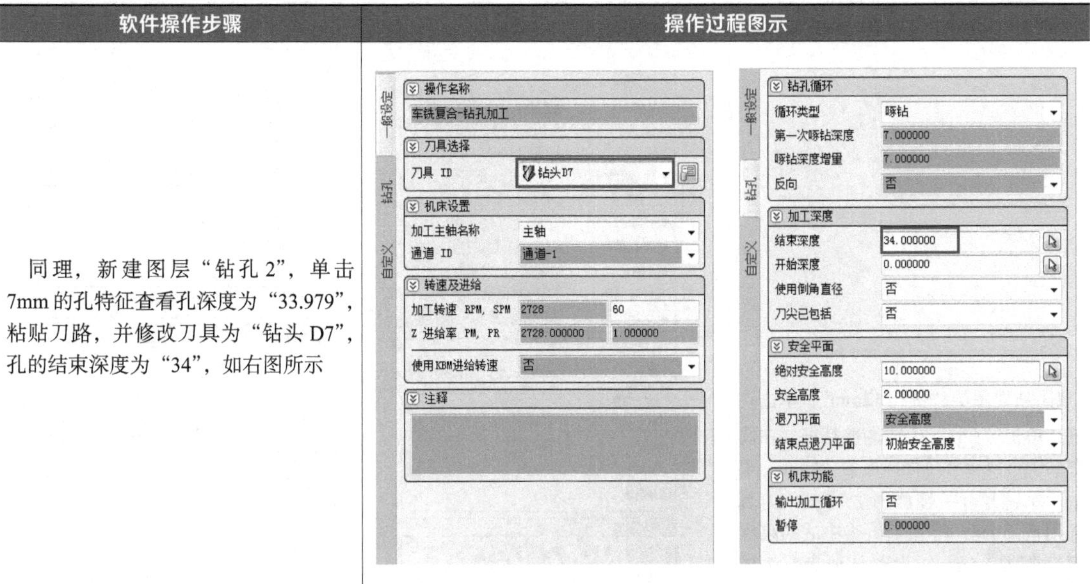

4. 扩孔10.2mm

软件操作步骤	操作过程图示
新建“扩孔 10.2”，单击该孔查看特征深度为“10.576”，复制前一步的钻孔刀路，修改刀具为“钻头 D10.2”，深度为 10.576mm，如右图所示	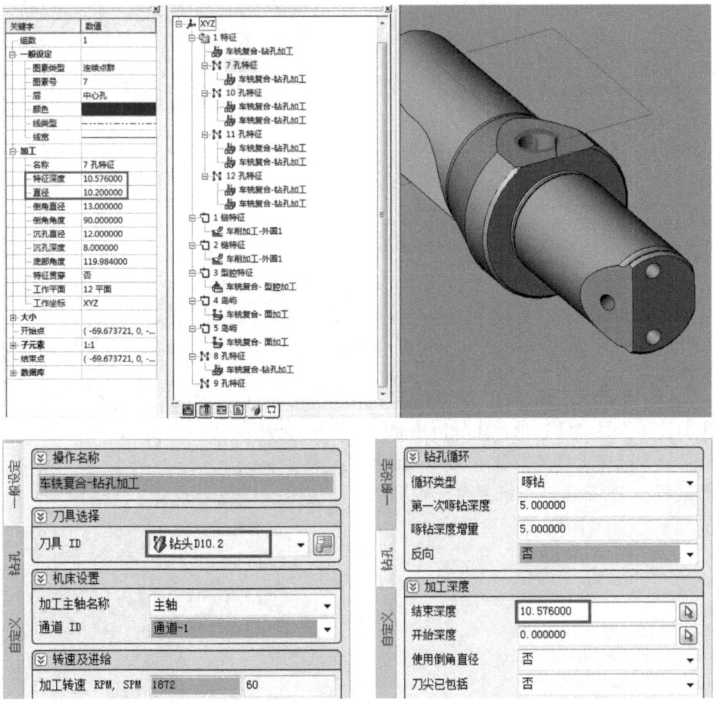

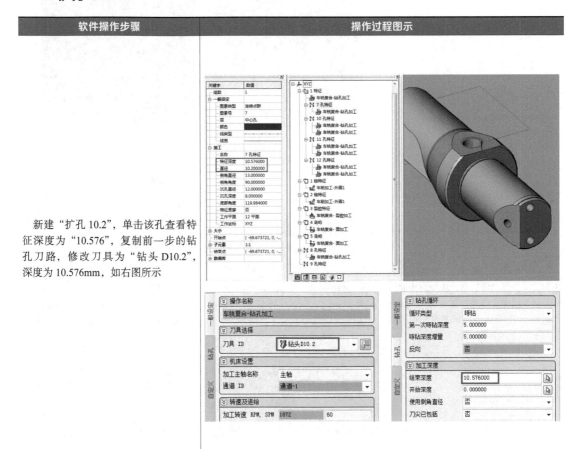

5. 铣孔12mm及倒角

软件操作步骤	操作过程图示

1）新建图层“铣孔 12mm”，单击孔壁，单击“![]”生成侧壁特征，在属性栏中可以查看特征深度为 7.5mm，单击“车铣复合—螺旋加工 ![]”，刀具选用铣刀 D8，将加工策略中的结束深度修改为 7.5mm，设置其他参数生成螺旋铣孔刀路，如右图所示

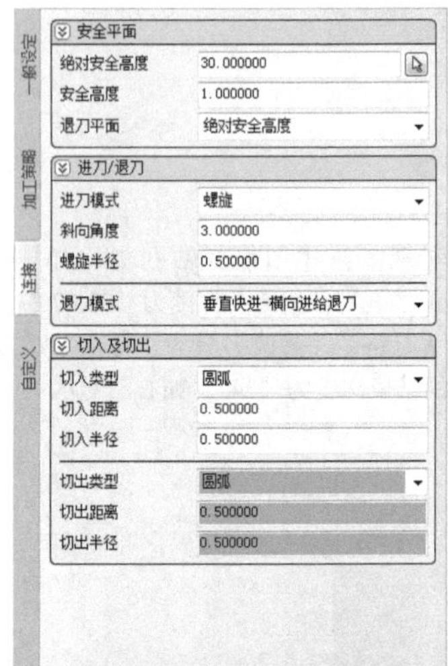

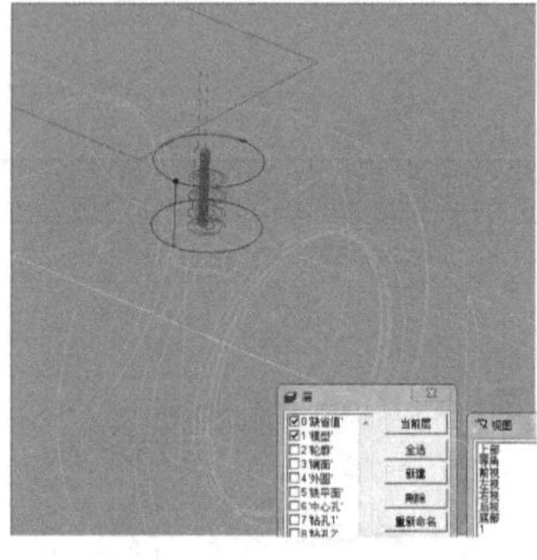

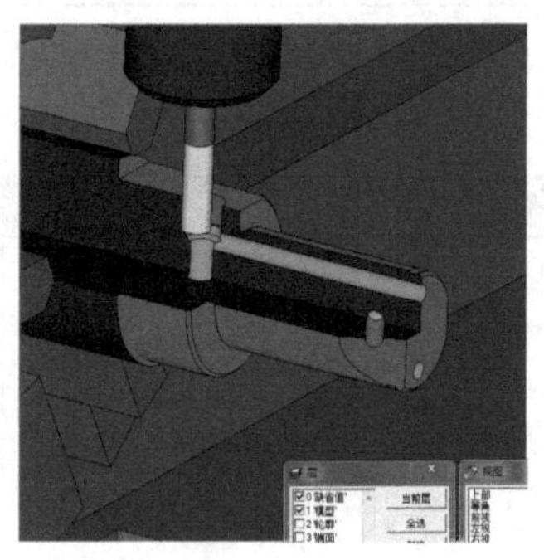

2）新建图层“倒角”，单击拾取倒角面，单击自动链特征，生成倒角面的链特征，选中上部链特征（也可以选下部链特征），单击“车铣复合—轮廓加工 ![]”，如右图所示

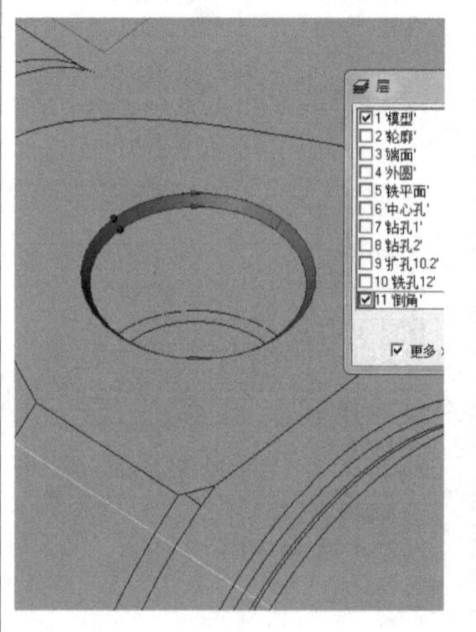

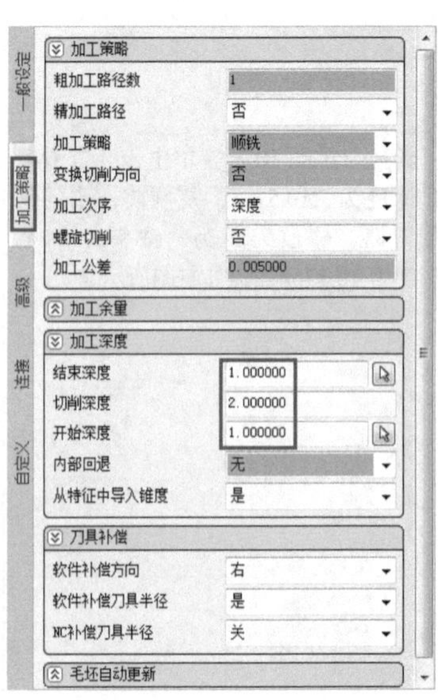

（续）

<table>
<tr><th>软件操作步骤</th><th>操作过程图示</th></tr>
<tr><td>2）新建图层“倒角”，单击拾取倒角面，单击自动链特征，生成倒角面的链特征，选中上部链特征（也可以选下部链特征），单击“车铣复合—轮廓加工 ”，如右图所示</td><td>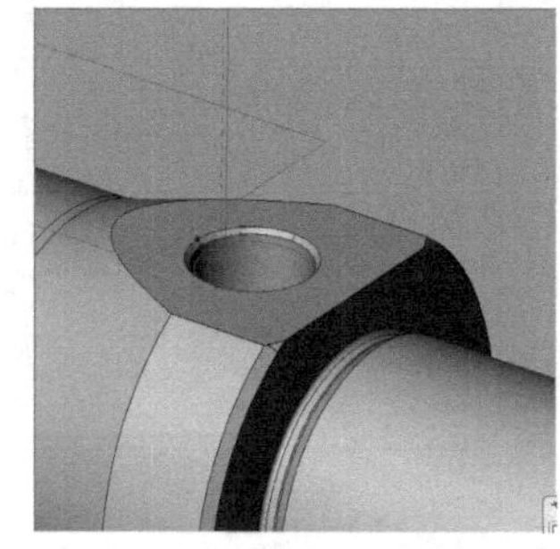 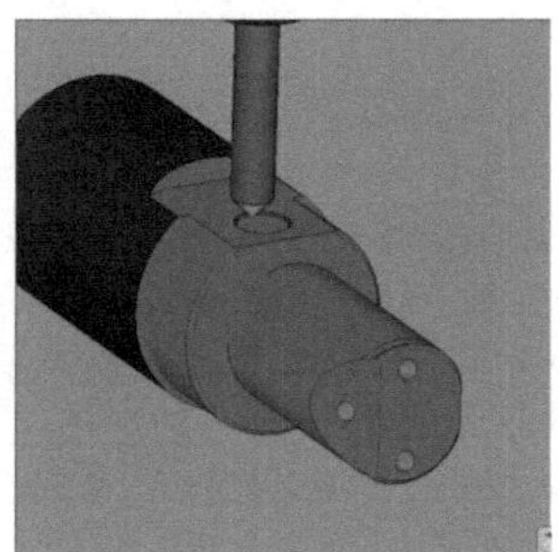</td></tr>
</table>

任务 7.5　双主轴传料

<table>
<tr><th>软件操作步骤</th><th>操作过程图示</th></tr>
<tr><td>1）因为 CTX_beta_1250TC 没有下刀塔，在进行双主轴传料工序时，只需要将 B 轴“回零”并移至安全位置即可避免干涉。该操作可以人工编辑录入，也可以由 ESPRIT 后处理程序完成。单击加工设置，再单击停刀操作，设置机床先换刀再将 B 轴移动至主主轴附近，如右图所示</td><td>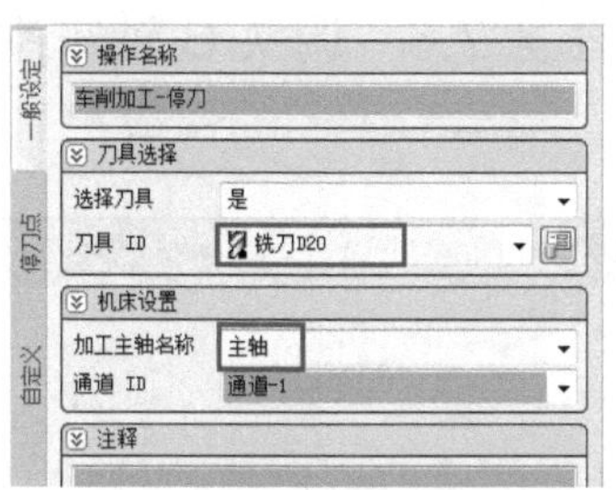

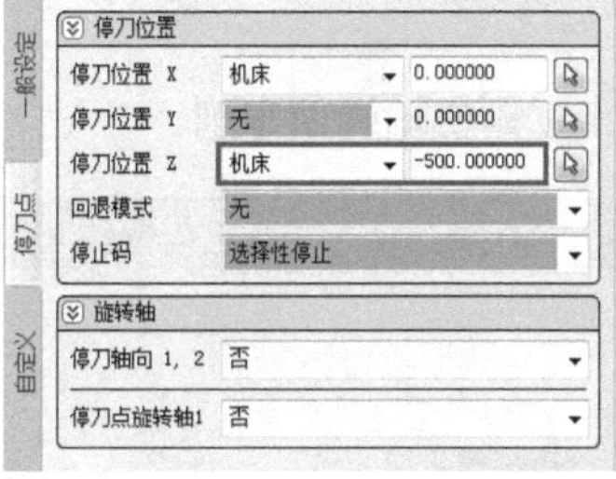

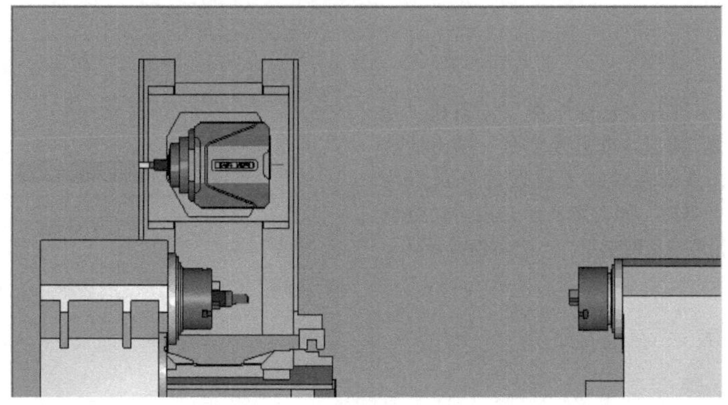</td></tr>
</table>

（续）

软件操作步骤	操作过程图示
2）先单击“车削加工”，在工具条的后方找到“抓取”和“释放”两个功能，单击“抓取”，加工主轴要选“副主轴”，再单击“释放”，加工主轴选“主轴”，“转速及进给”用于设置双主轴的同步旋转及直线移动速度，“安全高度”用于控制快速接近的距离，“位置 X，Y，Z”用于控制卡爪具体夹持的部位，如右图所示	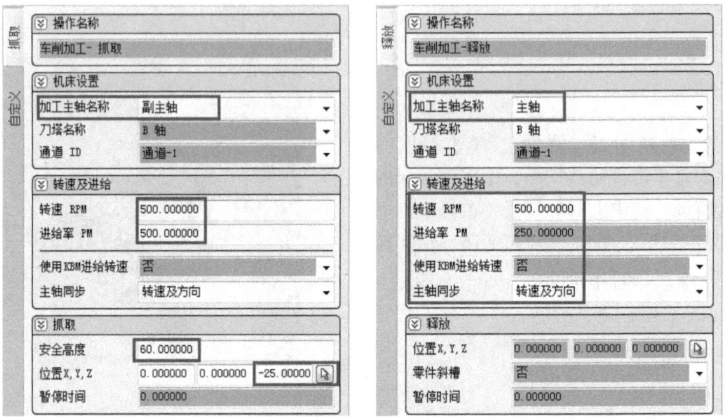 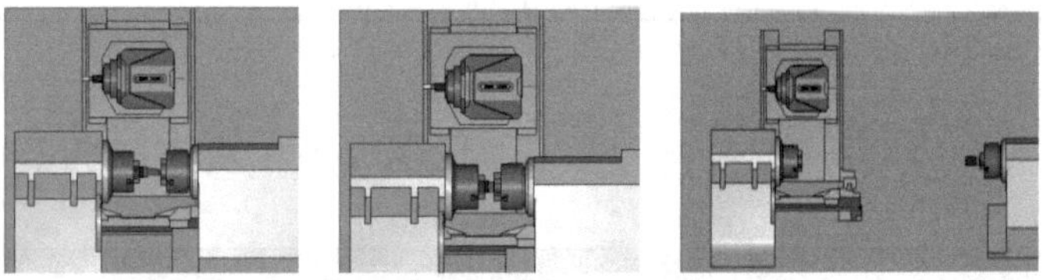

任务 7.6　调头 B 轴车削

1. 副主轴端面车削

软件操作步骤	操作过程图示
1）打开“轮廓”图层，新建“端面 2”图层，单击模型另一端面的线段，在属性中查看线段的开始点为 13.279555，如右图所示，用手动链特征拾取线段两端点，产生端面链特征	 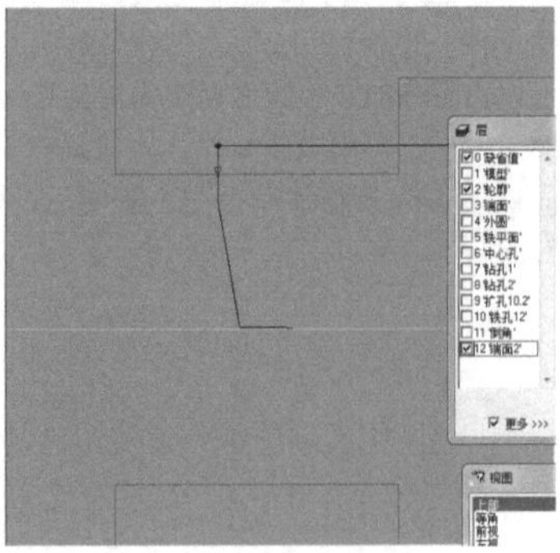

（续）

软件操作步骤	操作过程图示
2）选中该链特征，单击“车铣复合—车加工”中的“粗加工”，设置方位角度为“30”，加工主轴为“副主轴”，修改加工类型为“端面”，如右图所示修改特征延伸及快速进刀/退刀参数，其中特征延伸数值应超过端面线段的开始点 13.279555，其他参数及刀路如右图所示	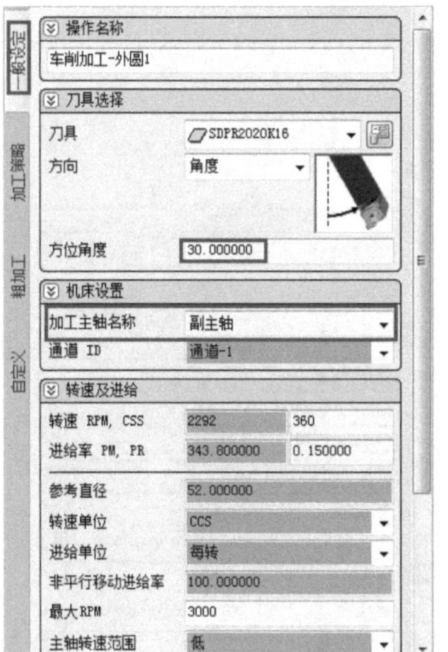 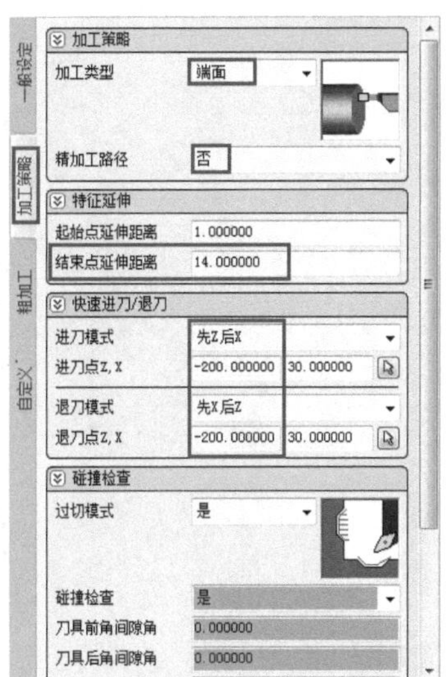 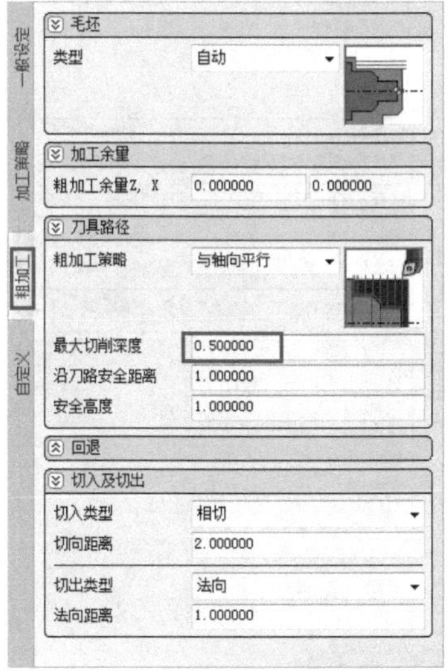 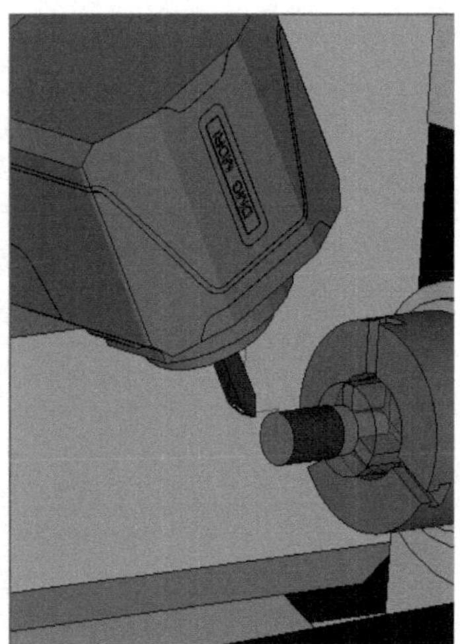

2. 副主轴外圆车削

软件操作步骤	操作过程图示
新建图层“外圆 2”，用自动链特征选中模型另一端的外圆轮廓线，生成链特征，单击“车铣复合—车加工”中的“粗加工”，刀具同上，其余参数设置如右图所示	见下图

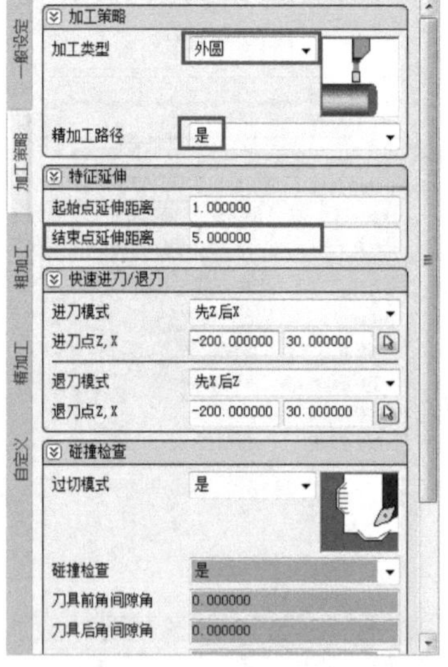

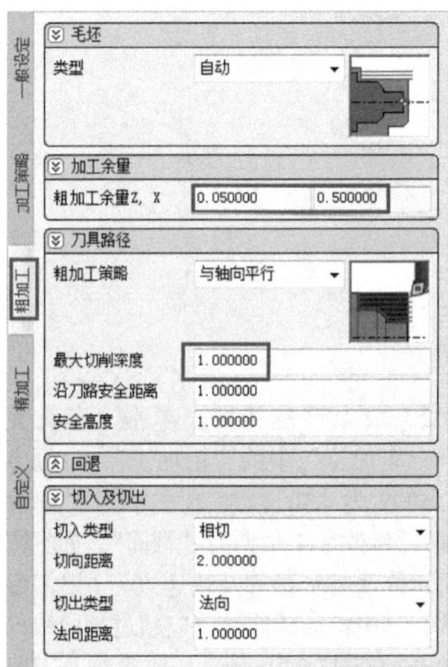

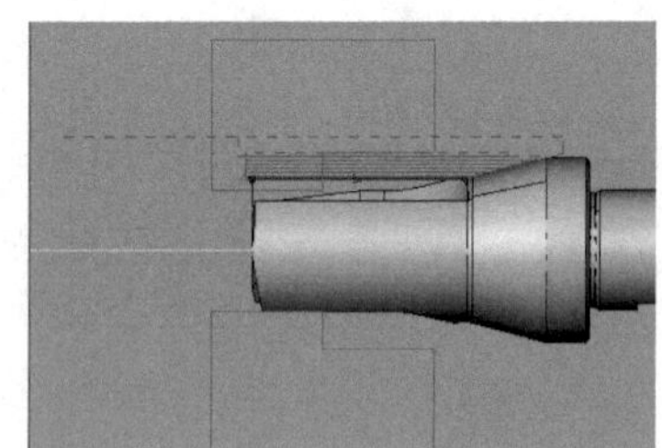

任务 7.7　调头 B 轴铣削

1. 排屑槽型腔铣削

软件操作步骤	操作过程图示
1）新建图层“铣槽 1”，单击排屑槽底面，单击“车铣复合加工—铣削加工”中的“型腔加工”，铣削深度需要捕捉端点获取，参数设置如右图所示	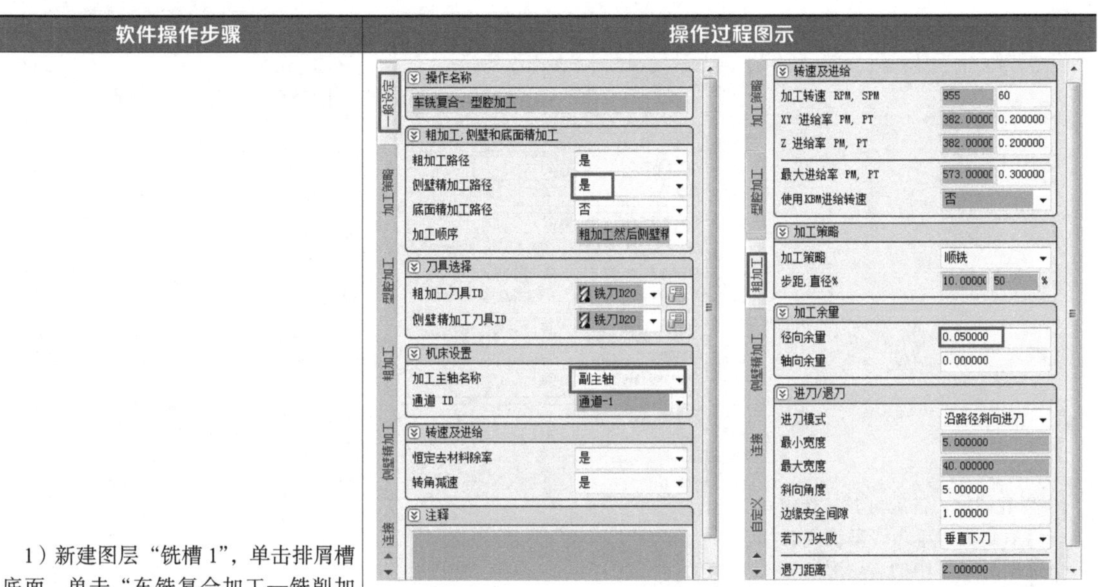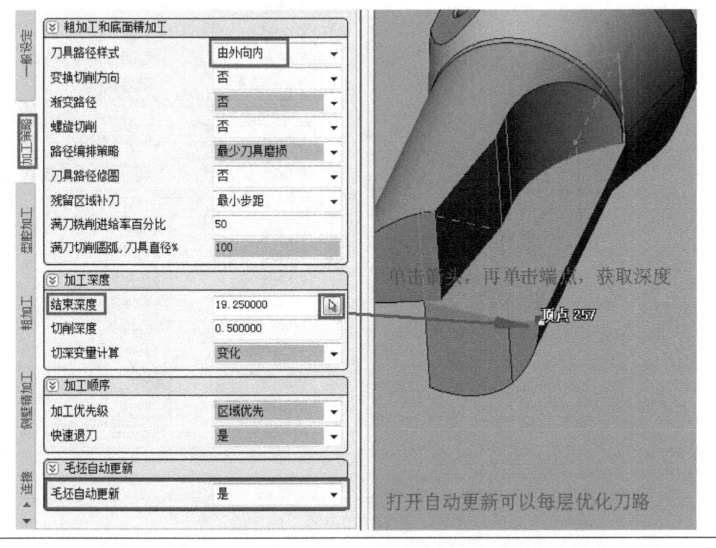
2）同理，新建图层“铣槽 2”，选择另一个槽面，重复上一步操作，生成刀路，如右图所示	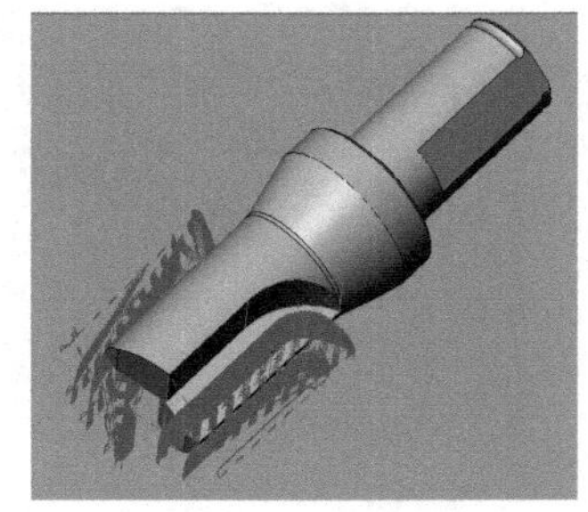 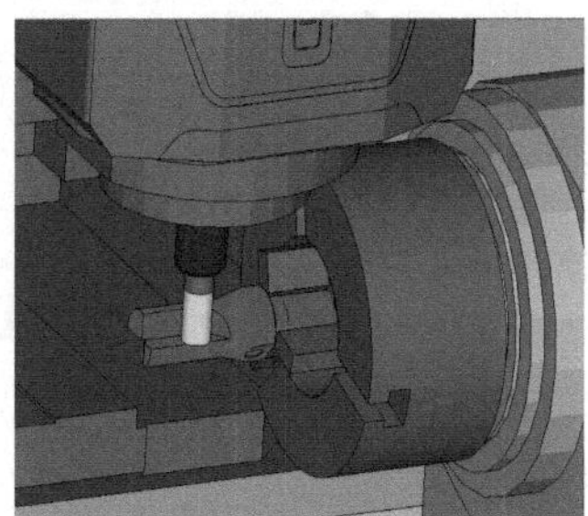

2. 后角轮廓铣削

软件操作步骤	操作过程图示

1）新建图层“铣后角 1”，选中其中一组后角面，单击“车铣复合加工—铣削加工”中的“轮廓加工”，参数设置如右图所示

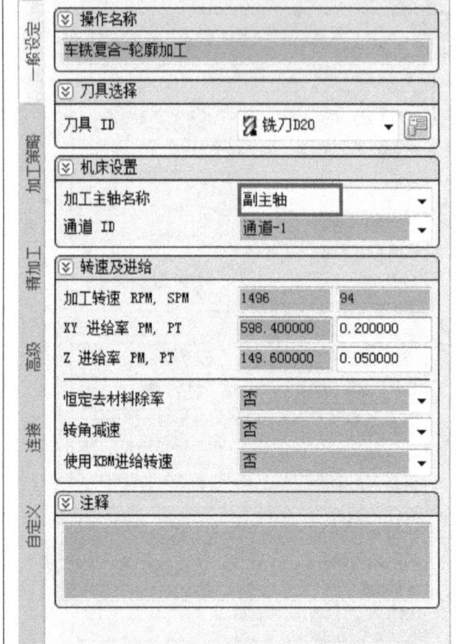

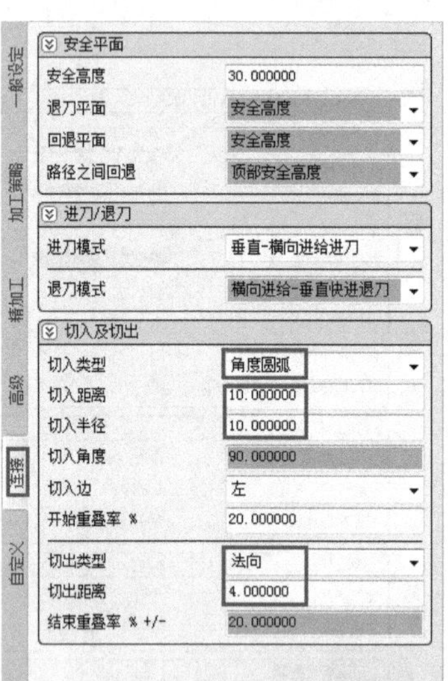

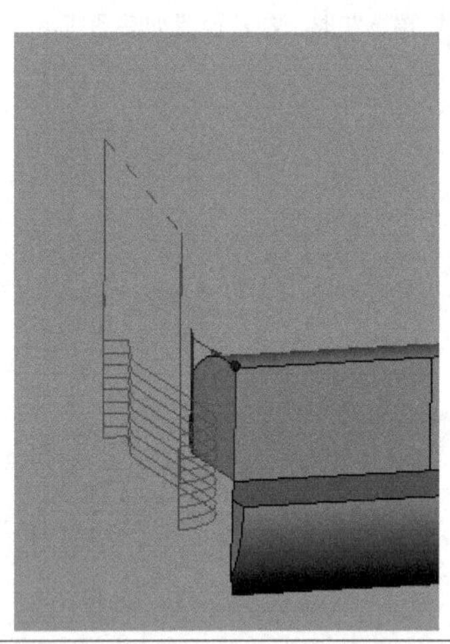

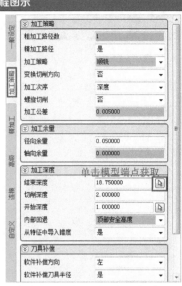

2）参考上一步，选中另一组后角生成轮廓铣削刀路，如右图所示

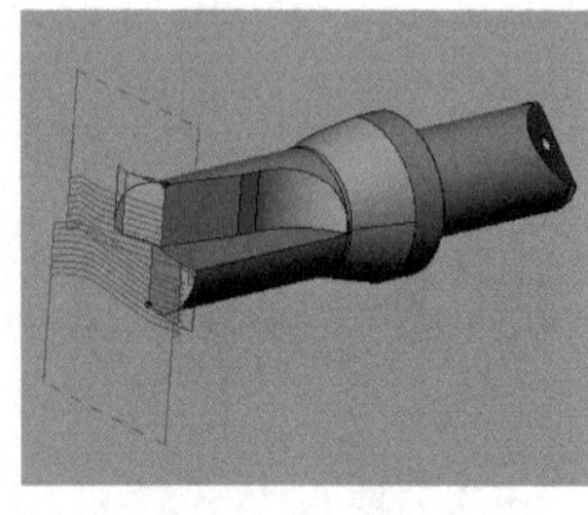

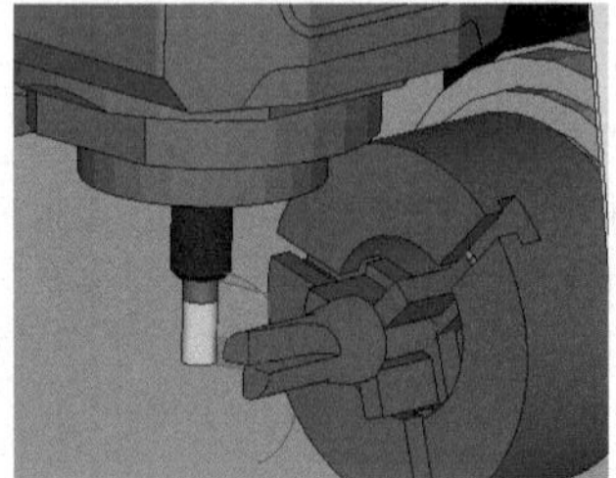

（续）

软件操作步骤	操作过程图示
3）至此，U 钻刀柄全部的车铣复合加工程序已经完成，最终加工效果如右图所示	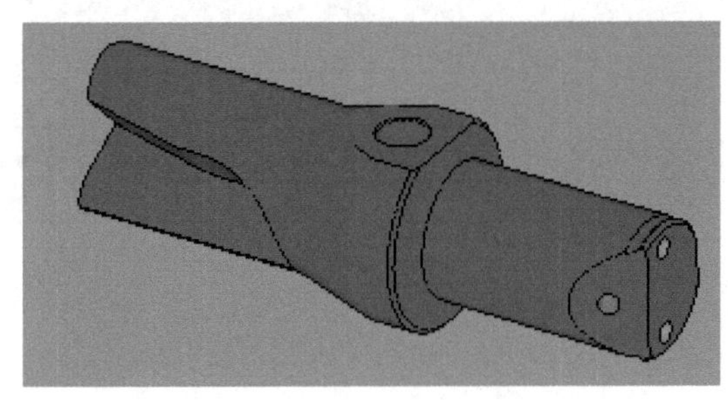

【任务拓展】

请利用 ESPRIT 软件，完成下图所示的编程与仿真加工。

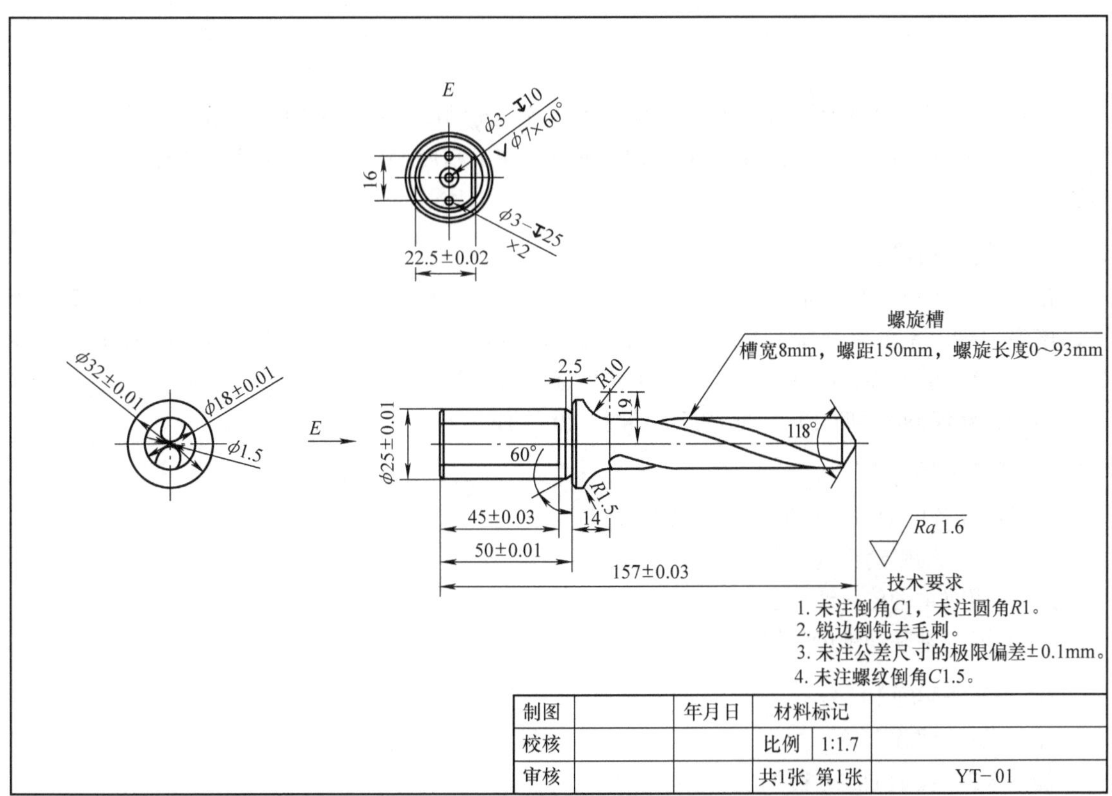

项目八

锥齿轮的车削编程

锥齿轮由多个圆弧螺旋槽组成，且两头有较高的同轴度要求，利用具备 B 轴定位加工功能和双主轴传料功能的车铣复合机床可以很好地满足加工精度要求，具有一定的五轴定位加工代表性。

【任务描述】

校办工厂接单，要求完成如图 8-1 所示锥齿轮，零件材料为合金钢，毛坯为 ϕ100×205 的棒料，该零件对设备要求较高。本任务使用的机床是 GMS2600，该机床具备双主轴、B 轴旋转刀具轴和 12 位转塔刀架，可以完成九轴五联动车铣复合加工。

本项目建议理论学时：6 学时　实操学时：20 学时。

【任务目标】

通过本任务的学习，学生应掌握以下目标：

1）完成五轴联动编程。

2）完成双主轴传料调头加工。

3）完成五轴联动锥齿轮加工。

【任务实施】

任务 8.1　编程准备

任务 8.2　长轴端的平衡车削

任务 8.3　传料调头车削

任务 8.4　锥齿轮齿形的粗铣

任务 8.5　锥齿轮齿形的精铣

锥齿轮的三维图和零件图分别如图 8-1 和图 8-2 所示。

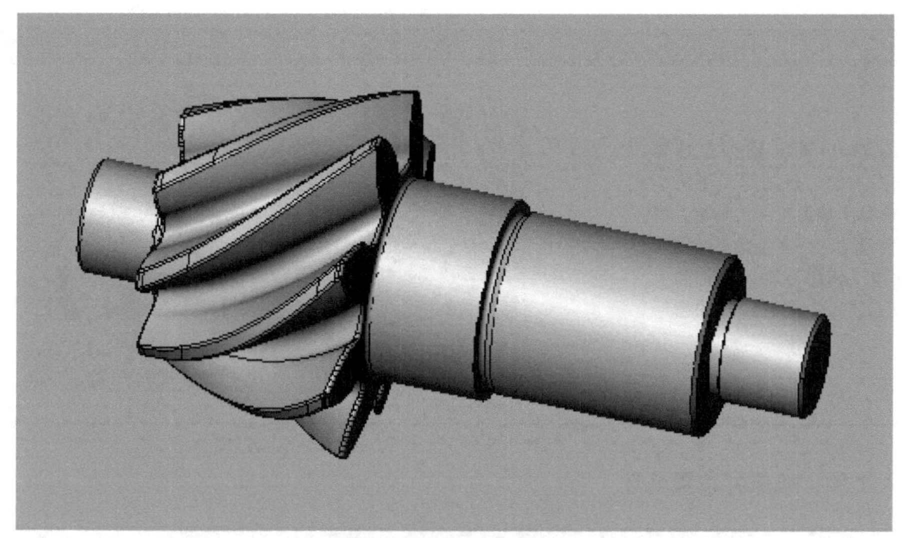

图 8-1　锥齿轮三维图

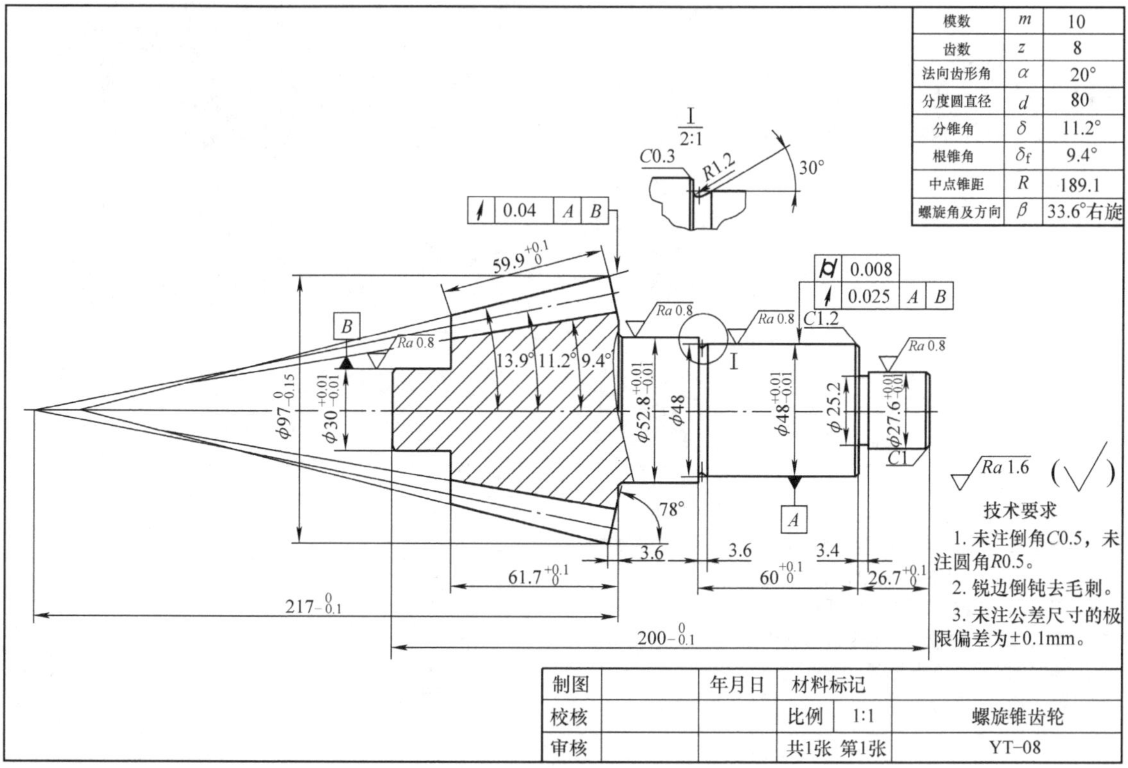

模数	m	10
齿数	z	8
法向齿形角	α	20°
分度圆直径	d	80
分锥角	δ	11.2°
根锥角	δ_f	9.4°
中点锥距	R	189.1
螺旋角及方向	β	33.6°右旋

I 2:1　C0.3　R1.2　30°

0.04 A B　0.008　0.025 A B　C1.2　C1

$59.9^{+0.1}_{0}$　13.9°　11.2°　9.4°　78°

$\phi97^{0}_{-0.15}$　$\phi30^{+0.01}_{-0.01}$　$\phi52.8^{+0.01}_{-0.01}$　$\phi48$　$\phi48^{+0.01}_{-0.01}$　$\phi25.2$　$\phi27.6^{+0.01}_{0}$

Ra 0.8　Ra 0.8　Ra 0.8　Ra 0.8　A　B

3.6　3.6　3.4　$61.7^{+0.1}_{0}$　$60^{+0.1}_{0}$　$26.7^{+0.1}_{0}$　$217^{0}_{-0.1}$　$200^{0}_{-0.1}$

Ra 1.6 (√)

技术要求

1. 未注倒角C0.5，未注圆角R0.5。
2. 锐边倒钝去毛刺。
3. 未注公差尺寸的极限偏差为±0.1mm。

制图		年月日	材料标记	
校核			比例 1:1	螺旋锥齿轮
审核			共1张 第1张	YT–08

图 8-2　锥齿轮零件图

任务 8.1　编程准备

1. 工艺分析

软件操作步骤	操作过程图示
先利用GMS2600机床12刀位转塔刀架和B轴刀具轴，采用双刀平衡车削工艺，快速车削锥齿轮的长轴端，再利用双主轴传料工艺，主主轴夹持已车削好的长轴端，利用B轴刀具轴的五轴联动铣削工艺，完成锥齿轮的齿形加工	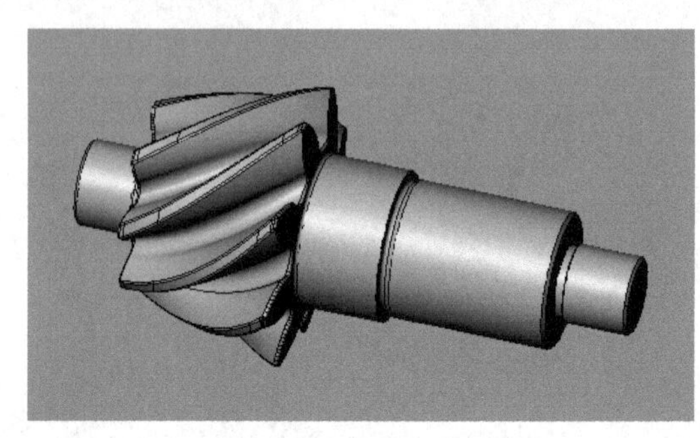

2. 导入工件、机床并设置毛坯

软件操作步骤	操作过程图示
1）新建ESPRIT，导入模型文件“锥齿轮.step”。单击选中短轴端面，再单击“X轴对齐”，模型自动反向对齐，如右图所示	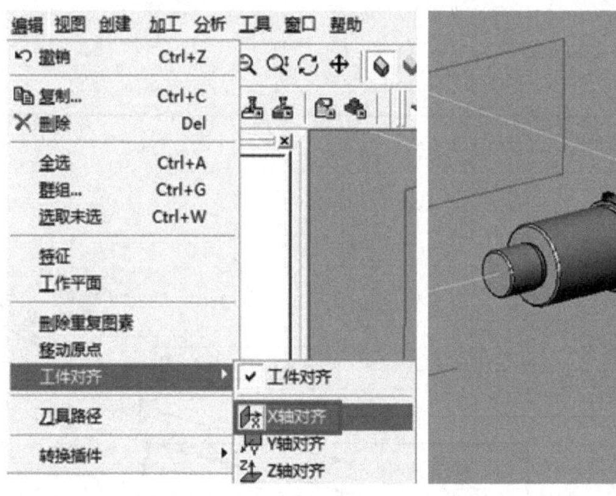
2）单击“机床设置”，弹出“车削机床设定”对话框，在“车削机床设定”对话框空白位置单击鼠标右键，选中“打开”，弹出打开文件对话框，在本章练习文件夹中找到EMS机床文件“GMS-2600ST”，单击打开，设置毛坯尺寸等，如右图所示	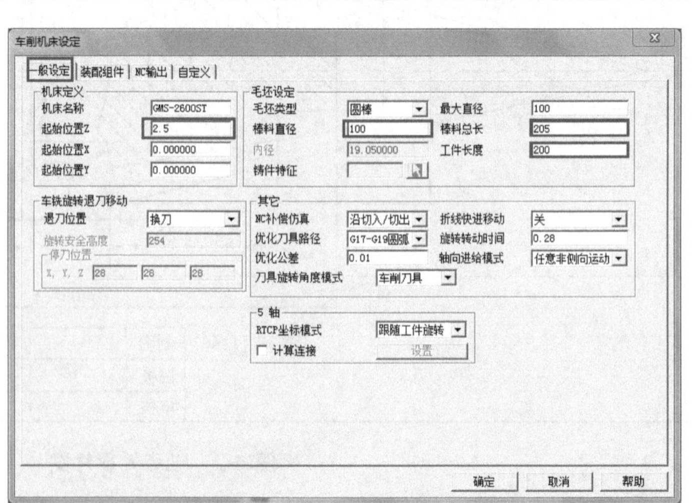

（续）

软件操作步骤	操作过程图示
3）设置工件初始位置，工件原点至卡爪端面 -230mm，该位置主要是防止刀具与卡盘干涉，如右图所示	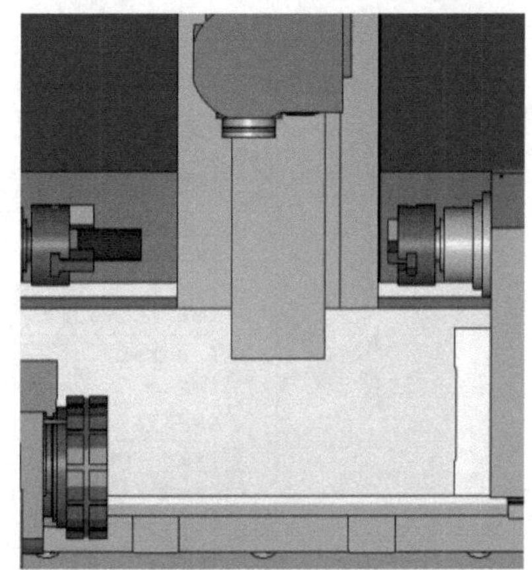 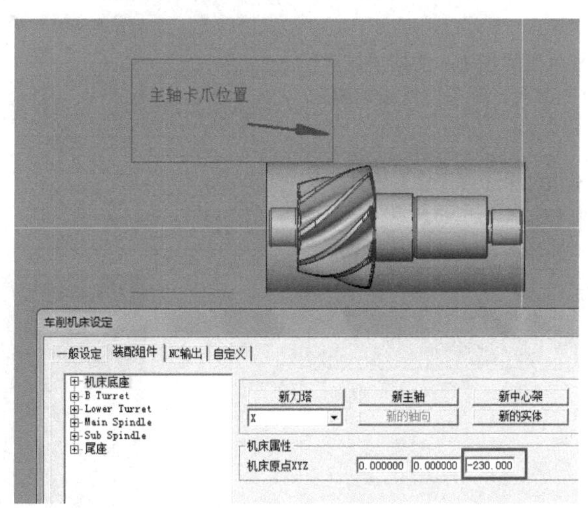

3. 将毛坯移至副主轴

软件操作步骤	操作过程图示
1）使用双主轴传料时应先将下刀塔移动至安全位置，以防副主轴与其发生碰撞。使用“停刀”功能可以单独移动下刀塔，如右图所示	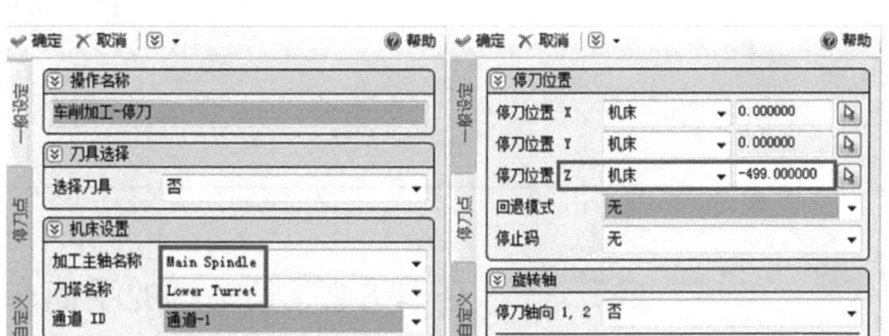

（续）

软件操作步骤	操作过程图示
2）切换至车削加工，使用“抓取”和“释放”功能，将工件传递到副主轴，如右图所示 **小贴士：**ESPRIT多个主轴传料仿真时，需要先将毛坯安装在主主轴上，车削毛坯才能正常进行，后续的加工步骤才能正常显示，而实际加工则可以直接将工件安装在副主轴，可省略上面的操作	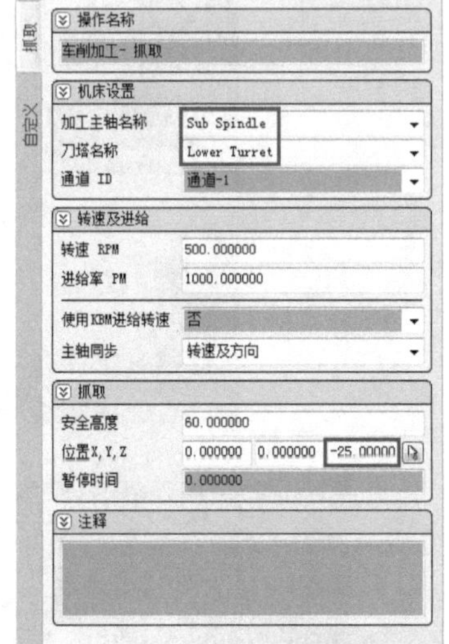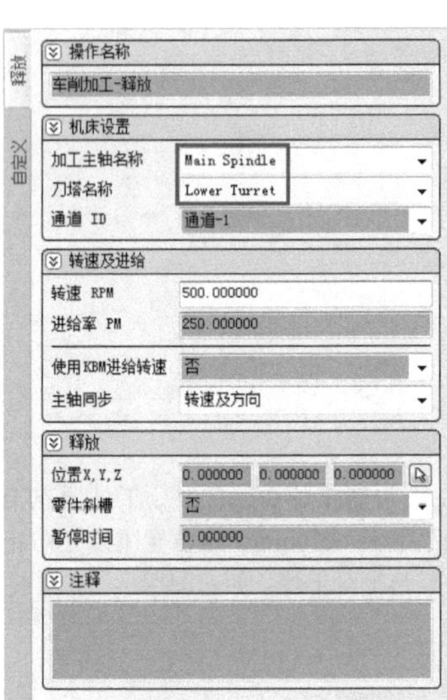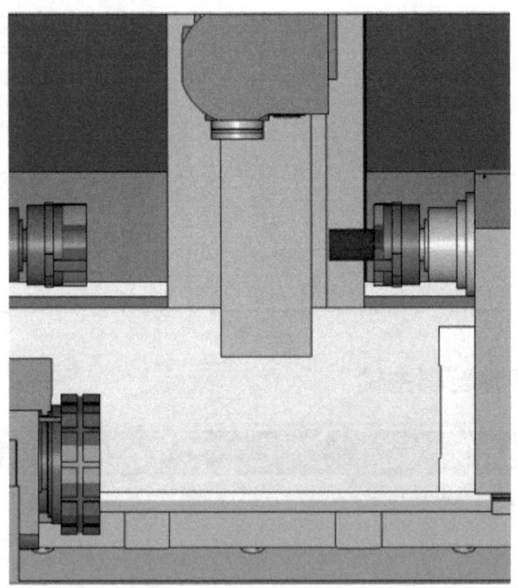

任务 8.2　长轴端的平衡车削

平衡车削工艺是指用上下两把刀具同时车削工件的外圆，两把刀具分层同步车削或分层尾随车削同一外圆面，使工件所受径向切削力相互抵消一部分，可以极大地提高车削效率和刚性。

1. 安装刀具

软件操作步骤	操作过程图示
1）本次任务使用两把外圆车刀，型号均为 DDJNR2525M11，刀片型号为 DNMG110408，下刀塔安转刀具参数如右图所示	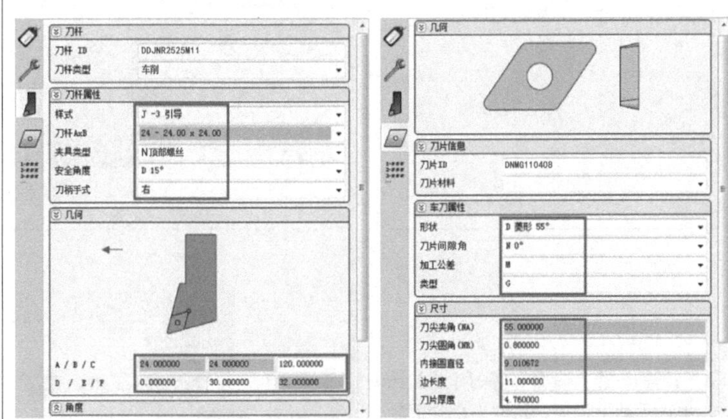
2）B 轴刀具与下刀塔刀具相同，车刀通过车刀柄接杆与 B 轴连接，如右图所示	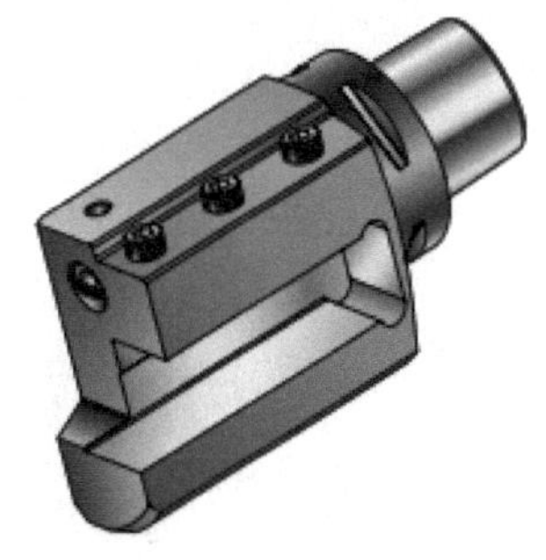
3）B 轴车刀的参数与下刀塔基本一致，需要注意刀具的安转位置，其余刀具参数不变，如右图所示（车刀柄连接杆需要绘制导入模型，本例省略）	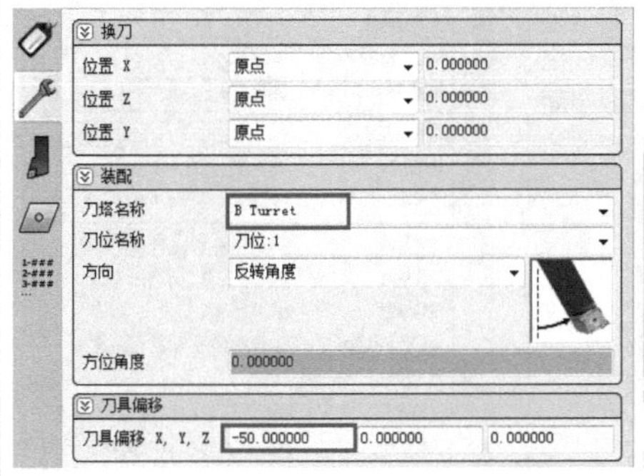 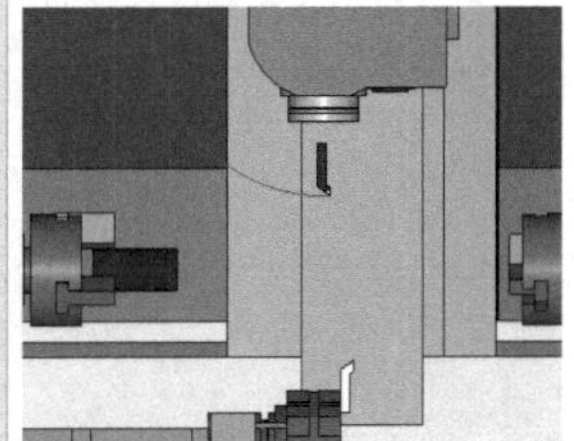

2. 下刀塔车削左端面

软件操作步骤	操作过程图示
1）将模型和毛坯分别放置在不同图层，再新建一个“外轮廓”图层，单击“车削轮廓 ”功能，拾取模型实体，生成两侧的轮廓线，如右图所示	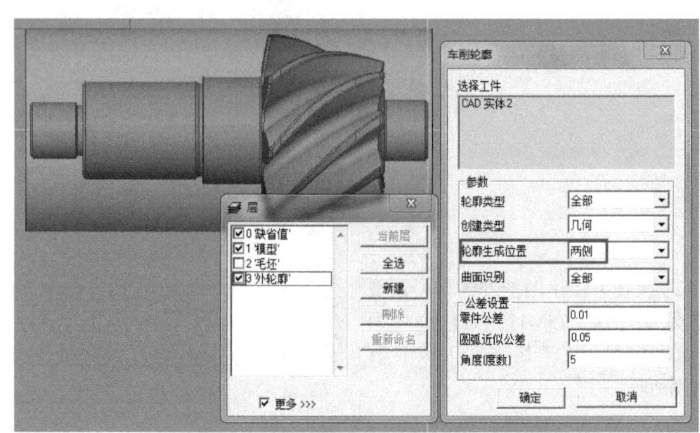
2）新建图层“端面”，关闭无关图层，单击手动链特征，拾取下部端面轮廓线，生成端面特征，如右图所示	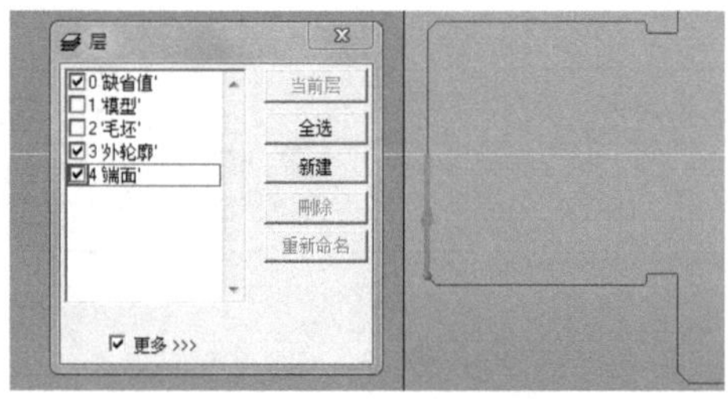
3）选中该特征，使用车削功能，选择下刀塔车刀，设置端面车削参数，生成端面刀路，如右图所示，注意因端面加工尺寸较小，需要设置延伸特征的起始点延伸距离为 40	 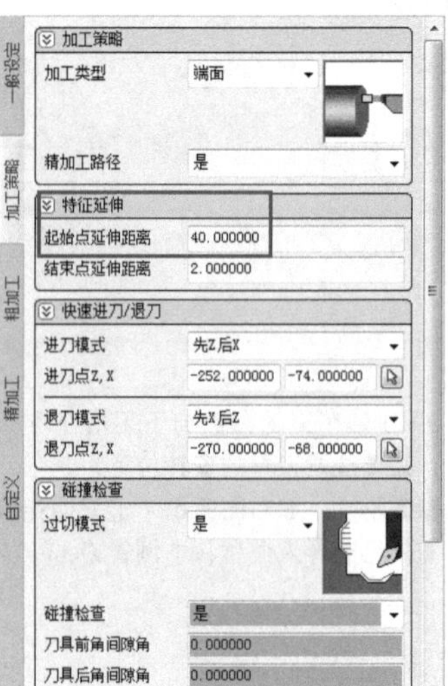

（续）

软件操作步骤	操作过程图示
3）选中该特征，使用车削功能，选择下刀塔车刀，设置端面车削参数，生成端面刀路，如右图所示，注意因端面加工尺寸较小，需要设置延伸特征的起始点延伸距离为 40	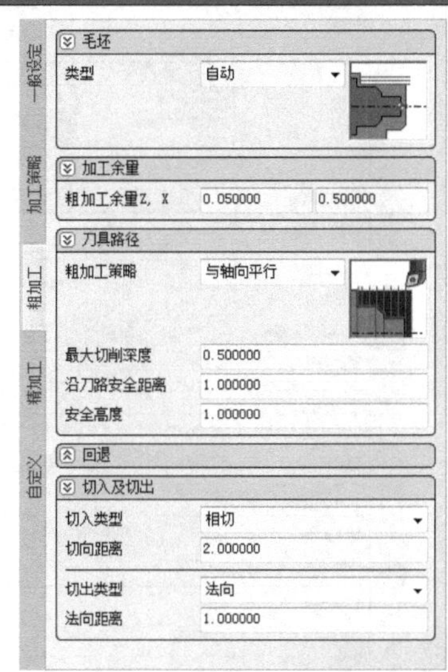 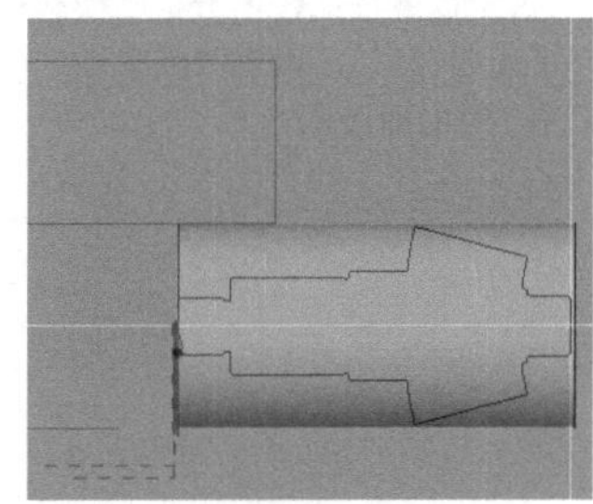

3. 平衡车外圆

软件操作步骤	操作过程图示
1）新建图层“外圆”，将无关图层关闭，选中零件下部分轮廓至锥面倒圆角处，自动生成链特征，得到外圆轮廓链特征，如右图所示	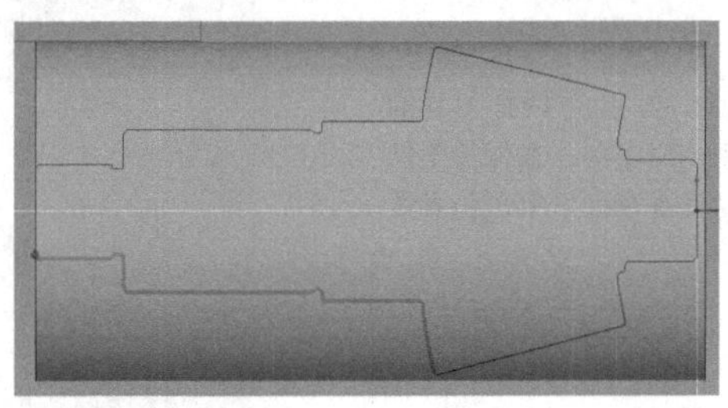
2）选中该链特征，单击车削模式中的“平衡粗加工”，设置刀具参数，生成刀路，如右图所示	

（续）

软件操作步骤	操作过程图示
2）选中该链特征，单击车削模式中的“平衡粗加工”，设置刀具参数，生成刀路，如右图所示	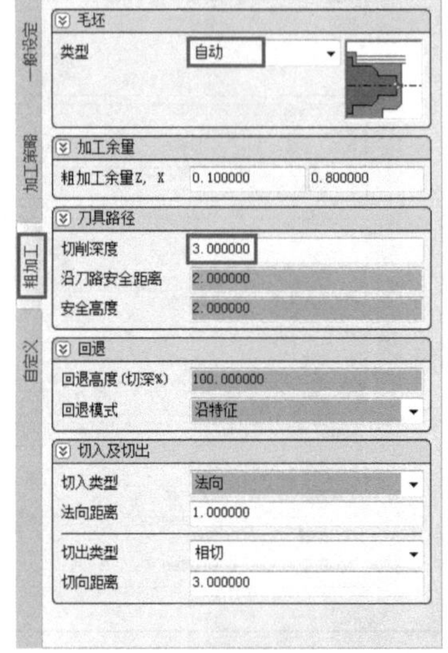 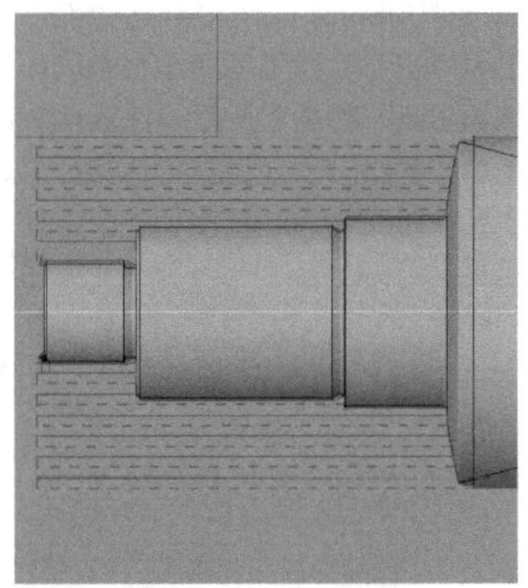
3）使用平衡车时，上下两把刀具前后保持一定间距同时车削，在保持工件受力稳定的同时提高车削效率，仿真效果如右图所示	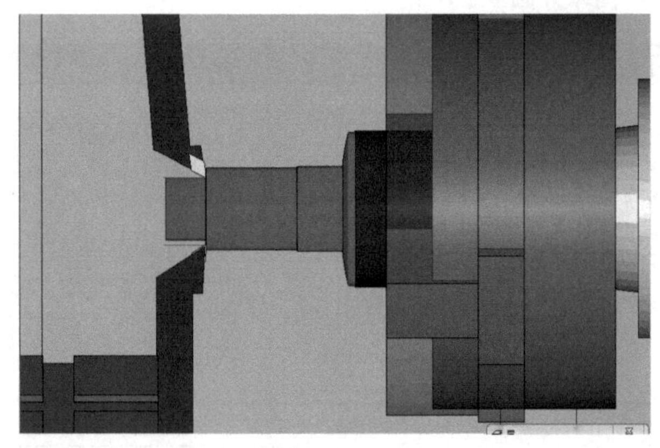

4. 精车外圆

软件操作步骤	操作过程图示
1）为防止发生干涉，需为上刀塔添加一个“停刀”，旋转“-90°”，参数设置如右图所示	 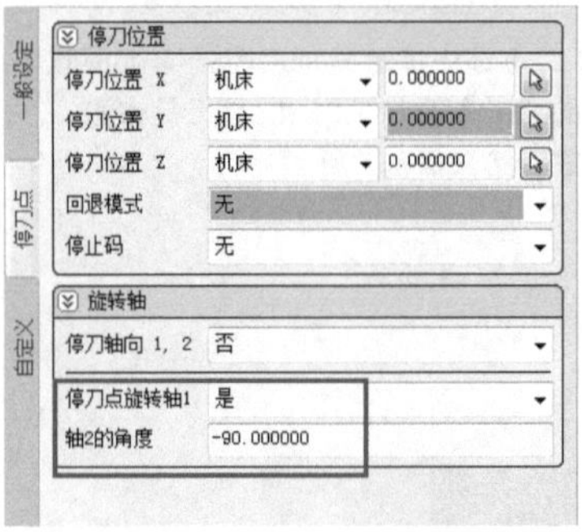

（续）

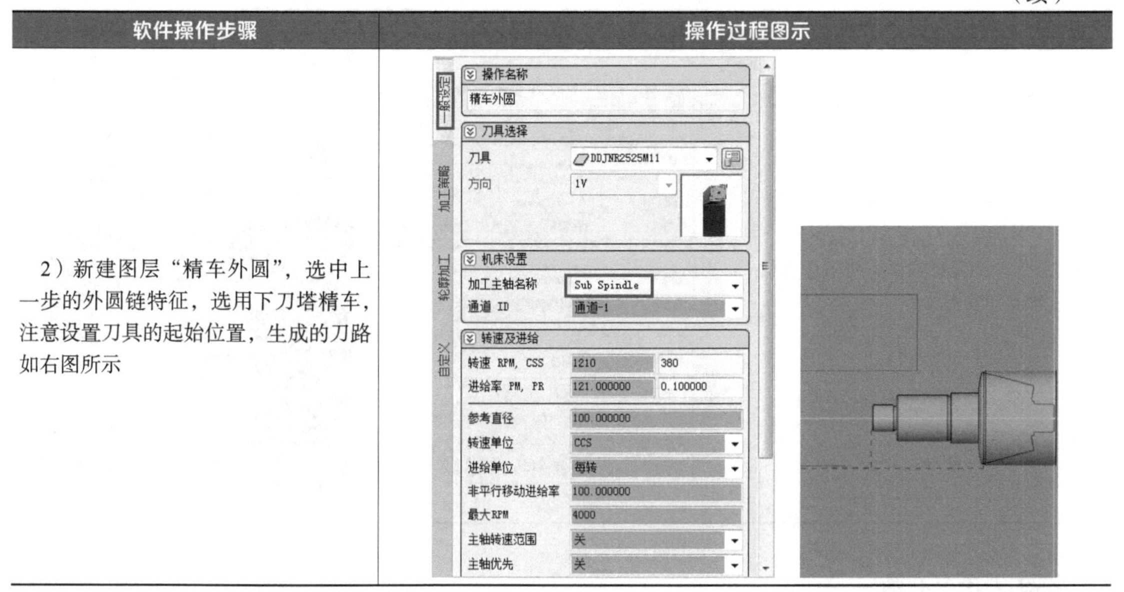

软件操作步骤	操作过程图示
2）新建图层“精车外圆”，选中上一步的外圆链特征，选用下刀塔精车，注意设置刀具的起始位置，生成的刀路如右图所示	

任务 8.3　传料调头车削

GSM2600 的下刀塔可以安装向左端主主轴车削的外圆车刀，但必须仔细考虑刀具回转可能产生的干涉，因此下刀塔通常只车削副主轴的工件，主主轴的工件加工使用 B 轴车刀完成。

1. 将工件移至主主轴

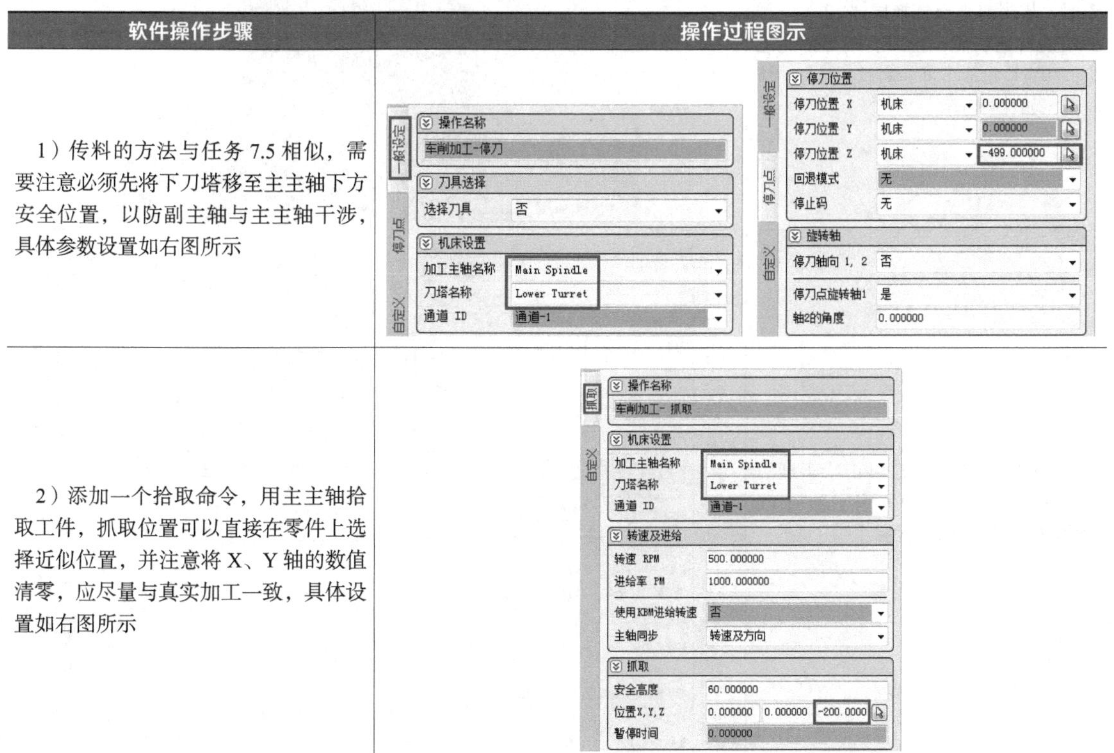

软件操作步骤	操作过程图示
1）传料的方法与任务 7.5 相似，需要注意必须先将下刀塔移至主主轴下方安全位置，以防副主轴与主主轴干涉，具体参数设置如右图所示	
2）添加一个拾取命令，用主主轴拾取工件，抓取位置可以直接在零件上选择近似位置，并注意将 X、Y 轴的数值清零，应尽量与真实加工一致，具体设置如右图所示	

（续）

软件操作步骤	操作过程图示
3）添加一个释放命令，将工件传料至主主轴，如右图所示	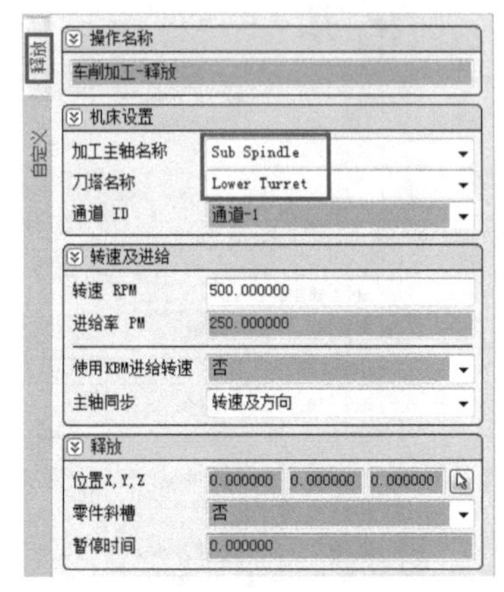 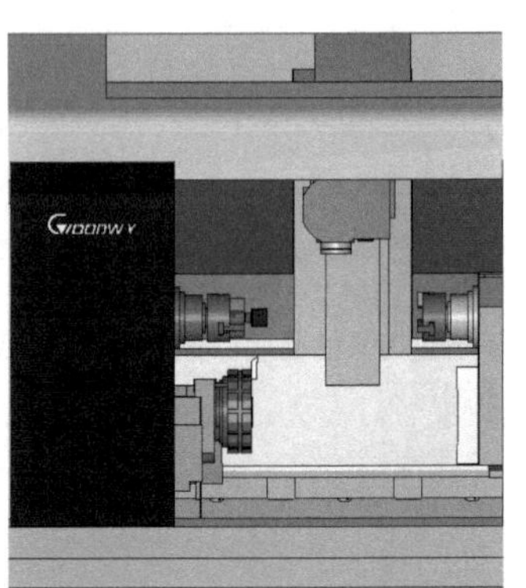

2. 上刀塔车右端面

软件操作步骤	操作过程图示
1）端面的车削与任务 8.2 相似，将无关图层关闭，再新建一个“端面 2”图层，将当前坐标切换成“YZX”，用手动链特征功能，拾取右端面的轮廓线，注意应拾取上部轮廓线，且方向应向下，如右图所示	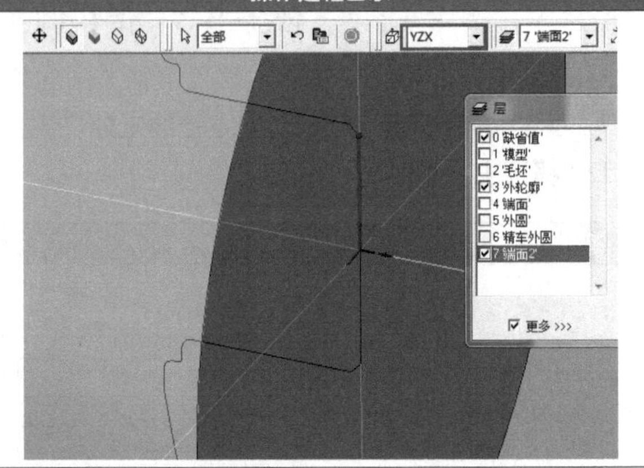
2）选中该链特征，单击“车削”，选用 B 轴上刀塔车刀和主主轴加工，生成的刀具轮廓如图所示	 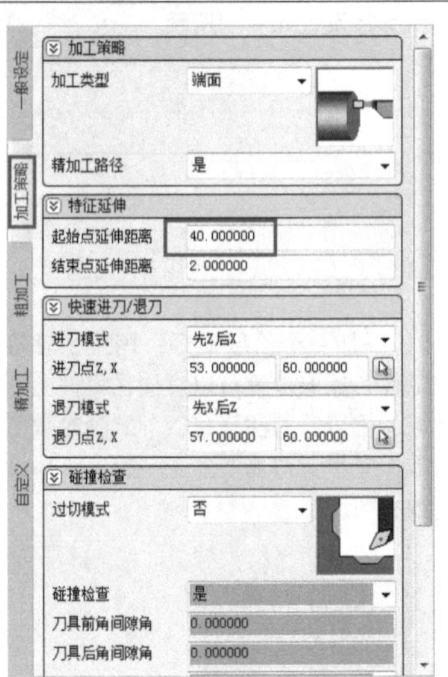

（续）

软件操作步骤	操作过程图示
2）选中该链特征，单击“车削”，选用B轴上刀塔车刀和主主轴加工，生成的刀具轮廓如图所示	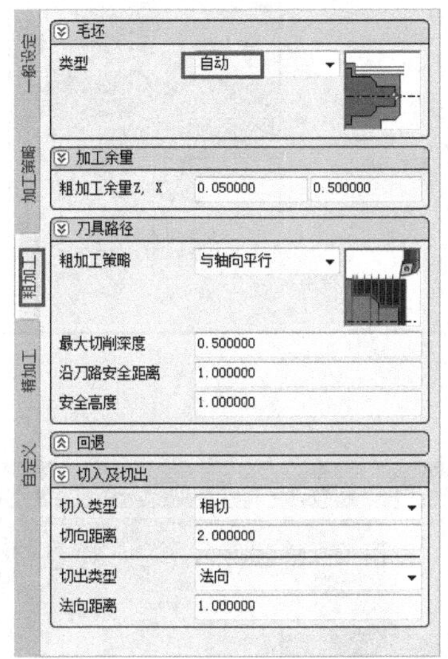 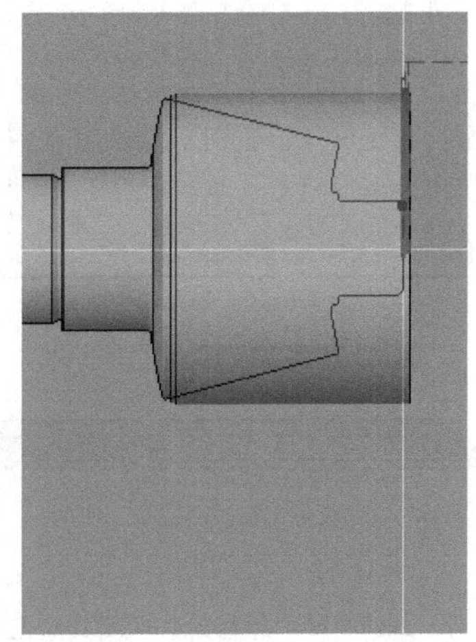

3. 工序管理器添加“同步”

软件操作步骤	操作过程图示
1）单击软件项目管理栏中的“操作”，切换至工序管理栏，可以看见上下刀塔的工序排列情况，目前只有一对“同步”，机床将先执行下刀塔程序至第一次“同步”，然后机床将同时执行上刀塔和下刀塔的程序直至结束，如右图所示	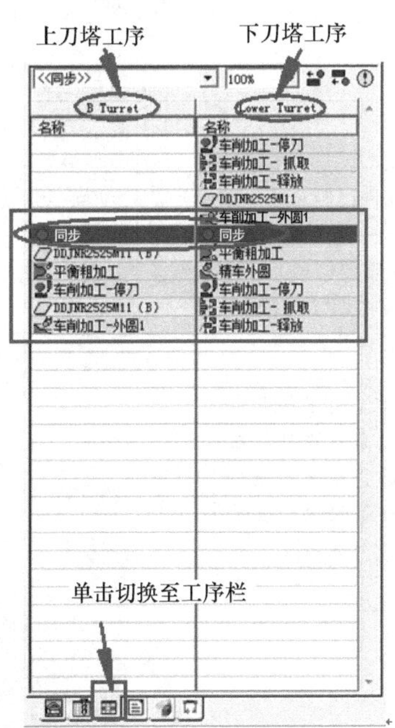

（续）

<table>
<tr><th>软件操作步骤</th><th>操作过程图示</th></tr>
<tr><td>2）选中上刀塔的“停刀”和下刀塔的“释放”，单击“”，插入一对同步，如右图所示

小贴士：工序管理器对于“多通道”机床非常重要，利用插入的同步代码，实现多个通道相互协调控制。除了在指定工序位置插入同步，还可以按住已选定的工序直接拖动至需要的同步位置</td><td>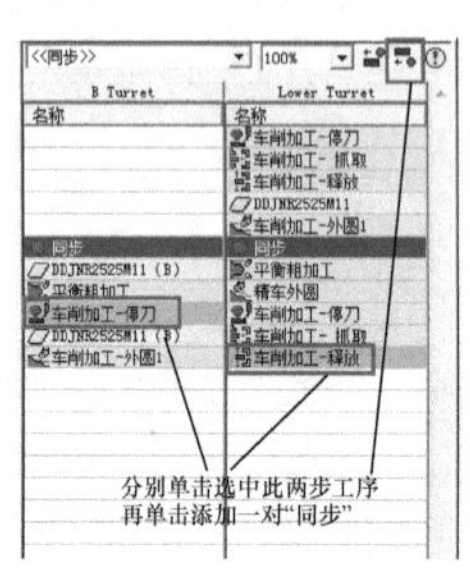</td></tr>
</table>

4. 上刀塔车削外圆

<table>
<tr><th>软件操作步骤</th><th>操作过程图示</th></tr>
<tr><td>1）新建图层“外圆 2”，关闭其他无关图层，选中剩余外圆，用自动链特征生成零件右端外圆链特征，注意链特征起始方向，如右图所示</td><td>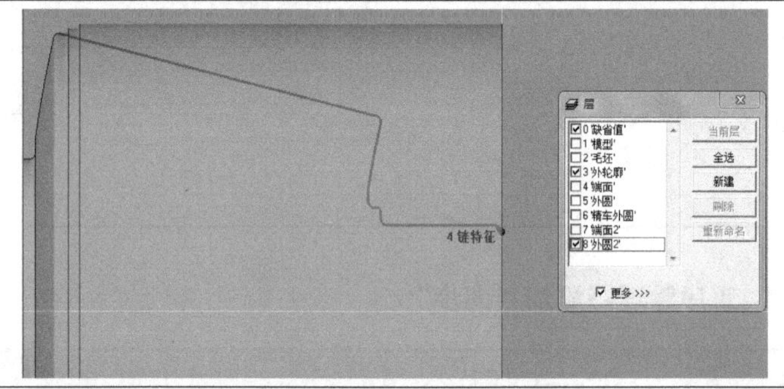</td></tr>
<tr><td>2）选中该链特征，单击“车削加工”的“粗加工”，软件已默认上一步操作，选用刀具仍为上一步刀具，同时 B 轴有摆 -10° 角，还需要修改加工类型、起始点延伸距离、过切模式和最大切削深度，如图所示

小贴士：本步操作使用了粗车加工中的精车功能，精车程序将与粗车一同生成，如需要将粗车与精车分开，可以选中同一链特征，再单独添加一步轮廓加工生成独立的精车程序</td><td>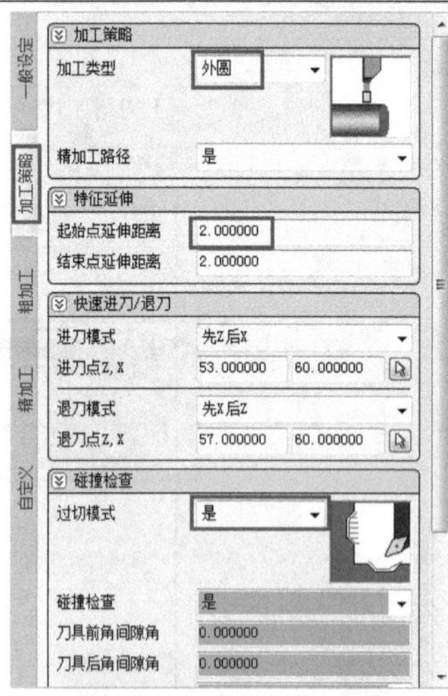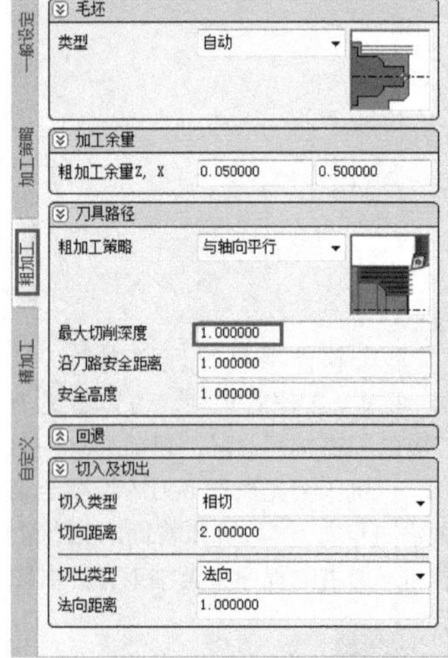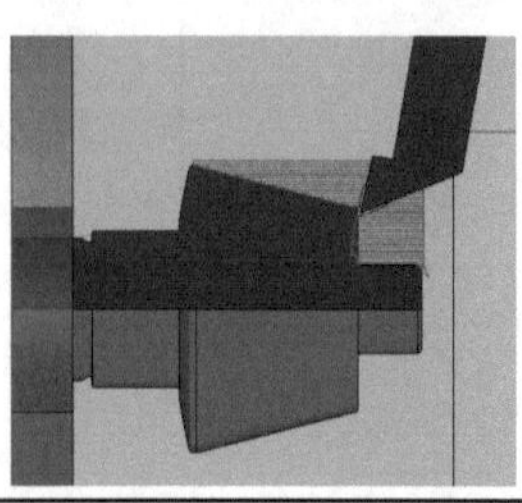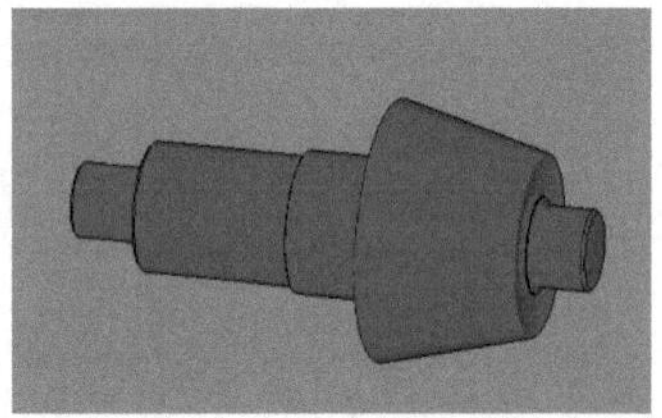</td></tr>
</table>

至此，锥齿轮轴零件的车削部分已加工完毕，实际加工中还需要钻中心孔，该步骤可由上刀塔完成，并且在外圆部分留有热处理后的磨削余量，此处编程已省略。

任务 8.4　锥齿轮齿形的粗铣

粗加工使用 R4 的球头铣刀加工，使用五轴车铣复合加工中的“等高粗加工”功能实现。

1. 建立自由曲面特征

软件操作步骤	操作过程图示
新建图层“粗铣”，在创建特征中单击“自由曲面特征 ”，选中全部模型作为加工部分，其他选项忽略不选，如右图所示	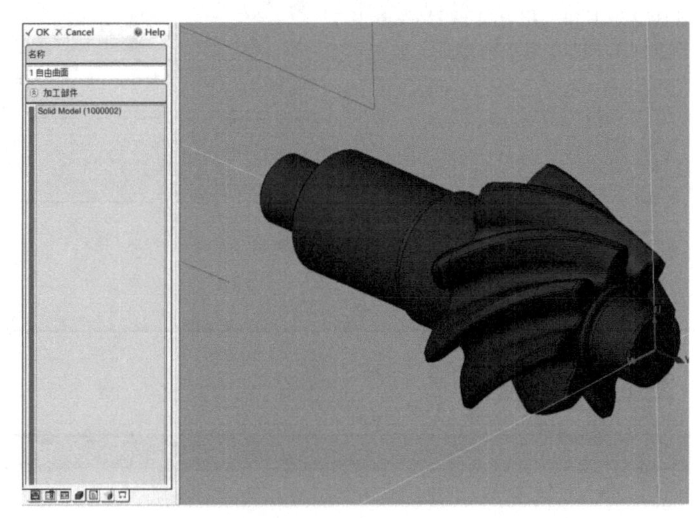

2. 建立刀具

软件操作步骤	操作过程图示
在项目管理器中单击刀具栏，新建一把 BR2 球刀和一把 BR4 球刀，BR4 用于粗加工，BR2 用于精加工，如右图所示	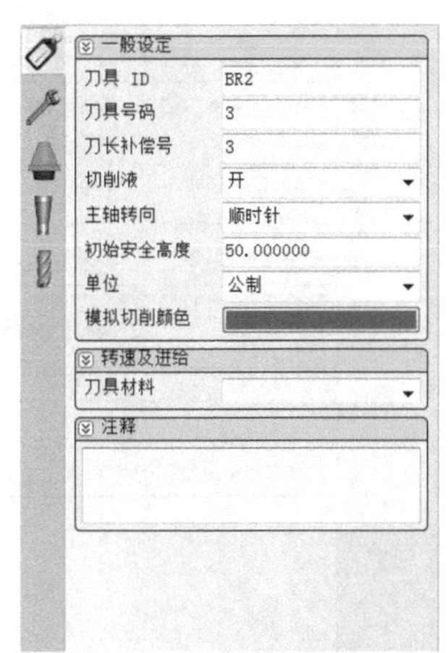 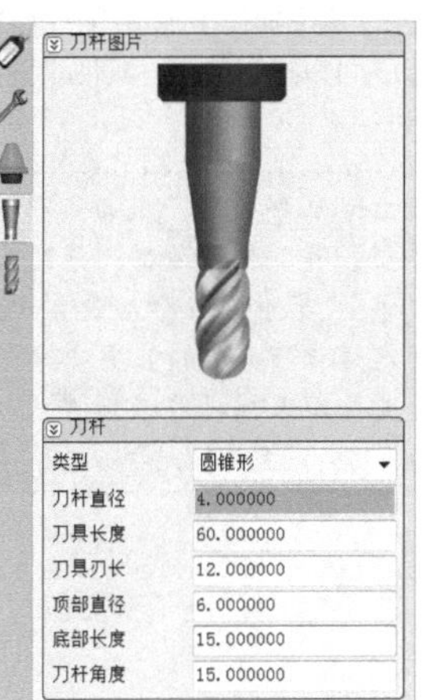

（续）

软件操作步骤	操作过程图示
在项目管理器中单击刀具栏，新建一把 BR2 球刀和一把 BR4 球刀，BR4 用于粗加工，BR2 用于精加工，如右图所示	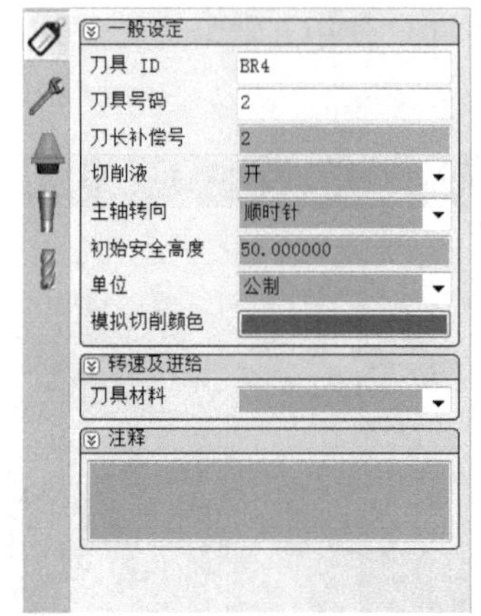 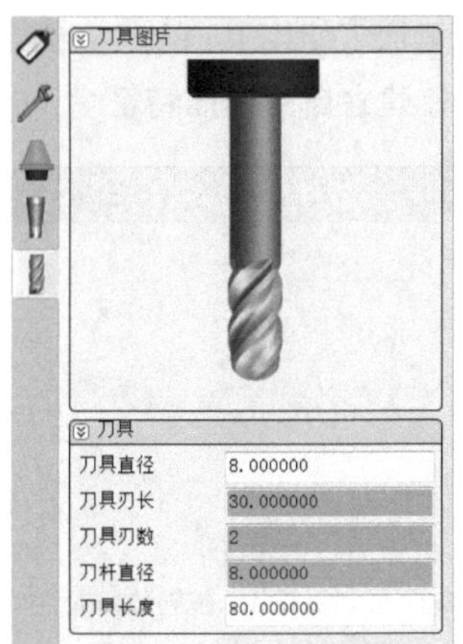

3. 等高粗加工齿形

软件操作步骤	操作过程图示
选中刚创建的自由曲面特征，单击“等高粗加工”，选用 BR4 球刀，设置加工主轴为主主轴，设置加工余量和加工公差，其中加工公差用于控制精度，粗加工可以适当放宽，其他设置如右图所示 **小贴士**：“底部曲面”中的“驱动对象类型”有三种（圆柱，旋转曲面，曲面），其中圆柱驱动最常用，圆柱的起始点可以直接在图中单击获取；要使用五轴功能必须将“底部曲面驱动”设置为“是”	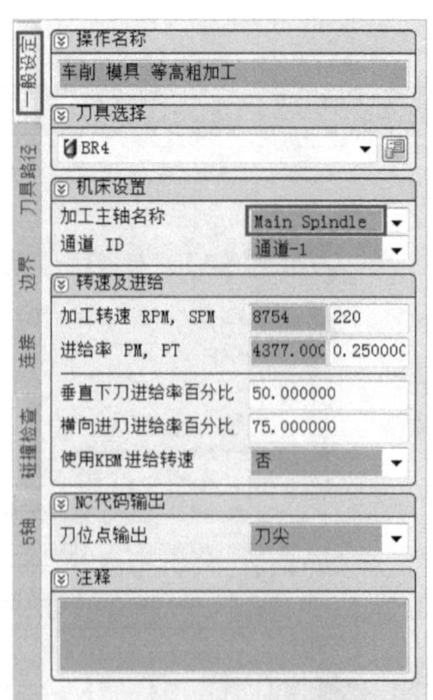

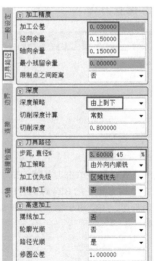

（续）

软件操作步骤	操作过程图示
选中刚创建的自由曲面特征，单击“等高粗加工 ”，选用BR4球刀，设置加工主轴为主主轴，设置加工余量和加工公差，其中加工公差用于控制精度，粗加工可以适当放宽，其他设置如右图所示 **小贴士**：“底部曲面”中的“驱动对象类型”有三种（圆柱，旋转曲面，曲面），其中圆柱驱动最常用，圆柱的起始点可以直接在图中单击获取；要使用五轴功能必须将“底部曲面驱动”设置为“是”	见下方图示

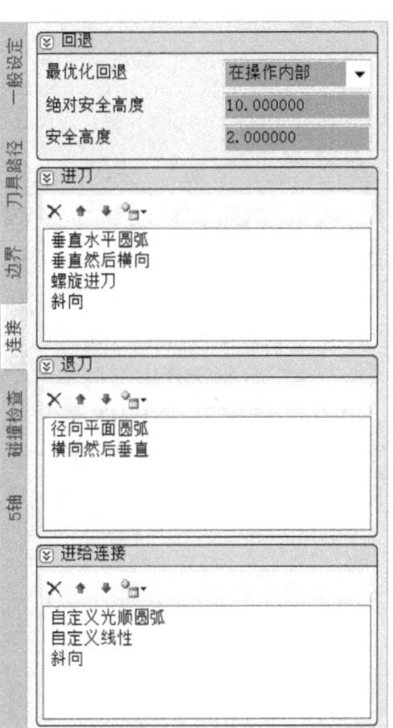

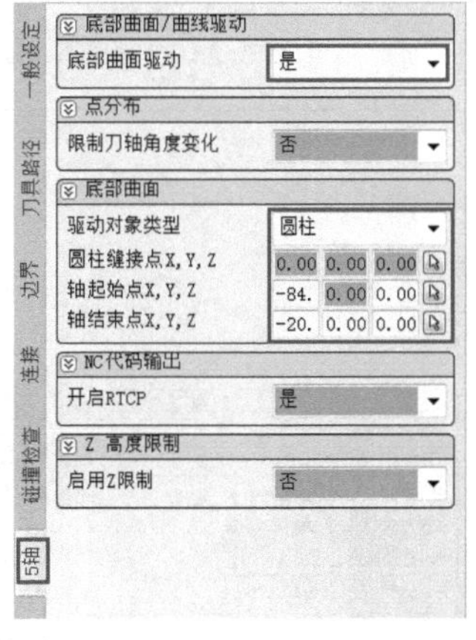

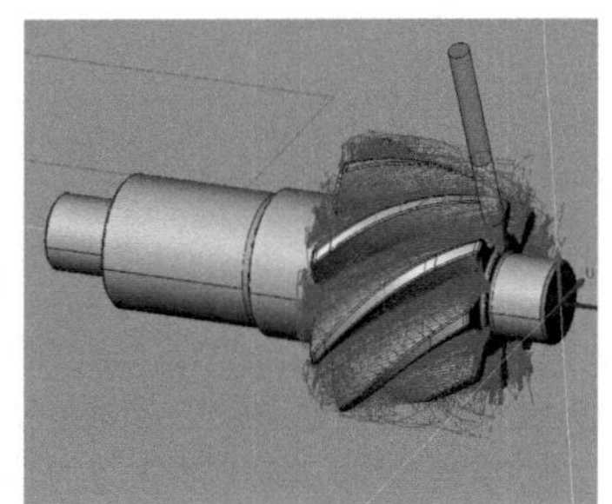

任务 8.5　锥齿轮齿形的精铣

精加工齿形需要使用五轴复合加工功能，该功能可以通过控制驱动几何体投影生成五轴刀路，并通过“点、曲线、特征的工作平面和驱动曲面的法向”来控制刀具的刀轴指向。

1. 建立齿形的辅助曲面和曲线

软件操作步骤	操作过程图示
1）新建图层“辅助”，关闭无关图层，按<F7>，调整视图，单击“4边拟合曲面 ”（该命令在菜单栏“创建”中的勾选“拟合曲面”中），在“面”选项栏中选择齿形面，在“选取4个顶点”栏中分别选择齿形面的四个顶角，单击“确定”，ESPRIT将生成一个同齿形面基本一致的辅助曲面，如右图所示。该辅助曲面用于驱动生成刀路	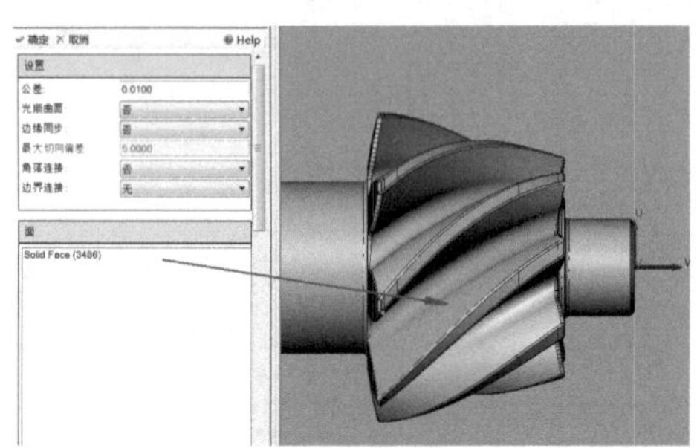 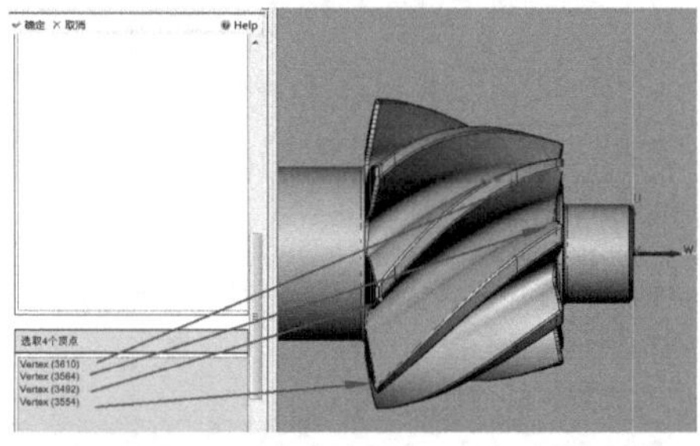 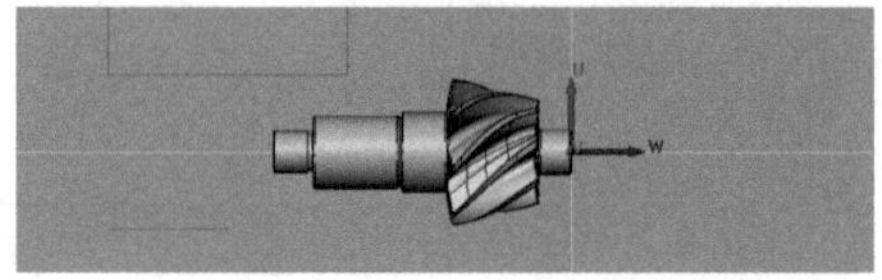
2）单击“曲面曲线 ”，再单击上一步生成的曲面，提取曲面V方向48%部分的参数线并向上偏移20mm，得到如右图所示的刀轴辅助空间曲线，该曲线用于控制刀具轴向的变化	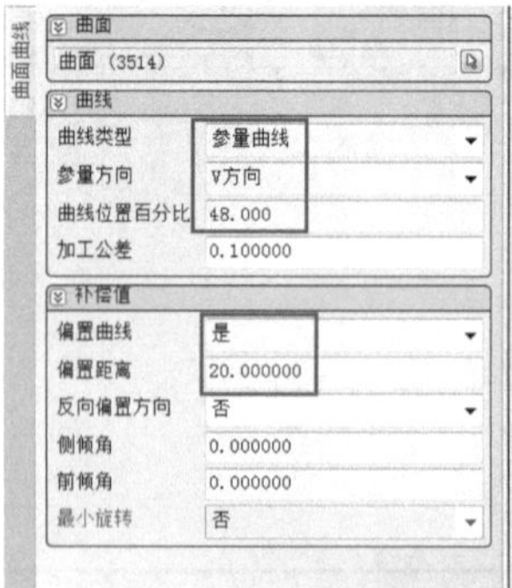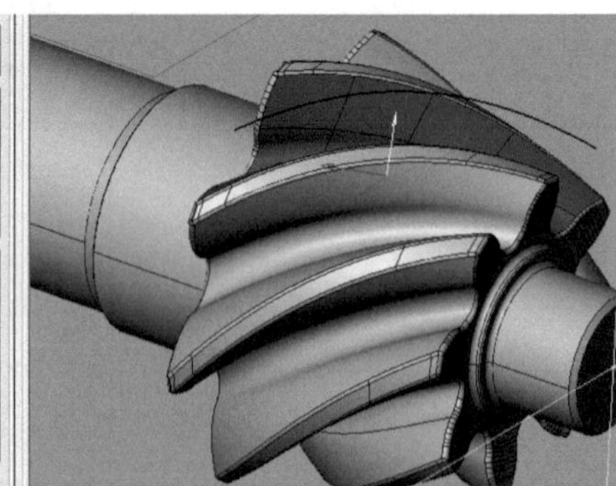

2. 齿形的精铣削

软件操作步骤	操作过程图示
1）新建图层“精铣”，关闭其他无关图层，选择生成辅助曲面模型的齿形面，单击特征操作中的“自由曲面特征”并确定，如右图所示	
2）单击五轴车铣复合功能中的“五轴复合加工 ”，刀具选用BR2球刀，刀具路径样式选用“投影曲面参数线”，打开辅助曲面图层，驱动曲面选择“辅助曲面”，加工方向为“V方向”，刀轴控制方式为“通过空间线”，刀轴控制轮廓为辅助曲线，其他参数设置如右图所示	见下图

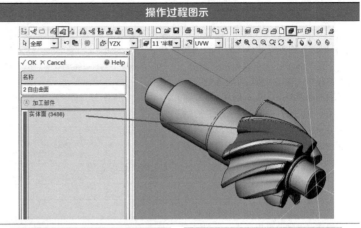

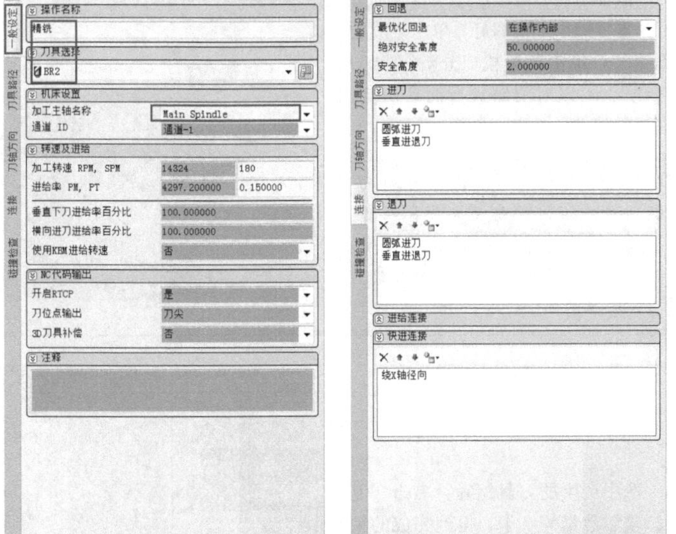

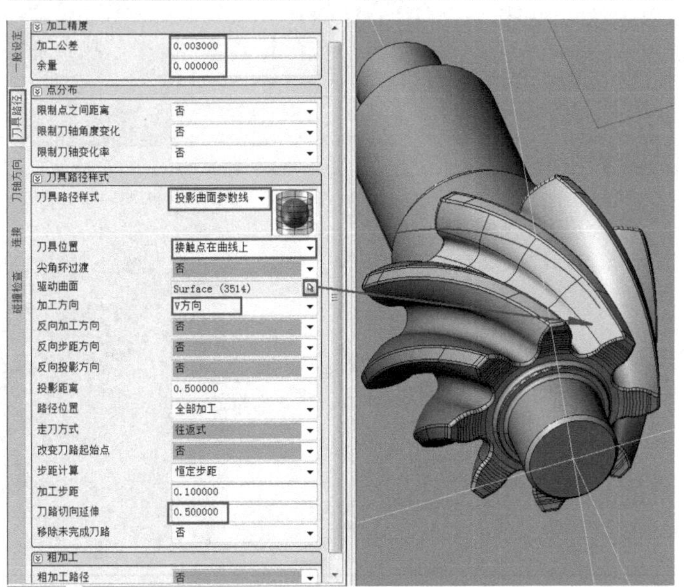

（续）

软件操作步骤	操作过程图示
2）单击五轴车铣复合功能中的“五轴复合加工 ”，刀具选用BR2球刀，刀具路径样式选用“投影曲面参数线”，打开辅助曲面图层，驱动曲面选择“辅助曲面”，加工方向为“V方向”，刀轴控制方式为“通过空间线”，刀轴控制轮廓为辅助曲线，其他参数设置如右图所示	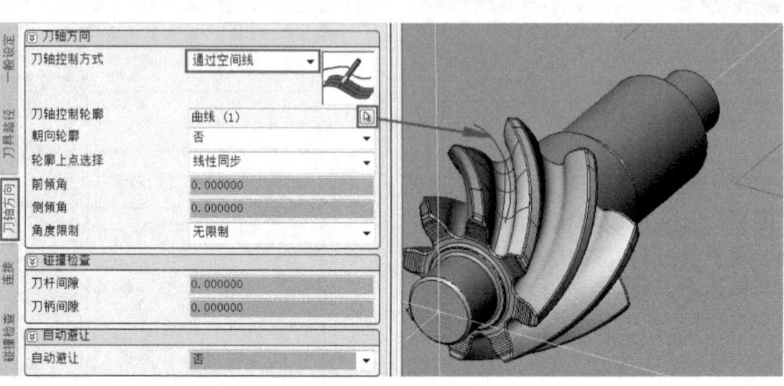
3）本次任务没有设置半精加工步骤，如需要增加，可以修改余量和加工步距，重复操作一次即可。单击生成的刀具路径，单击菜单栏“分析”/“刀具路径”，可以对刀路进行简易仿真，如右图所示 **小贴士：**零件三维模型，特别是圆角等小细节处的曲面质量和精度会直接影响ESPRIT的刀具路径生成效果，本例未编写圆角加工刀路，读者可尝试添加	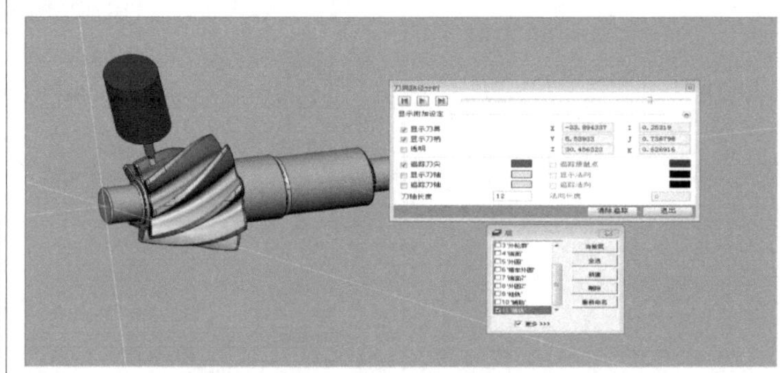
4）选中产生的刀具路径，右击“复制”，复制数量为7个，得到完成的精加工刀路，如右图所示	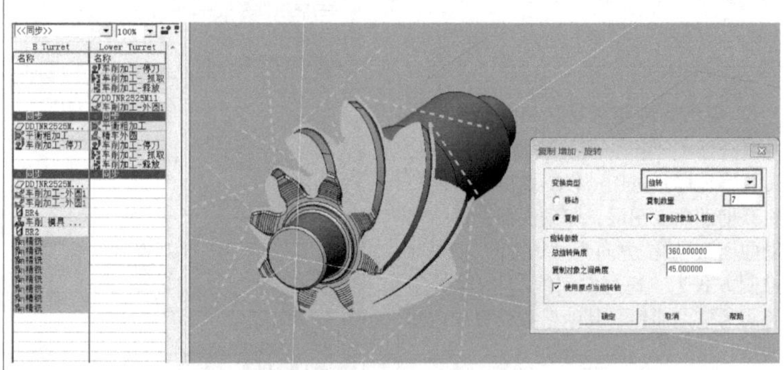
5）至此已完成螺旋伞齿的五轴车铣复合编程，最后的仿真效果如右图所示	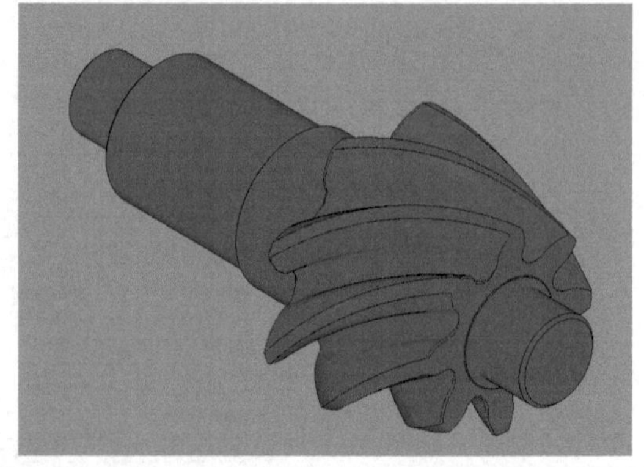

【任务拓展】

请利用 ESPRIT 软件，完成下图的编程与仿真加工。

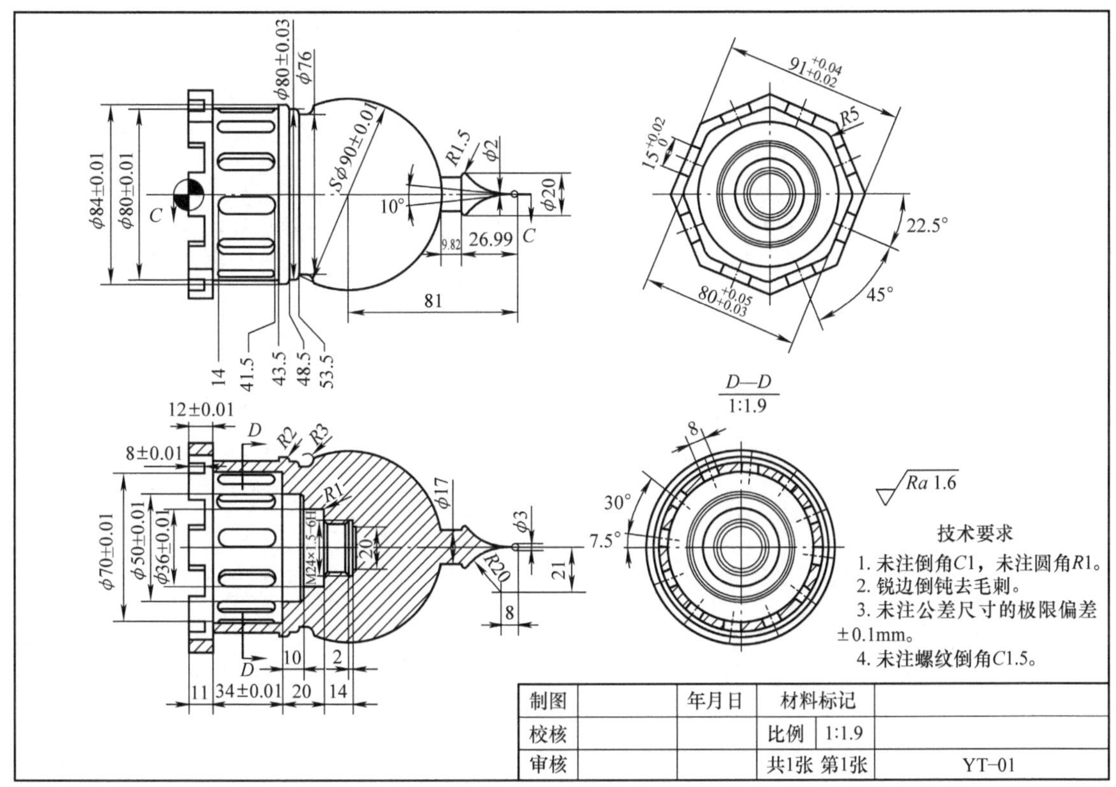

模块五

DMG CLX350 车削中心的基本操作

车削中心是以车床为主体，并在基础功能上进一步增加动力铣削、钻削、镗削的功能，使需要多次加工工序的零件在车削中心上一次完成。本模块主要介绍了 DMG CLX350 车削中心的基本结构和常用功能。

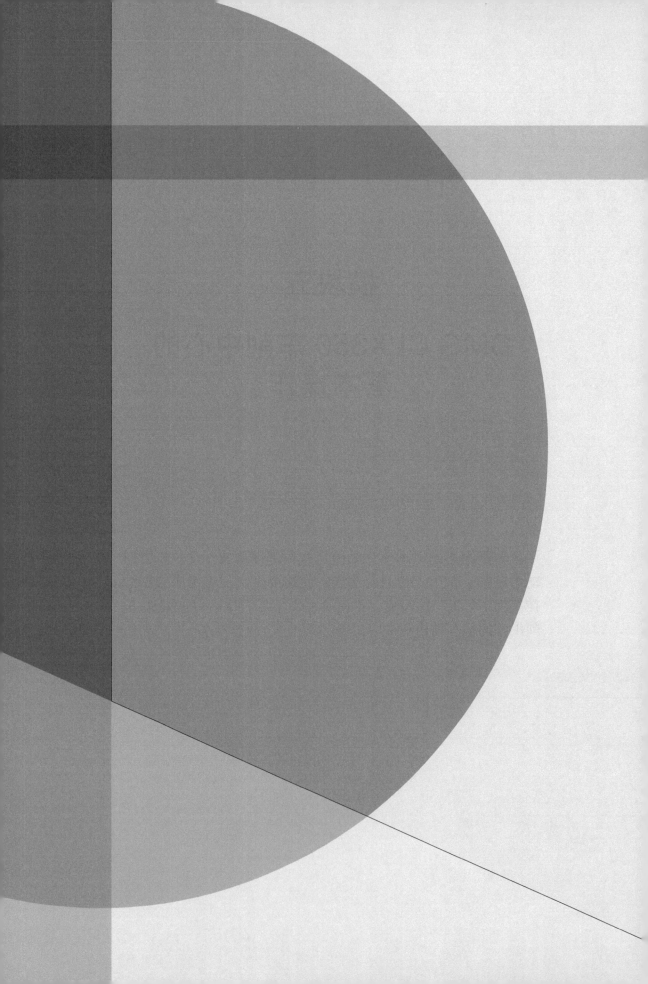

项目九 车削中心机床的简介

车削中心是一种复合式的车削加工机械，能让加工时间大大减少，不需要重新装夹，提高了零件的尺寸精度和位置精度。

【任务描述】

数控加工专业的学生要求掌握车削中心机床结构的名称以及作用，了解操作面板按键的功能，能够熟练操作面板。

本项目建议理论学时：6 学时　实操学时：20 学时。

【任务目标】

通过本任务的学习，学生应掌握以下目标：

1）完成调节卡盘和尾座的压力阀。

2）完成刀塔的 X 轴、Y 轴、Z 轴的移动。

3）完成打开主轴转速和调节转速倍率。

4）完成以 MDI 方式或手动方式进行换刀。

【任务实施】

任务 9.1　车削中心的机床结构

任务 9.2　车削中心的操作面板

任务 9.1　车削中心的机床结构

车削中心的组成部件

DMGCLX350 车削中心的结构主要包括主轴卡盘、刀塔、尾座、排屑运送装置、冷却装置、卡盘和尾座压力调节装置、控制面板、操控手轮等，车削中心的外部结构如图 9-1 所示，炮塔部分的结构如图 9-2 所示，车削中心的内部结构如图 9-3 所示，车削中心的控制面板如图 9-4 和图 9-5 所示，车削中心的操控手轮如图 9-6 所示。

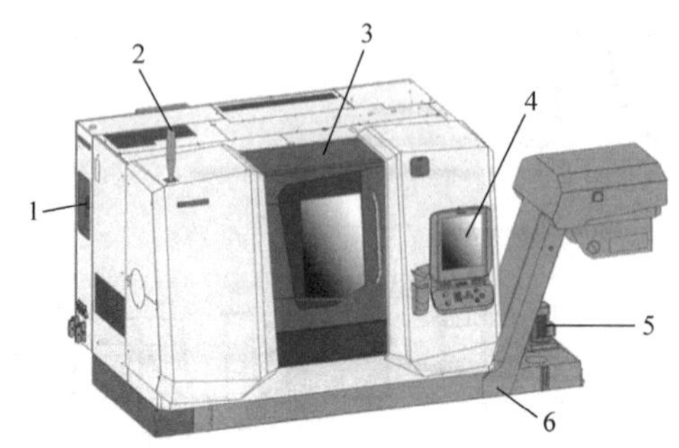

图 9-1 车削中心的外部结构

1—电气开关柜 2—信号灯 3—加工室安全门 4—控制面板 5—冷却泵 6—切屑运送机

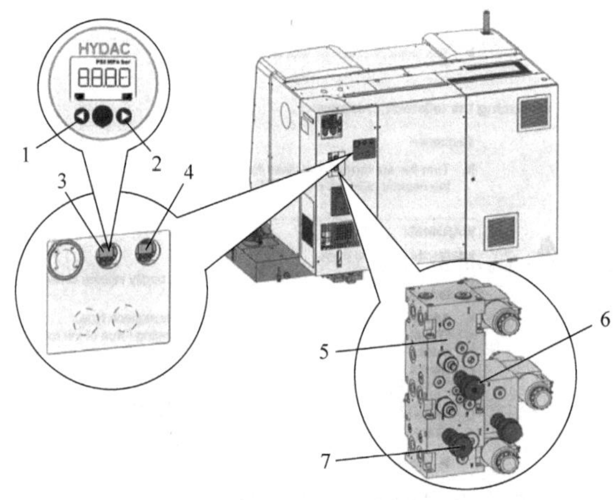

图 9-2 炮塔部分的结构

1—切换按钮 2—模式按钮 3—卡盘压力显示 4—尾座压力显示 5—炮塔部分 6—卡盘压力阀 7—尾座压力阀

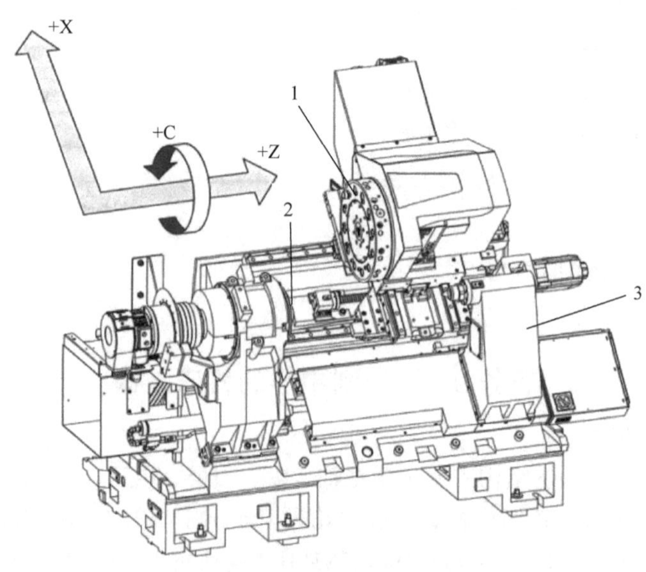

图 9-3 车削中心的内部结构

1—刀塔 2—主轴 3—尾座

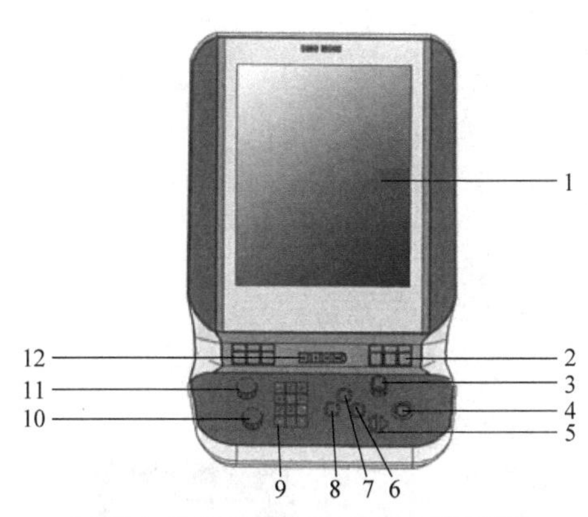

图 9-4　车削中心的控制面板（1）

1—显示屏　2—特定功能键　3—急停　4—启动液压系统
5—开门按钮　6—循环启动　7—进给保持　8—循环停止
9—轴移动按钮　10—进给倍率调节　11—快速倍率调节
12—工作模式选择

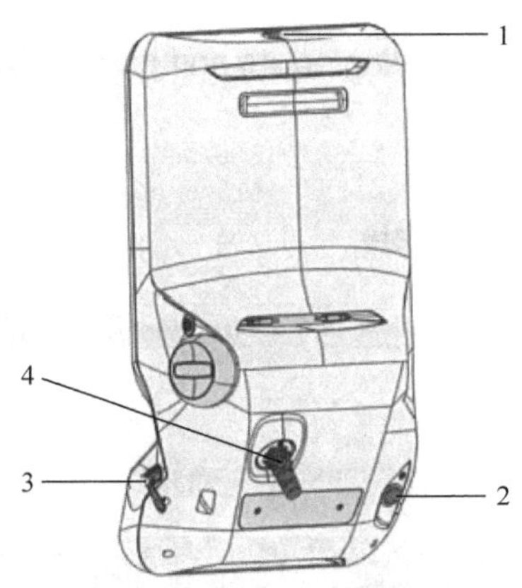

图 9-5　车削中心的控制面板（2）

1—面板角度调节　2—协议键
3—特定功能钥匙　4—手轮接口

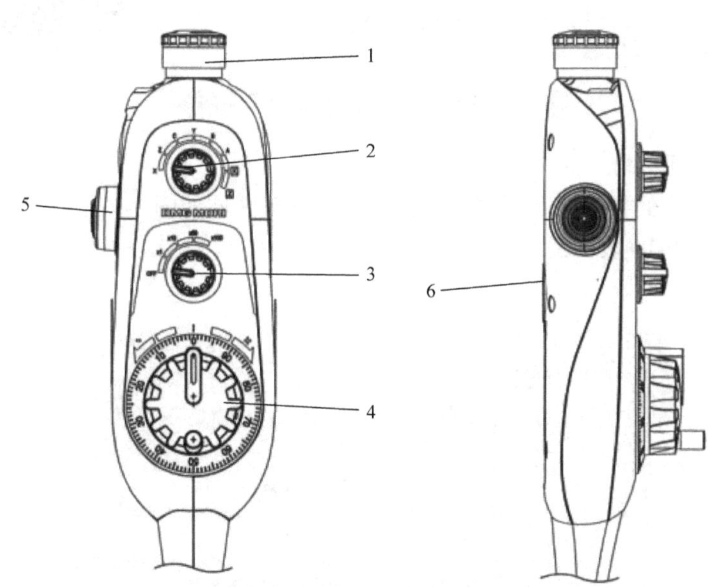

图 9-6　车削中心的操控手轮

1—急停　2—轴位选择　3—步进速度调节　4—手轮　5—协议键　6—磁石吸附

任务 9.2　车削中心的操作面板

1. 车削中心操作面板和数控系统

车削中心的类型和数控系统的种类很多，各厂商设计的操作面板也不尽相同，但是操作面板中各种功能按钮的基本功能和使用方法基本相同。CLX350 车削中心采用了多点触控控制面板和 Operate 4.7 版 SIEMENS 数控系统，如图 9-7 所示。

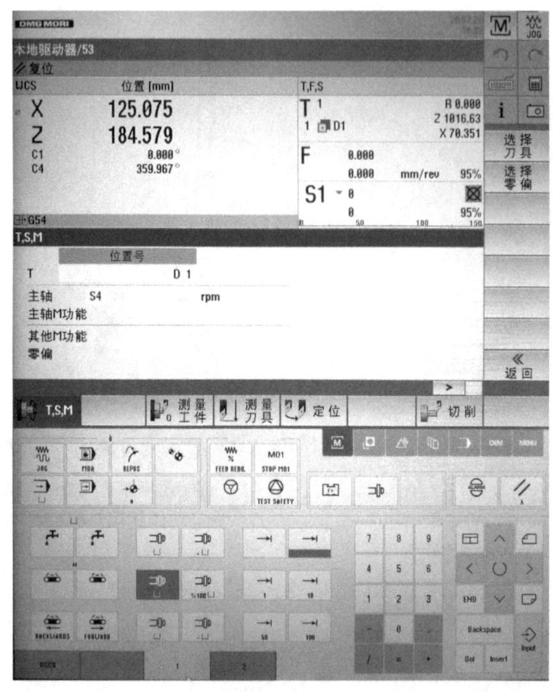
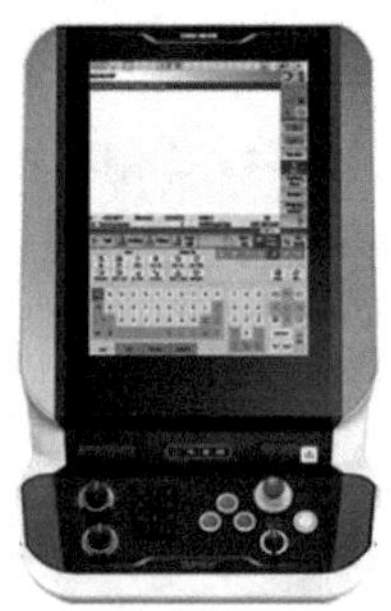

图 9-7　CLX350 车削中心的操作面板

2. 操作面板的显示区域

图 9-8 所示为操作面板的显示区域。操作面板的键盘区域如图 9-9~ 图 9-11 所示，操作面板按键的功能说明见表 9-1~ 表 9-3。

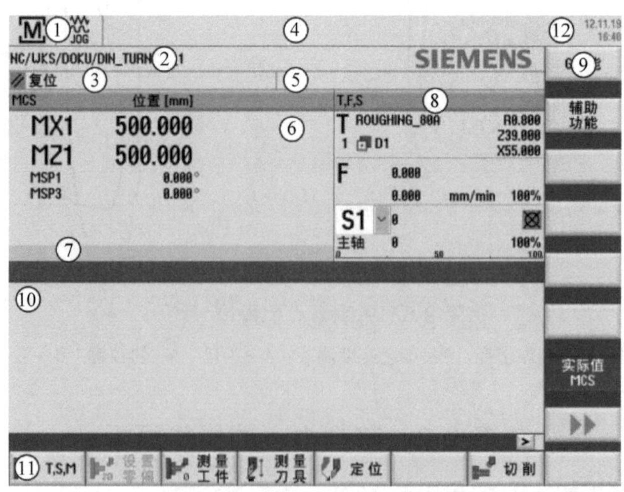

图 9-8　操作面板的显示区域

1—操作区域　2—程序名称和路径　3—机床状态　4—报警和信息显示　5—通道操作信息　6—轴的位置数值　7—激活零点和旋转显示　8—TFS 数值显示　9—垂直软键栏　10—工作窗口　11—水平软键栏　12—日期和时间

图 9-9　操作面板的键盘区域（1）

表 9-1　操作面板按键的功能说明（1）

按键	功能	按键	功能	按键	功能
JOG	选择手动模式运行方式	MDA	选择“MDA”运行方式	REPOS	重新定位和重新接近轮廓
	选择自动模式运行方式		选择单段执行处理程序	M01 STOP M01	选择暂停模式
	选择手轮模式		选择旋转轴（c4 或者 c1）	TEST SAFETY	测试安全性
λ	使机床停止执行当前运行的程序	M	调用“加工”操作区域		调用“参数”操作区域
	调用“诊断”操作区域		调用“程序管理”操作区域		调用“程序”操作区域
OEM	调用“原始设备制造商”	MENU	调用“功能选择”操作区域		

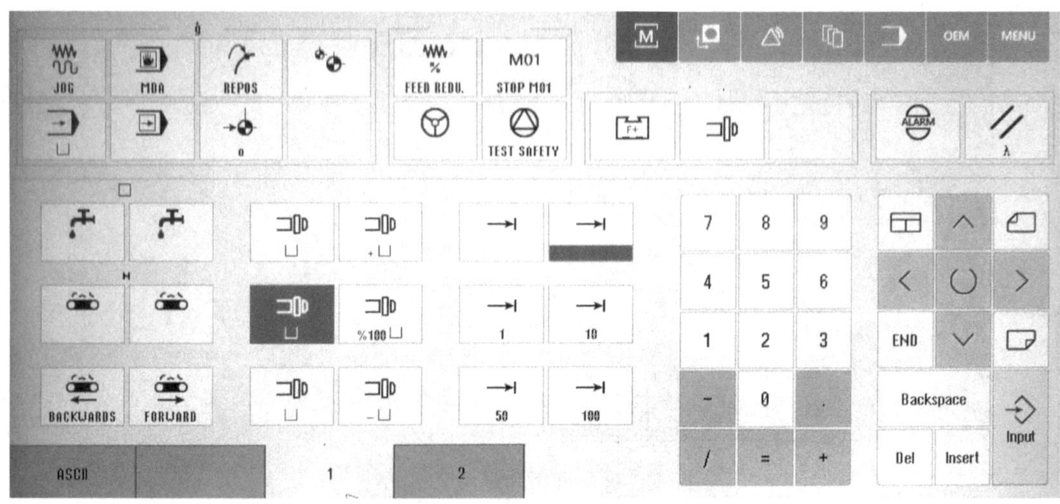

图 9-10　操作面板的键盘区域（2）

表 9-2　操作面板按键的功能说明（2）

按键	功能
	选择切削液开或关
	选择排削器开或关
 FORWARD　BACKWARDS	选择排削器的方向（前进或倒退）
	选择主轴正转、主轴停止、主轴反转
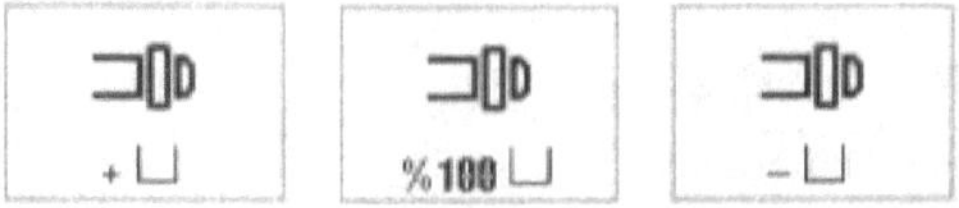 +　%100　-	选择主轴转速 +、主轴倍率 100%、主轴转速 -

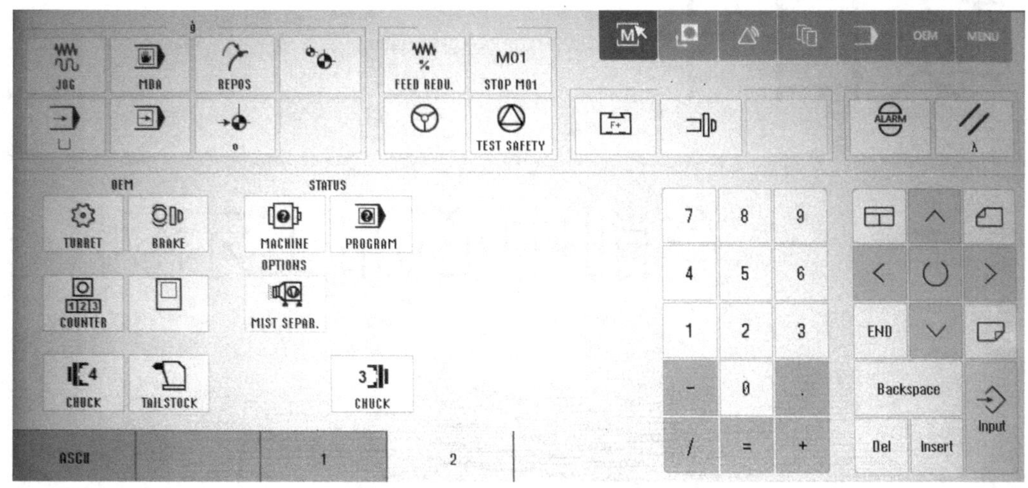

图 9-11　操作面板的键盘区域（3）

表 9-3　操作面板按键的功能说明（3）

按键	功能	按键	功能	按键	功能
TURRET	调用刀塔参数设置	123 COUNTER	调用工件计数器参数设置	4 CHUCK	调用主轴夹紧类型参数设置
	调用安全门参数设置	TAILSTOCK	调用尾座参数设置	PROGRAM	调用操作选择参数设置

项目十

车削中心加工示例

【任务描述】

车削中心加工操作包含了卡盘、卡爪、刀架、刀座的了解，在机床上装夹零件和刀具，将程序传输到机床上，建立刀具坐标系，修改刀具磨损补偿和添加新的刀沿。

【任务目标】

1）完成工件的装夹与拆卸。

2）完成刀具的装夹。

3）完成车削中心程序的传输。

4）使用机床进行对刀（修改刀补、建立刀沿）。

【任务实施】

任务 10.1　工件和刀具的装夹

任务 10.2　车削中心程序的传输

任务 10.3　对刀（修改刀补、建立刀沿）

任务 10.1　工件和刀具的装夹

1. 卡盘参数

DMG CLX350 车削中心采用液压卡盘，如图 10-1 所示，型号为 MH-208V1，卡盘最大直径 210mm，卡盘内孔直径 65mm，最大车削直径 320mm。

2. 卡爪参数

DMG CLX350 车削中心采用液压卡盘，所以卡爪是通过 T 形块连接，锯齿形齿面贴合，螺丝锁紧，卡爪齿形有 60° 和 90° 两种，具体以机床实际配置为准，卡爪的配件如图 10-2 所示。

3. 工件装夹

液压卡盘夹紧与松开之间有一个限定值，在夹紧不同直径大小的零件时，需要调节卡爪的位置达到夹紧要求。

图 10-1　DMG CLX350 车削中心卡盘

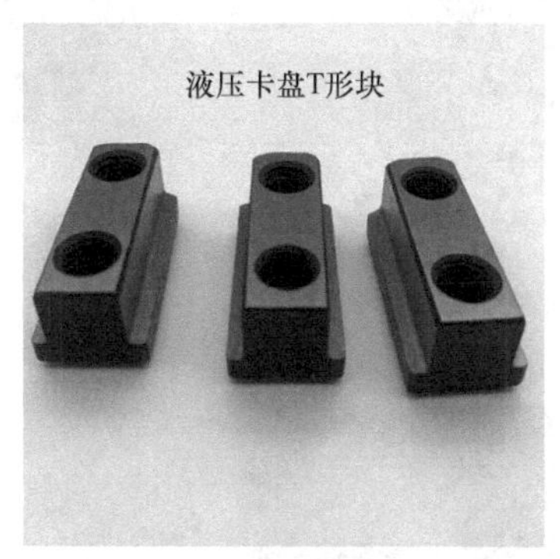

T形块

硬爪

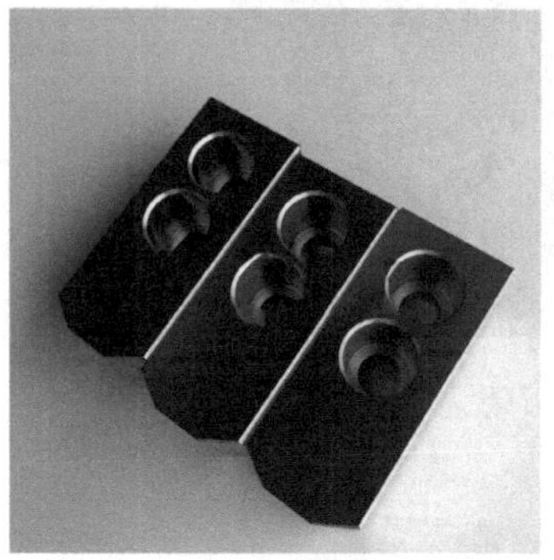

软爪正面

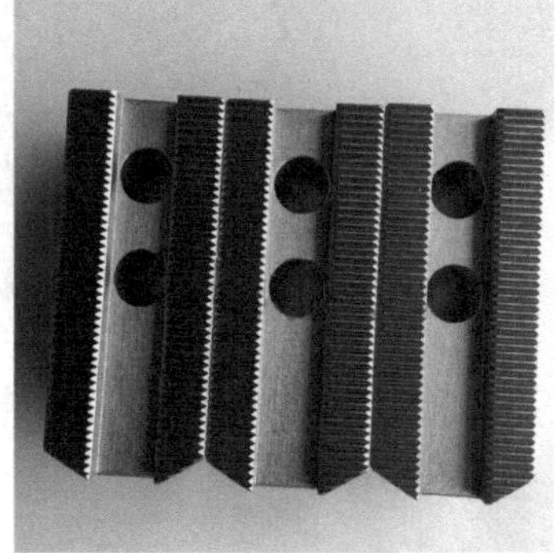

软爪反面

图 10-2　DMG CLX350 车削中心卡爪配件

操作步骤如图 10-3 所示。

4. 刀架参数

DMG CLX350 车削中心采用回转式刀塔，有 12 个刀位，每个刀位都配备有动力头，动力头转速能达到 5000r/min。刀架如图 10-4 所示。

5. 刀座参数

DMG CLX350 车削中心采用 VDI 刀座，VDI 刀杆直径为 30mm，刀具中心高 20mm。刀座结构如图 10-5 所示。

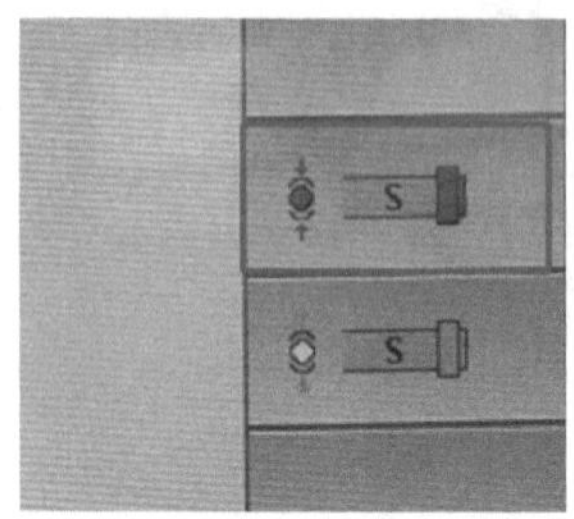

锁紧卡盘

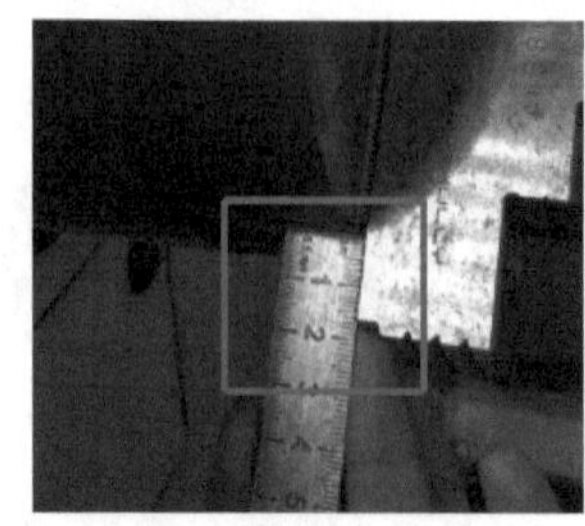

装上卡爪

调节夹紧压力

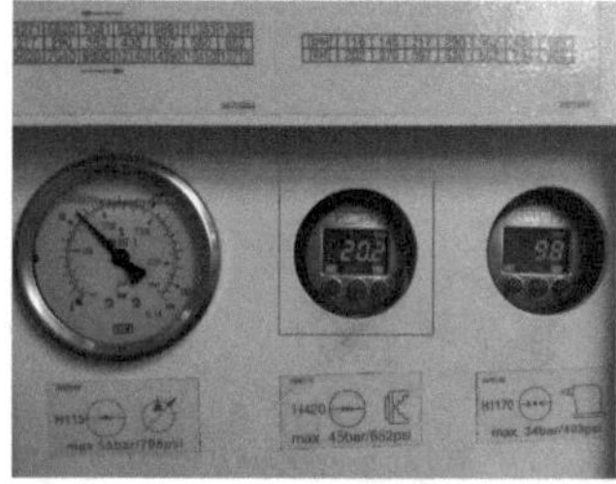

卡盘压力表

长按中键

调节完毕

图 10-3 工件装夹顺序图

图 10-4 刀架

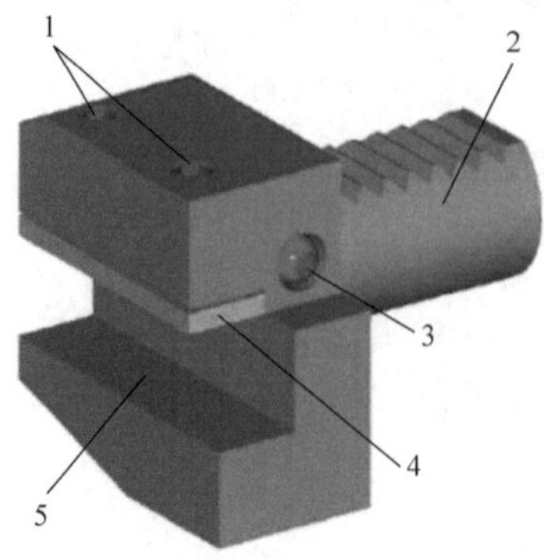

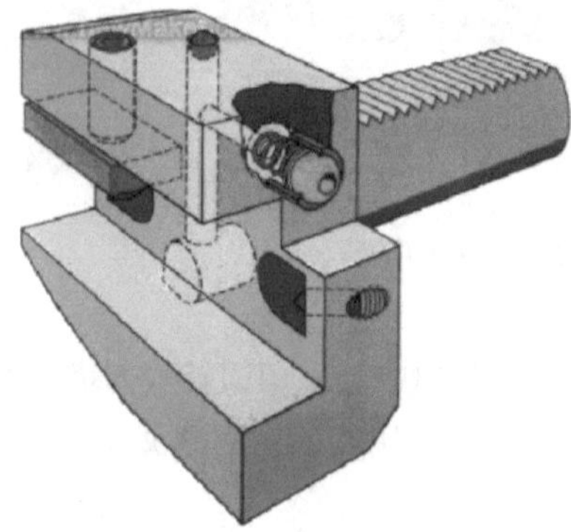

图 10-5

1—车刀锁紧螺钉 2—VDI 刀杆 3—球形可调式冷却液喷口 4—车刀压紧块 5—刀具安装槽

在 VDI 刀座的代号中，通常用 1 个字母表示其用途分类，如用 A 表示完全没有任何刀槽而让用户自行加工符合自身需要的刀座，用 B 代表径向刀座，用 C 代表轴向刀座，用 D 代表径向轴向两用刀座，用 E 代表回转刀具刀座等。

根据加工方位和加工内容不同，DMG CLX350 车削中心经常使用的 VDI 刀座可分为以下几种类型（见表 10-1）。

表 10-1　VDI 刀座的分类

类型	图片	加工内容
B3		外轮廓加工 （外圆、外沟槽、外螺纹等）
C3		轴向轮廓加工 （端面槽等）
E2		内轮廓加工 （内孔、内沟槽、内螺纹等）
动力刀座（轴向、径向）		铣削轮廓加工

6. 刀具装夹

1）B、C 型的 VDI 刀座采用两个预紧螺钉，通过车刀压紧块来锁紧刀具。E 型 VDI 刀座径向上有紧固螺钉，用来锁紧刀具，动力刀座通过弹簧夹头（ER25）来装夹刀具，如图 10-6 所示。

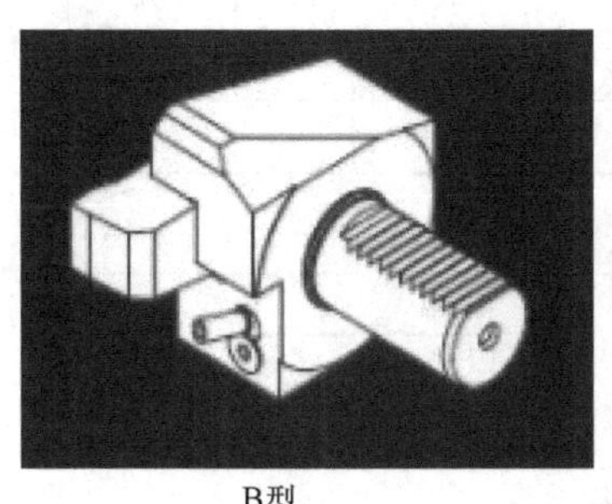

B型

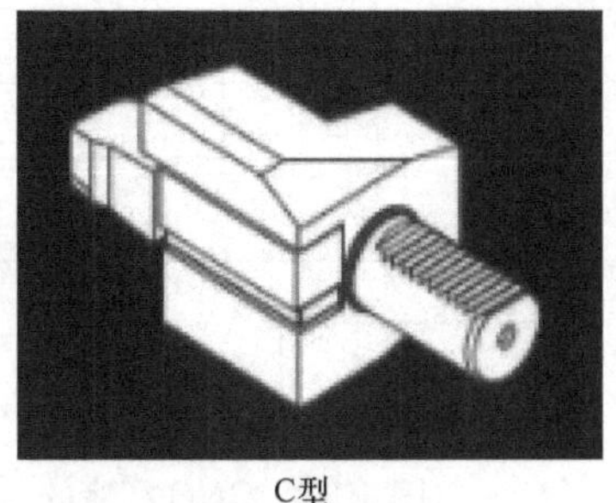

C型

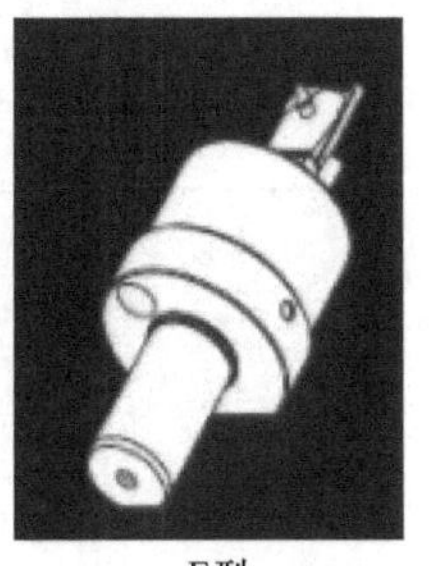

E型

图 10-6　装刀示意图

2）动力刀座通过弹簧夹头来装夹刀具，如图 10-7 所示，选择合适的弹簧夹头（ER16、

ER25、ER32)，以及这些弹簧夹头所能夹持的刀具的尺寸。在选择弹簧夹头时，请遵守弹簧夹头制造厂商的相关规定。

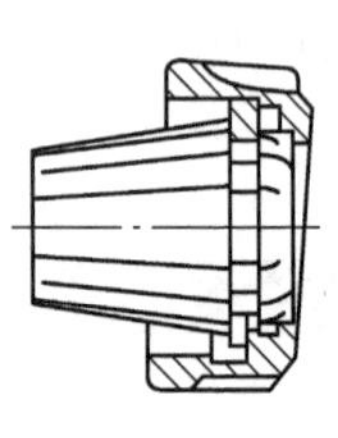

图 10-7　动力刀座装刀示意图

a. 将弹簧夹头旋入紧固螺母时，应注意将螺母的偏心环锁在弹簧夹头的槽内。

b. 重要的是，弹簧夹头只有通过紧固螺母安装在动力刀座的主轴上。

c. 不要过分撑紧弹簧夹头，例如 ϕ12~ϕ11mm 的弹簧夹头不能装 ϕ12.2mm 的刀柄，而要选择 ϕ13~ϕ12mm 的弹簧夹头。

d. 操作不当将损害弹簧夹头的使用寿命并损害紧固螺母。

e. 安装前，注意清洁弹簧夹头与刀座的锥度配合面，并清洁弹簧夹头中心孔和刀具柄部。

任务 10.2　车削中心程序的传输

1. 程序文件格式

(1) CNC 程序的结构　CNC 程序，也称作零件加工程序，由指令的逻辑序列构成，程序启动后这些指令由控制单元逐步执行。每个程序编译后都保存在控制单元的一个程序名下，名称可以包含字母和数字。一个程序段的开头是段号，后面是指令。每条指令包含多个指令字，由地址符（A-Z）和一个相关的数值（允许使用大写或小写字符）组成。

CNC 程序的结构如图 10-8 所示。

程序段号	位移信息							转换信息			
	辅助指令	坐标轴			插补参数			进给	速度	刀具	M功能
N	G	X	Y	Z	I	J	K	F	S	T	M

几何参数　　　　工艺参数

图 10-8　CNC 程序的结构

几何参数：包含了对刀具或轴运动清楚定义的所有说明。

工艺参数：用来执行启用所需刀具、预先选定必要的切削参数、进给速度和主轴速度等功能。M 辅助功能可以控制诸如旋转方向、辅助设施的操作。

编程示例：

```
...
N80    T="粗加工刀具" D1
N90    G54  F0.2  S180  M4
N100   G00  X20  Y0  Z2  D1
N110
...
```

CNC 程序里每个加工步骤前，必须用地址符“T”和“D”选择相应的刀具。地址符“T”后跟随的是刀具的名称，可以是数字或字母。所有可以使用的刀具参数在程序中都有地址符“D”调用。

（2）指令的含义

a. 准备功能。G 指令由 G 及其后面的一位或二位数字组成，它用来规定刀具和工件的相对运动轨迹、机床坐标系、坐标平面、刀具补偿、坐标偏置等多种加工操作。

G 指令有非模态 G 指令和模态 G 指令之分，什么是非模态指令？什么是模态指令？

根据表 10-2 常用 G 指令，填上正确的答案。

表 10-2　常用 G 指令的含义

地址	含义	地址	含义
G00		G40	
G01		G41	
G02		G42	
G03		G95	
G04		G96	

b. 辅助功能。M 指令由 M 和其后的一或两位数字组成，主要用于控制零件程序的走向，以及机床各种辅助功能的开关动作。M 指令有非模态 M 指令和模态 M 指令二种形式。一组可相互注销的 M 指令，这些指令在被同一组的另一个指令注销前一直有效。

根据表 10-3 常用 M 指令，填上正确的答案。

表 10-3　常用 M 指令的含义

地址	含义	地址	含义
M00		M06	
M03		M08	
M04		M09	
M05		M30	

2. 逻辑驱动器的创建

DMG CLX350 车削中心（西门子系统）的程序传输方式有网盘程序传输、U 盘程序传输等。

网盘程序传输是通过网线将机床与电脑连接起来，用以太网实现程序的传输。网盘程序传输具有稳定、安全、快速、便捷等特点。网盘程序传输可以使用以太网传输（稳定），设置系统的访问权限（安全），实现程序的快速传入传出（快速），并且像访问 NC 目录一样对网盘中的内容进行操作（便捷）。

U 盘程序传输是先将 CAM 软件生成的 G 代码文件存储在 U 盘中，然后复制到机床的操作系统上，再经过系统调用来完成程序的运行。

上面的两种传输方式，都需要在机床的操作系统上建立逻辑驱动器来实现，如图 10-9 所示就是建立 U 盘程序传输的逻辑驱动器操作步骤。

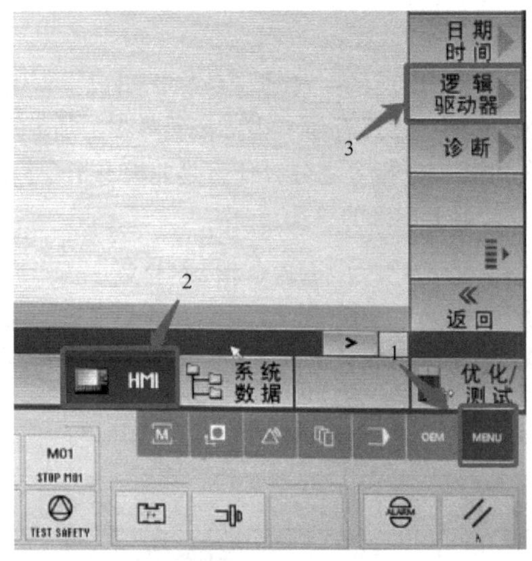

a) 找到驱动器的位置

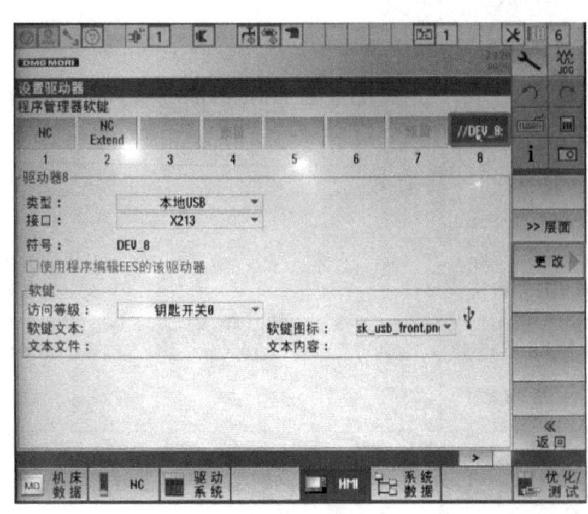

b) 在空白的区域里新建

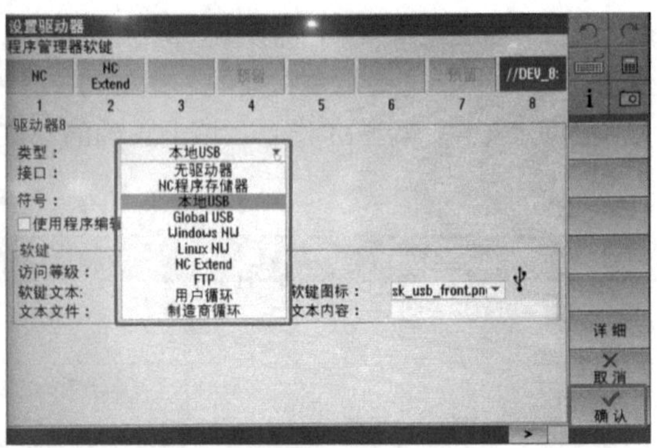

c) 设置驱动器参数

图 10-9　U 盘程序传输的逻辑驱动器操作步骤

3. 程序复制

加工时，不建议直接读取 U 盘里面的程序，首先，U 盘是外接设备，数控系统在运行程序时不太流畅，还可能会因为 U 盘损坏造成程序中断而影响加工。

所以，运行程序前，需要将 U 盘里的程序复制到数控系统的储存器里面，这个过程分两步，首先复制 U 盘里的程序，然后粘贴到数控系统储存器中，如图 10-10 所示。

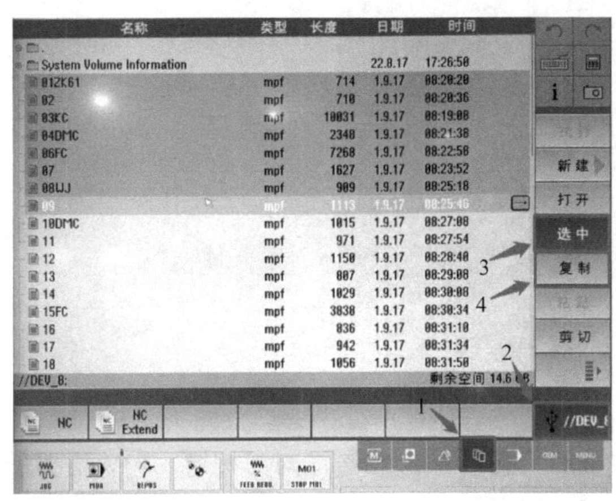

复制程序

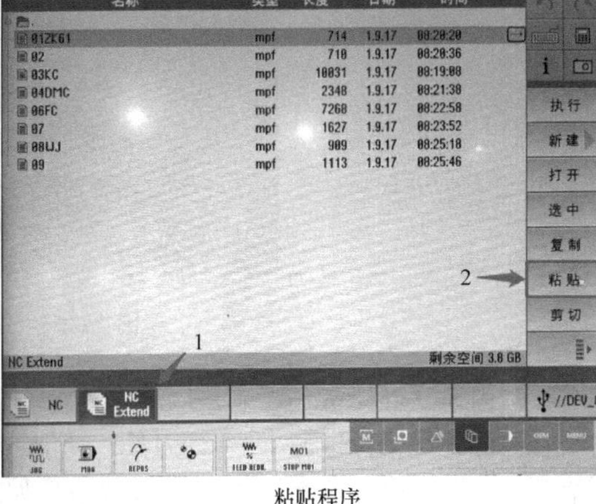

粘贴程序

图 10-10　程序复制

任务 10.3　对刀（修改刀补、建立刀沿）

1. 刀具列表

单击“参数”操作区域，找到“刀具清单”功能，单击“新建刀具”，选择所需要的刀具，单击“确认”就完成了，如图 10-11 所示。

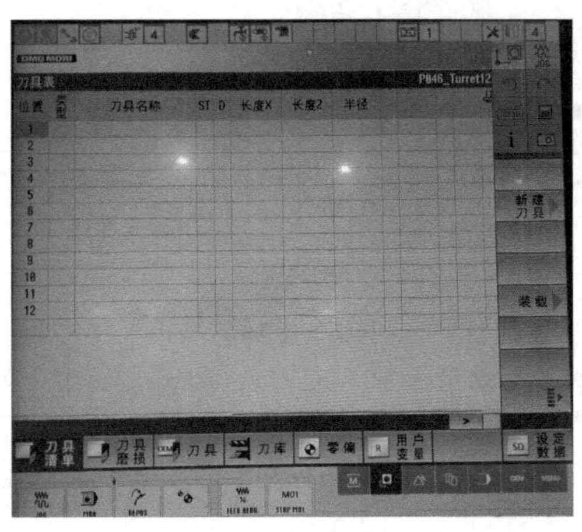

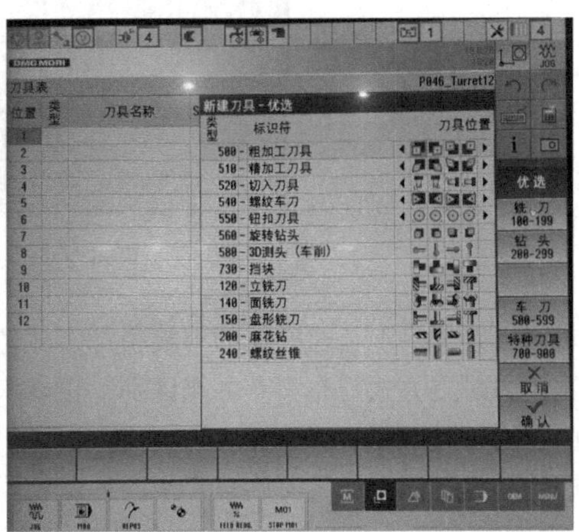

图 10-11　刀具列表

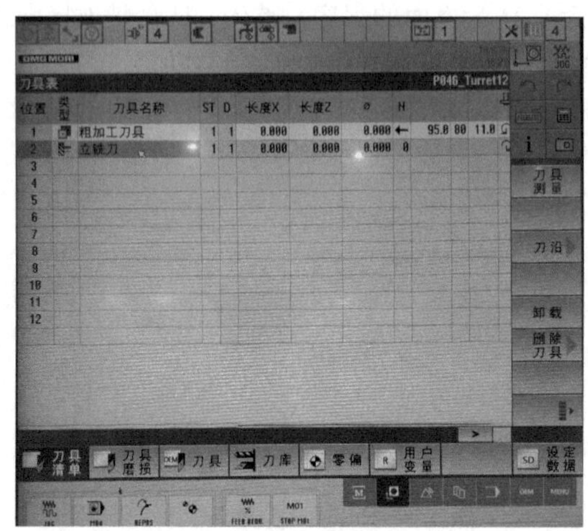

图 10-11 刀具列表（续）

2. 对刀建立坐标系

在“加工”操作区域，“测量刀具”功能，右边的状态栏有 X 和 Z 的对刀按键，输入需要的数值后，单击“设置长度”，即可完成对刀。如图 10-12 所示。

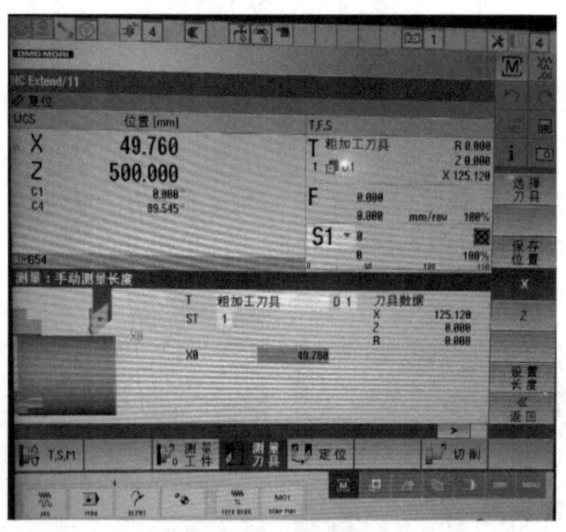

图 10-12 对刀设置

对刀后系统马上会执行新的刀具坐标，注意观察左上角的“WCS 坐标”是否有变化。

铣刀的对刀方式与车刀有一点区别，正常来讲，默认坐标 X0 就是刀具与工件回转中心对齐，但是由于后来使用的一些因素或者刀座刀具精度问题，会有一些误差，确保准确的话需要重新对刀。铣刀对刀时，让铣刀旋转起来，去试切回转零件的外径，X 方向对刀的数值要加上铣刀的直径。

3. 修改刀补

单击“参数”操作区域，找到“刀具磨损”功能，找到想修改刀补的刀具，在 X 或 Z 参数处修改所需要的刀补值，如图 10-13 所示。

图 10-13　修改刀补

（1）车刀修改刀补　X 方向修改的是直径值，Z 方向修改的是单边尺寸。

（2）端面铣刀修改刀补　一般需要采用刀具半径补偿指令，G41 或 G42，通过修改铣刀半径值来保证尺寸，修改的数值是双边尺寸。

4. 建立刀沿

单击“参数”操作区域，找到“刀具清单”功能，选择所需要添加刀沿的刀具，单击“刀沿”按钮，单击“新建刀沿”就完成了，如图 10-14 所示。

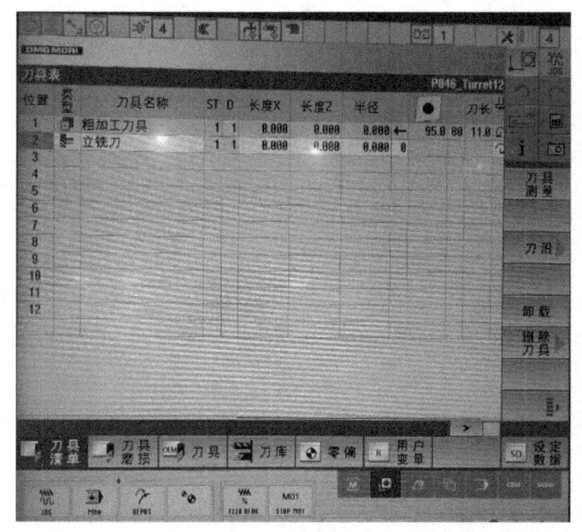

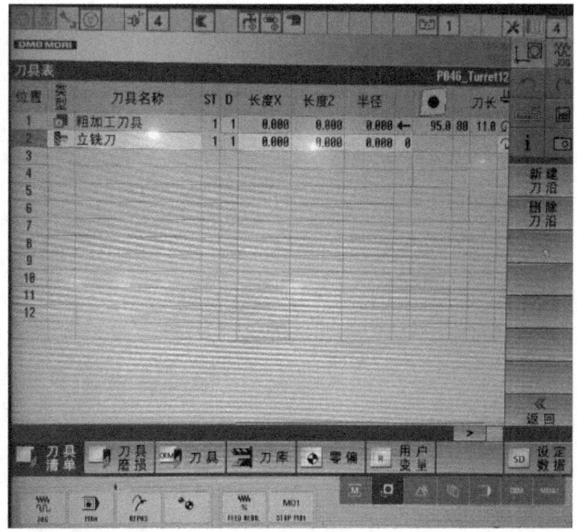

图 10-14　建立刀沿

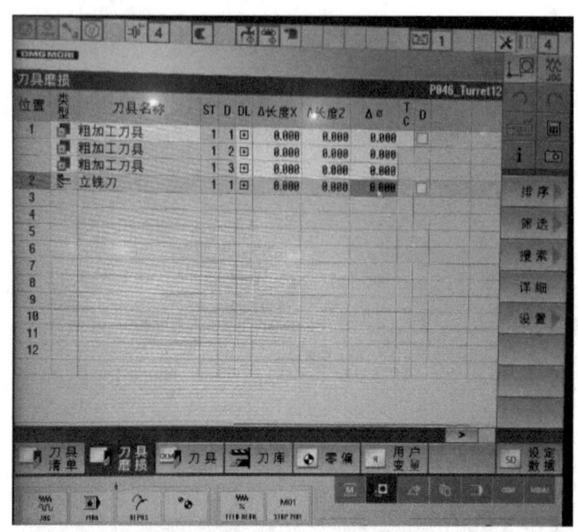

图 10-14　建立刀沿（续）

需要注意的是，新建刀沿时，会把当前刀沿的机械坐标值自动默认到新的刀沿里面，不需要重复对刀。但是，如果新建了刀沿后再去对刀，则不同刀沿号之间是不会相互默认的，要选择相应的刀沿号进行对刀。

参 考 文 献

[1] 殷小清，黄文汉，吴永锦 . 数控编程与加工 - 基于工作过程 [M]. 北京：中国轻工业出版社，2011.
[2] 石远航，赵佳 . 数控车削加工技术项目教程 [M]. 北京：科学出版社，2014.
[3] 陈颂阳 . 数控车铣复合加工 [M]. 北京：机械工业出版社，2016.
[4] 张方阳 . 加工中心数控车组合项目教程 [M]. 武汉：华中科技大学出版社，2011.